气动弹性系统理论及跨声速气动力 Volterra 建模与辨识

王云海 周知进 张 兵 著

U0245599

北京航空航天大学出版社

内容简介

本书概述了非线性系统的历史背景及特点，系统地介绍了气动弹性分析中涉及结构/气动力非线性问题的成因、发展及当今热点等内容，重点关注了跨声速气动力的数学建模与系统辨识问题。本书注重理论与工程实践相结合，理论方面涉及非线性系统解的存在性、规范形理论、Volterra级数建模与辨识公式的推导等，实践方面涉及 CFD 数值计算等。

本书适合各类航空院校、高等院校从事力学、计算流体力学，特别是航空航天专业的高年级本科生、硕士研究生，以及相关领域的工程技术人员使用。

图书在版编目(CIP)数据

气动弹性系统理论及跨声速气动力 Volterra 建模与辨识 / 王云海，周知进，张兵著. -- 北京：北京航空航天大学出版社，2016.12

ISBN 978 - 7 - 5124 - 2320 - 6

Ⅰ. ①气… Ⅱ. ①王… ②周… ③张… Ⅲ. ①飞机—气动弹性动力学 Ⅳ. ①V211.47

中国版本图书馆 CIP 数据核字(2016)第 289315 号

气动弹性系统理论及跨声速气动力 Volterra 建模与辨识

王云海　周知进　张　兵　著

责任编辑　杨　昕

*

北京航空航天大学出版社出版发行

北京市海淀区学院路 37 号(邮编 100191)　http://www.buaapress.com.cn

发行部电话：(010)82317024　传真：(010)82328026

读者信箱：goodtextbook@126.com　邮购电话：(010)82316936

涿州市新华印刷有限公司印装　各地书店经销

*

开本：710×1 000　1/16　印张：14.25　字数：304 千字

2016 年 12 月第 1 版　2016 年 12 月第 1 次印刷　印数：1 000 册

ISBN 978 - 7 - 5124 - 2320 - 6　定价：48.00 元

前　言

在真实的物理世界里，非线性现象占据主导地位。相对于线性系统，非线性系统不满足线性叠加原理，而且它的解也不一定是唯一存在的，这就使得研究非线性系统稳定性问题变得非常复杂。工程中常常需要确定解的稳定区和不稳定区的分界线，有时还需要研究解的稳定性随参数的变化规律。研究非线性系统时，还会遇到一些奇特的现象，诸如自激振荡、谐波振荡、分岔及混沌等。

气动弹性系统可分为结构子系统和气动力子系统。若某个子系统中含有非线性因素，则称所研究的气动弹性系统是非线性的。结构子系统的非线性可归结为材料非线性、几何非线性以及间隙非线性三大类。气动力子系统的非线性一般与结构的气动外形、飞行马赫数、飞行姿态等因素有关。特别地，在跨声速段飞行过程中，由于激波现象的出现，导致了气动力的本质非线性。

本书的主要研究对象是非线性气动弹性力学。首先介绍了非线性科学发展的一些历史背景与状况，综述了与非线性气动弹性力学密切相关的一些科研方面的主题与内容，例如复合材料非线性在飞行器优化与设计中的应用；结构几何大变形引起的非线性静气动弹性问题；间隙非线性所诱导的复杂的非线性气动弹性力学效应；流体力学中非线性气动力的建模及气动力降阶技术等领域的进展。本书将重点描述跨声速段气动力非线性系统的建模与辨识方法，提出基于 Volterra 理论的高阶气动力降阶模型和气动力核函数辨识的参数化辨识策略，属于独有的创新性研究成果。近年来，作者也很关注基于几何大变形的气动弹性系统颤振计算与分析方面的学术进展与成果,因此作者也将提及基于 Navier – Stokes 方程的计算流体力学方面的知识、大展弦比机翼高亚声速气动力时域仿真程序等内容。

本书的内容和安排如下:

第 1、2 章,针对非线性系统进行文献综述,介绍了气动弹性系统的理论基础与方法。

第 3 章,介绍了非线性系统的规范形理论。基于 Taken 的规范形矩阵理论,考察了具有 Hopf 分岔现象的一类非线性系统,研究了具有双纯虚根高维系统的最简规范形。数学上的 Hopf 分岔现象对应于物理现实中的极限环振荡情况,对飞行器运动而言,这是一种有害的气动弹性现象,容易使升力体结构发生疲劳或损伤,甚至危及飞行安全。在理论分析之后,我们给出了一个算例,以便于读者理解、学习并掌握规范形理论的原理及分析方法。

第 4 章,介绍了非线性系统多解存在性的条件及判定定理。真实的流场运动模型在大多数情况下是由微分积分型的复杂方程(组)构成的,但不同特性的非线性系统却完全可能由同样的一组这样的方程(组)所表征,其解的差异性仅仅取决于边界条件和初值条件的选取。本章强调了基于积分微分方程表征的非线性系统解的定性分析方法,即借助不动点理论去探求基于给定的初始条件和/或边界条件如何寻找解的存在区间的方法。此外,利用非线性系统理论针对二元翼段的气动弹性稳定性问题进行定性分析,所提出的时滞气动力的处理方法具有一定的创新性,值得读者进一步思考与研究。

第 5 章,介绍了 Volterra 理论、Volterra 级数建模的方法,给出了低阶 Volterra 级数表达式中核函数的理论表达式,以及与 Riccati 非线性微分方程模型等价的 Volterra 非线性系统核函数的解析形式解,发现了非线性参数在核函数表达式中的地位与贡献。

第 6 章,介绍了气动弹性系统分析气动力子系统的数值计算 CFD(计算流体力学)方法的基础知识与应用实例,以及流固耦合计算的若干关键技术。详细介绍了基于有限体积方法的 Navier - Stokes 方程的数值计算方法和两种空气动力学中常用的湍流模型。针对气动弹性流固耦合分析过程中的流场网格变形问题,介绍了几种常用计算方法,并给出了算例及计算效率比较。此外,还介绍了流固耦合边界物理量插值计算方法,给出了具体应用算例。

第 7 章,介绍了气动力系统辨识基础理论知识。

第 8 章,此章是本书的重点,详细介绍了基于 Volterra 理论的高阶气动力建模与辨识策略,并通过三维 AGARD445.6 机翼模型,详细阐述了降阶气动力在气动弹性分析中的应用技巧。

作者,博士毕业于南京航空航天大学航空宇航学院,主要从事跨声速气动弹性力学领域中关于非定常气动力降阶技术的研究。本书的主要内容除了博士期间的主要工作之外,还涉及北航访学期间所收集的部分文献资料,以及参加工作所发表的 SCI 期刊论文等内容。周知进教授系贵州理工学院航空宇航科学技术的省重点特色学科负责人,参与了本书总体内容的设计与安排,并提出了各种有益的观点和看法。本书的另一重要作者,张兵博士、研究生导师,任教于合肥工业大学,长期从事气动弹性力学领域的研究工作,为本书提供了很多 CFD 技术方面的算例支持,详见第 6 章。

本书能够顺利出版,作者首先要感谢母校的培养。同时还要感谢北京航空航天大学气动弹性力学课题组杨超教授和谢长川老师的支持与帮助,与这里的研究生们一起学习、共同生活,顺利完成了《教育部 2015 年度国内青年骨干教师访学计划》中的各项任务指标。最后,作者要特别感谢贵州省科学技术联合基金项目(黔科合 LH 字[2014](7366))、贵州省博士科研启动基金项目(XJGC 20150408)的资助,以及贵州理工学院航空宇航科学与技术贵州省特色重点学科(培育)项目的资助。

王云海

2016.06.30 于贵州理工学院

目　录

第 1 章

非线性系统概述

　　系统是由多种相互联系、相互制约以及相互作用的部件组成的,且具有一定的整体功能和综合行为的统一体。系统中感兴趣的观测信号,常称为"输出";能被操纵的外部信号(外激励信号),常称为"输入";不能操纵的外部信号,则称为"干扰"。如果一个系统的输出与输入之间满足线性关系(齐次性和可加性),则称为线性系统。一个系统如果不是线性系统,则称为非线性系统。也就是说,对于非线性系统来说,输出是输入的非线性函数。对于线性系统的研究,例如线性时不变系统,已经有了相当成熟的结果。然而,针对工程中常见的非线性系统的研究,尽管也有了一定的结果,但尚不够完善且缺乏普适性,例如缺少通用的特征函数及与时域等价的频域分析法。因此,在研究某个非线性系统之前,首先需要选定数学模型,并发展出一套适用的分析方法。

1.1　非线性力学问题

　　随着科学技术的发展,非线性问题出现在许多学科之中。

　　非线性力学是一门研究物体的几何非线性和物理非线性的科学,起源于 20 世纪 30 年代末。苏联的非线性振动理论学派首次使用非线性力学名词代表非线性振动,读者可参考 1937 年 Krylov 和 Bogoliubov 所著的《非线性力学引论》。传统的线性化方法在很多场合下已不能满足解决非线性问题的要求,非线性动力学也就由此产生。

　　非线性动力学关联到许多学科,如力学、数学、物理学、化学,甚至某些社会科学等,发展出许多分支,如分岔、混沌、孤立子和符号动力学等。研究非线性系统的动力学行为,需要认识分岔、混沌、吸引子等动力学特性,如飞行器在某些特定的飞行状态下所发生的"极限环振荡(LCO)"现象。若研究飞行器的稳定性问题,则需要熟悉 Lyapunov 稳定性、输入/输出稳定性等概念和术语。在工程实践中,常采用数值模拟与仿真技术定量地分析气动弹性稳定性问题;若以机理研究为主要目标,则又可以从定性分析的角度入手,将真实的物理问题进行简化处理,如气动弹性系统分析中,常使用二维翼型替代真实的三维机翼模型,大大方便了对流体力学不甚熟悉的数学家及其他相关领域科研工作者的参与和合作。此外,非线性科学领域研究了多年的"混沌"现象,近些年来也引起了工程学家的注意,借助风洞实验观测和数值仿真实验相结合的方式,观察到了丰富的颤振耦合运动现象。物理学家和数学家间的这种跨学科相互促进的发展模式,兼顾理论与物理实验相结合的方式,催生了非常多的科技新理论、新技术和新成果,丰富了人们对非线性科学的认识和了解。

非线性科学的发展,同样促进了航空工业的发展。在气动弹性界,工程师们最常遇到的问题包括:结构屈曲、非线性振动以及空气动力学领域内常见的激波与湍流等问题。

1.1.1 屈 曲

结构屈曲是一个经典问题,如欧拉在 1944 年研究过"细杆在轴向力作用下的压缩变形问题"。细杆在轴向力较小时保持轴向变形,但当轴向载荷超过某一临界值后,压杆变形倾向于其一侧拱曲,这种现象称为"压杆屈曲"或"解的分岔"。板、壳等一大类构件在受载时,均会发生这种偏离原对称平衡位置的不对称变形。因此,从广义的角度认识,它属于弹性系统稳定性问题。屈曲理论的经典著作,读者可参考 Timoshenko 编写的 *Theory of Elastic Stability*。国内,以钱学森为代表,读者可参阅崔德刚的《结构稳定性设计手册》等资料。近年来,航空领域特别关注复合材料在工程结构中的应用,涉及复合材料层合板的屈曲/后屈曲行为以及铺层顺序、铺层角对结构屈曲的影响等问题。

屈曲分析是飞机结构设计中最重要的研究内容之一,如以薄壁结构为主的飞机结构静强度失效问题,其主要原因可归结于结构发生了屈曲。理论与数值仿真计算的结果显示,研究具有高升阻比、轻质、高比强度与刚度的大展弦比复合材料特性机翼的力学特性时,机翼根部弯矩较大,上壁板容易发生受压屈曲。当结构发生屈曲时,结构的破坏应力可以比屈曲应力有一定程度的提高,即结构进入过屈曲状态。因此,研究大展弦比复合材料机翼的屈曲和屈曲后的应力情况,弄清结构的真实承载能力,具有重要的工程实用价值。

1.1.2 非线性振动

非线性振动是非线性动力学十分重要的分支之一。非线性因素存在于所有的振动系统中,主要与系统的、物理的、几何的、结构的、耗散的及运动等因素有关。动力系统的确定运动(具有重复性和一定稳定性的运动),或从一种确定运动向另一种确定运动的过渡过程,称为"振动"。系统出现确定性运动之前的过程,称为"过渡过程"。过渡过程的集合构成了振动问题的吸引域。研究系统的稳定性常与该系统内的某些物理参数相关联,例如在气动弹性系统稳定性分析中,常用的飞行参数有来流马赫数、密度或动压等流场参数。随着飞行马赫数的提高,弹性飞行器的机翼或某些部件可能出现极限环振荡现象,从运动的轨迹上看,运动方程解的拓扑结构发生了改变,数学上称为"分岔"。

非线性振动理论大约在 1920 年发展起来,它从研究一个自由度的非线性振动问题开始,迅速被推广到多自由度非线性系统的周期解问题,建立起研究解的稳定性的完整理论。经典的振动理论,仅研究定常参数条件下的系统周期解,而在实际的工程问题中,振动系统的参数允许出现微小的变化(称为"摄动"),由此引起系统周期响应的本质变化。例如,在气动弹性系统的建模过程中,数学模型(微分方程或差分方程)的参数值往往是无法知道的,当它们达到某临界值时,结构会从稳定状态转变到不稳定状态,从数学上看,所对应的微分方程或差分方程的解发生了本质变化(分岔)。工程上的数学模型,往往都是从复杂的物理问题中简化出来的,分岔理论对工程实践的贡献体现在"那些被忽略的因素以一种摄动的形式存在,对系统仍然产生影响"。分岔问题可分为静态分岔和动态分岔,局部分岔和全局分岔。当系统处于平衡态、定常态时,可选择静态分岔研究系统;而动态分叉则研究动力系统处于非结构稳定时的轨道变化趋势。

综上所述,非线性振动科学从经典的摄动法、渐近分析法,发展到分岔理论是历史发展的必然。另外,人们通过分岔理论还能够发现一种奇特的非线性振动现象,即"混沌运动"。混沌运动是确定性非线性振动系统里的一种有限范围内的运动,貌似随机过程,实际毫无规律,对初值极端敏感。混沌运动的两个主要特性:不稳定性和有限性。通俗地说,除平衡、周期和概周期以外的有限定常运动,统称为"混沌运动"。这里所谓的有限定常运动,指的是将运动状态的相空间(有限域)看作整体,不随时间而变化。

1.1.3　激　波

当质点运动速度超过当地声速时,连续的流场会出现间断现象,如压力、速度、密度等流场参数瞬间突变,这种现象称为"激波"。在整个流场大环境中,既有亚声速流动区,又同时存在超声速流动区。激波的位置不是预先给定的,它是强非线性造成的一个自由界面。激波的出现,预示着跨声速气动力的非线性,它会造成升力降低、整机强烈振动乃至失去平衡等不利影响,并诱发出复杂的气动弹性现象。当飞行马赫数接近 1 时,激波效应显著增强(激波大范围移动现象),以及激波与升力体表面边界层间剧烈的相互作用,共同导致了强烈的、迟滞的非线性气动力(力矩)。因此,亚声速飞行范围内基于线性假设的气动力(矩)计算理论和方法(如片条理论和面元法)不再适合于预测跨声速流场的颤振边界。

在目前的气动弹性系统分析中,最流行的是结构有限元模型与气动耦合求解的方式,其中主流的气动求解技术多建立在 Euler/Navier－Stokes(简称为"欧拉方程"或"N-S 方程")控制方程上。此外,还可采用跨声速风洞实验,或借助于 CFD 分析结果对面元法的气动影响系数进行修正等方式。

从图 1.1 中可以看到,在跨声速区某个狭窄的马赫数范围内,机翼颤振速度会有一个突发性的降低,这种现象被称作"跨声速凹坑"。

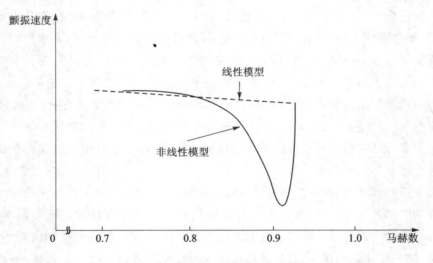

图 1.1 跨声速区颤振速度与飞行马赫数的关系曲线示意图

1.1.4 湍 流

飞行器的气动弹性问题需要研究飞行中的气动载荷,涉及诸如应力/应变、气动导数、振动扭转发散、颤振、飞行控制、连续阵风、大气紊流响应等一系列问题。紊流(又称作"湍流"),表现为各种不同空间和时间尺度的大小旋涡相互嵌套,看似有序的大尺度拟序结构与"混乱"的小尺度结构相互作用,能量在其间传输,具有强烈的非线性特征。商业大飞机在飞行过程中需承受较强的大气紊流载荷,湍流问题便成为影响航空安全的一个重要因素,无论是飞机设计环节还是飞行姿态控制,都必须考虑连续阵风和大气紊流对飞机的影响。

　　湍流现象属于随机过程,表达的是风速围绕平均值的变化。常用的湍流模型,可根据所采用的微分方程数进行分类:零方程模型(如 C - S 模型、B - L 模型)、一方程模型(如 Spalart - Allmaras(S - A)模型)、两方程模型(如 $k - \varepsilon$ 模型、$k - \omega$ 模型)、四方程模型、七方程模型等。对于简单流动而言,一般来说,随着方程数的增多,精度也越高,缺点是计算量也随之变大、收敛性随之变差。

　　湍流运动,在物理上表现为近乎无穷多尺度的旋涡流动,在数学上表现为强烈的非线性,使得理论实验和数值模拟都很难解决湍流问题。虽然 N - S 方程能够准确地描述湍流运动的细节,但求解这样一个复杂的方程会花费大量的精力和时间。实际上往往采用平均 N - S 方程来描述工程和物理学问题中遇到的湍流运动。当对三维非定常随机不规则的有旋湍流流动的 N - S 方程进行平均时,得到的平均方程中增加了 6 个未知的雷诺应力项,从而出现了湍流基本方程的不封闭问题。根据湍流运动规律以寻找附加条件和关系式使得平均方程封闭,促使数十年来各种湍流模型的发展。在平均过程中失去了很多流动的细节信息,为了找回这些失去的流动信息,必须引入湍流模型,然而,时至今日还是没有得到统一的、有效的湍流模型。商用 FLUENT 软件中提供了以下的湍流模型:Spalart - Allmaras 模型,$k - \varepsilon$ 模型、$k - \omega$ 模型,雷诺应力模型(RSM),大涡模拟模型(LES)。

　　为了选择合适的湍流模型,需要了解它们的适用范围和局限性。

　　① Spalart - Allmaras 模型主要针对航空领域所设计的单方程模型,考虑墙壁束缚(wall - bounded)流动,只需求解湍流粘性的输运方程,不需要求解当地剪切层厚度的长度尺度,而且该模型对网格粗糙带来数值误差不太敏感,具有较好的模拟效果。但是,由于其没有考虑长度尺度的变化,对一些流动尺度变换比较大的流动问题不太适合,比如平板射流问题、从有壁面影响流动突然变化到自由剪切流、流场尺度变化明显等问题;不能断定它适用于所有的复杂的工程流体,例如预测均匀衰退,各向同性湍流。

　　② $k - \varepsilon$ 模型是最简单的两方程模型,需要求解两个变量(速度和长度)。该模型适用范围广,计算精度也比较合理,是从实验现象中总结出来的,属于半经验公式,只适合完全湍流的流动过程模拟。

　　③ 标准的 $k - \omega$ 模型基于 Wilcox $k - \omega$ 模型,适用于低雷诺数、可压缩性和剪切流传播。Wilcox $k - \omega$ 模型预测了自由剪切流传播速率,例如尾流、混合流动、平板绕流、圆柱绕流和放射状喷射,因而可以应用于墙壁束缚流动和自由剪切流动。

　　④ RSM 模型(雷诺应力模型)和大涡模拟(LES)模型等,各有其特点及应用场

合,这里不再介绍。

⑤ 其他模型是在标准的湍流模型上修正的模型,如 SST k-ω 模型。改进后的 SST k-ω 模型比标准 k-ω 模型在广泛的流动领域中具有更高的精度和可信度。

1.2 飞行器结构非线性

飞行器力学结构分析是一件复杂的事情,涉及弹性力学、结构力学、板壳学及有限元理论等诸多内容。结构的主要功能在于支撑和传递外载荷到反作用点。对于空中或太空航行的飞行器来说,在设计和分析结构时除了外载荷之外,还必须考虑温度环境和其他物理环境对结构的影响。结构设计的最终目的是给出一个结构,即满足特定使用要求并受到特定设计总则和使用条件所支配的结构综合,需要对承受静力、动力载荷、位移约束、温度环境以及使用条件的结构进行分析。

一般的气动弹性系统分析,如采用线性结构的假设、标准算法就可快速且准确地预判系统的稳定性。此外,线性理论的优点还在于能够很好地估计系统动压的幅值和临界飞行速度(超过此飞行速度,系统的响应将以指数形式发散)。然而,在当今的飞机结构中普遍存在着大量的非线性环节,它们不仅影响系统的颤振速度,而且对其运动特性也有明显的影响。特别地,在飞机机翼或操纵面的安全与设计过程中,通过定性或定量的数值仿真这些非线性环节及其动力学行为无疑是非常重要的。

飞机是一个极其复杂的结构体,制造安装过程中存在着各种结构非线性及材料的非线性。目前,公认的结构非线性大致分为两类:分布式非线性和集中式非线性。分布式非线性一般是由连接件以及元件本身大的弹性变形引起的,它影响整个结构。集中式非线性作用于局部,以控制装置、连接件、外挂等部位最为常见,是由材料特性、结构阻尼、安装间隙与元件的老化松动等引起的。集中式非线性主要包括立方非线性、间隙非线性和迟滞非线性等。文献中常见的几个例子:① 大展弦比机翼或螺旋桨叶片的扭转与立方形硬弹簧具有相同的动力行为(扭转攻角增加,刚度增大);如果发生屈曲,动力学行为可近似等同于立方形软弹簧(位移增加,刚度系数变小)。在高超声速壁板颤振研究中,气动加热能够使结构的刚度大幅减小,基于不同的温度和初始条件,这种非线性可看成是立方形硬弹簧或软弹簧。② 在动力操纵控制或弹簧调整片系统中,控制连接处的后冲作用是产生中心间隙非线性的主要原因。在小位移的情况下,操纵面发生运动,弹簧却不产生任何恢复力。③ 干摩擦是产生非线性的又一个原因,如果在系统中同时存在摩擦和滞后作用,将得到滞后环非线性。对于滞后环非线性,在一定的位移范围内,系统的恢复力或力矩随其位移呈线性增长,当位移达到一个特定的数值时,力或力矩将发生突变,在这之后,系统又将是线性的。而在其返回途径中,相应的突变发生在另一个特定的位移所在位置。

1.2.1 飞行器复合材料非线性

复合材料结构具有良好的可设计性、高比刚度、高比强度,在航空航天领域得到广泛的应用。例如在波音 777 大型双发动机宽体客机中,复合材料大量应用到发动机整流罩、安定面、尾翼以及内外板扰流器等部件,每架飞机所使用的复合材料,约占结构总质量的 10%。直升机的机体和旋翼上,也大量地使用各种复合材料,如 Kevlar 芳纶纤维复合材料、玻璃纤维复合材料,以及石墨和硼纤维复合材料等,约占结构材料的 17%。复合材料结构的类型较多,如层合复合材料、纤维增强金属层合复合材料,以及蜂窝夹层结构复合材料,它们之间的力学性能差别也很大。先进复合材料其优异的力学性能、明显的减重效果在飞行器设计与制造等现代化武器领域得到重视。复合材料在高度轻量化飞机上的用量可达结构的 70%~80%,在先进战斗机上的用量占到结构的 30%~40%,在重视安全性、经济性的大型民用运输机上的用量可达飞机结构的 15%~20%。实践证明,采用复合材料制造的飞机部件,相比传统的航空结构材料,通常减重 20%~30%,使用及维修成本却比金属材料低 15%~25%。此外,先进的树脂基复合材料还为飞机隐形功能技术提供了材料基础,通过合理的结构和材料设计,赋予飞机隐形功能,可使雷达反射截面缩小,吸波性能提高。

飞行器常采用高强度合金材料及复合材料的薄壁结构,以获得轻量化的结构设计。薄壁结构主要为梁、板壳及其组合形式的结构,其特点是:① 轴向尺度远大于其截面尺度,轴向刚度相比弯曲刚度大很多;② 板壳面内尺度远大于其厚度,面内刚度较其面外刚度大很多,薄壁结构在外载荷作用下将产生大的面外变形及大的转动,而面内变形却较小;③ 当面内压载荷、剪切载荷或它们的联合作用,且载荷增大到某个临界值时,薄壁结构将产生突然的面外的大变形,发生屈曲(失稳)。因此,采用复合材料的薄壁结构在设计中除了需要满足刚度、强度设计准则之外,还需要满足稳定性设计准则。

飞行器升力面大量采用复合材料之后,带动了气动弹性复合材料剪裁领域的发展。目前,国内经典的气动弹性教材,认为复合材料气动弹性剪裁是一种全新的气动弹性设计理念,它利用复合材料刚度的方向性及其变形耦合特点,控制翼面结构的静/动气动弹性变形,达到提升飞机性能的目的。具体地说,它是一种结构优化设计方法,涉及更改复合材料铺层的厚度、铺层角度及铺层方向和顺序的方法,达到改变结构刚度的方向性,由此控制翼面的气动弹性变形。此外,复合材料带来的全新挑战在气动弹性力学的其他分支方向上也凸显出来,如基于复合材料非线性的结构设计与优化方法、复合材料结构热防护等领域。

1.2.2 大展弦比飞机几何非线性

20 世纪 90 年代末,一类轻质材料的大变形几何非线性问题被提出来,如高空长航时飞机(High Altitude Long Endurance),其具有大展弦比机翼、结构质量轻以及柔性大等特点,在长期侦察监控、环境监测和通信中继等军用民用方面具有广阔的发展前景。所谓"几何大变形"通常是指横向变形量占到纵向变形量的 5% 以上。工程实践中应从力学角度去认识"几何大变形"的含义,结构的力学平衡关系必须建立在变形后的构型之上,而不能忽略变形所引起的结构力学特性的改变。另一方面,机翼结构材料远没有超出弹性范围,应力应变的本构关系仍然满足线性关系,这就形成了典型的几何非线性气动弹性问题。

当结构大变形或结构承载较大的载荷时,系统的静、动平衡力学特性呈现非线性特点,结构的瞬态变形和应力状态值得重视。从力学机理上分析,结构应力与位移之间的非线性关系、受力平衡的非线性、应力和应变的线性本构关系、结构力学和空气动力学同时涉及非线性因素,构成了一类复杂的非线性气动弹性新问题。大展弦比飞机受到几何非线性的影响,主要体现在两个方面:① 结构整体刚度依赖不同的载荷状态而改变;② 机翼平面形状的改变影响气动力的分布。考虑几何大变形的结构动力学特性分析,多基于这样的假设,即认为"结构在大的静变形平衡位置附近做微幅振动",于是允许继续延续使用线性系统振动理论中的固有频率和模态的概念,这个方法称为"准模态"方法,目前是工程实践中常用的方法。研究几何大变形问题需要建立非线性结构模型,如基于位移的梁单元(D-Beam)、基于应变的梁单元(S-Beam)和内蕴梁单元(I-Beam)。其中 Hodges 非线性梁作为一种几何精确梁模型,应用颇为广泛,成为国内外研究几何非线性结构问题最常用的方法。

值得注意的是,考虑几何大变形问题的三维模型的研究往往更加复杂和困难,近些年的文献中也出现了以降阶模型为代表性的研究。例如,2010 年出现的基于模态/有限元方法的几何线性气动弹性降阶模型。利用模态方法求解基于应变的非线性梁方程,研究几何非线性静/瞬态的结构响应问题,相比有限元非线性梁方法更具效率。回顾历史,针对几何非线性问题的研究最早出现在直升机领域。这是因为,直升机旋翼具有很大的展弦比,结构几何非线性问题非常明显。直升机领域中的这些科研成果,无疑对于大展弦比固定翼的机构非线性问题来说,有着重要的指导意义。在从事大展弦比机翼非线性颤振分析与计算的过程中,由于涉及结构非线性和气动力非线性双重因素的制约,也必将推动非线性动力学理论的发展。

1.2.3　飞行器结构间隙非线性

由于机翼的加工工艺和机翼运动部件的磨损,间隙非线性是普遍存在的。适用于间隙非线性气动弹性模型分析的解析方法主要有描述函数法和谐波平衡法,将有预荷载的间隙弹簧等效线性化。由于间隙模型存在转折点,即使系统参数发生了微小变化(此时,线性子域发生了变化),也会影响非线性气动弹性行为。

在飞行器结构间隙非线性的文献中,基于机理分析的研究比较多,常常将具有沉浮和俯仰两自由度的二维翼段或带操纵面的三自由度的二维翼段作为考察对象,用以研究亚声速、不可压缩流作用下的气动弹性响应问题。前者非线性间隙施加在俯仰自由度上,后者关注操纵面内存在的间隙非线性(间隙一般存在于失效的控制面铰链或松的铰链连接处)。对具有间隙非线性的气动弹性系统的研究表明,该系统有非常丰富的动力学特征。研究间隙气动弹性系统的动力学特征,首先需要建立准确的数学模型。由于工程实际中间隙大小不易准确测量,还有诸如螺栓连接等造成的间隙,甚至无法测量,因此系统的数学模型经常需要通过辨识的方法来建立。在参数化间隙非线性建模的过程中,间隙开关点的位置在间隙模型中起着重要作用,它不仅影响间隙非线性动力学系统分岔点的位置,而且还影响其动力学特征。忽略间隙开关点的建模,其动力学特征将与原系统具有本质区别。

关于间隙非线性辨识技术,可以在时域内辨识,也可以在频域内辨识。时域内的辨识技术主要有基于 Volterra 理论的 Volterra 级数法、基于 Hammerstein 模型的非线性辨识法,它们都属于非参数辨识法,具有如下特点:① 对结构信息的要求低、通用性强,能够应用于各种非线性系统辨识;② 对于多输入、多输出系统进行非线性辨识,计算量较大,应用受到一定的影响。频率内的辨识是一类基于测量频响函数和相关功率谱的辨识方法,辨识的关键在于先获得标称线性系统的频响函数矩阵,再利用频域模态辨识技术针对相关模态进行辨识。关于间隙非线性问题的详细描述与讨论,读者可参考美国 Dwell 等其他学者的著作与文献。

1.3　非线性气动弹性系统

飞行器气动弹性问题(力学学科的一个分支),是研究弹性物体在气流中的力学行为,其任务是研究气动力与弹性体之间的相互作用及影响,调查由气动力、弹性力、惯性力以及计及热效应相互耦合作用所导致的各类气动弹性现象(如图1.2所示)。弹性力学经典理论是研究弹性体在给定外力或位移作用下的应力或应变,特别地,弹性体的小变形对外作用力的改变被忽略。但是,在气动弹性问题中,必须考虑弹性体对外力的改变量,外力(气动力/力矩)会随着弹性体的瞬时变形而变化,因此,作用于飞行器升力面上的气动载荷也成为求解器中的未知量。

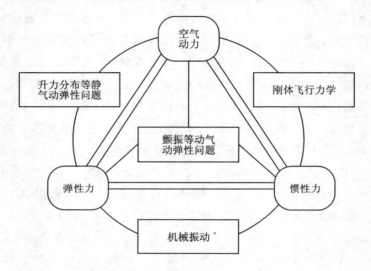

图 1.2 气动弹性的力三角形(示意图)

气动弹性系统分析中最重要的问题之一就是稳定性分析,因为它关系到飞行器的安全。研究气动弹性系统的稳定性,就必须关心结构的线性或非线性、气动载荷的线性或非线性问题以及引起非线性现象的原因等。不考虑惯性力因素的气动弹性失稳问题,也就是静气动弹性稳定性问题,其主要特征多指扭转变形发散;考虑惯性力因素的气动弹性失稳问题,也就是动气动弹性稳定性问题,其主要特征多指颤振问题。更详细地说,气动弹性学科包括:① 气动弹性静力问题,研究飞行器弹性变形对定常气动力分布的影响以及这种静变形的稳定性特性,如扭转发散、操纵面反效等问题;② 气动弹性动力学,主要研究颤振、极限环振荡和突风响应等问题;③ 热气动弹性力学,如对于超声速/高超声速飞行器,由于气动生热而导致的弹性力、气动力与热场相互耦合的热气动弹性问题;④ 气动伺服弹性力学,主要研究飞机气动弹性系统与伺服控制系统的动力学耦合问题,如气动伺服弹性闭环回路的稳定性问题。

气动弹性系统中若有非线性因素存在,则称为非线性气动弹性系统。这些非线性因素主要来自于两个方面:结构子系统和气动子系统。因此,非线性气动弹性系统是指其结构子系统是非线性的,或者其气动子系统是非线性的,或者两者皆是非线性的。引起结构非线性的因素包括:复合材料的非线性、结构间隙非线性以及升力体大变形引起的结构几何非线性。引起气动非线性的主要因素包括:跨声速激波、粘性所致分离、动态失速、翼尖涡等。常见的亚声速或超声速段内的气动弹性系统分析,注重结构子系统的非线性,气动力计算则采用线化理论来描述。在跨声速段的流场中,由于激波位置对结构的振动非常敏感,并且存在较强的迟滞效应,使得气动力呈现本质非线性特征,因此跨声速气动弹性系统必定是非线性的。基于线化理论发展的各种非定常气动力方法不再适用于跨声速气动弹性的分析。

历史上,气动力的建模与发展过程经历了二维 Theodorson 理论模型、Grossman模型以及针对大展弦比机翼的片条理论模型等早期的气动弹性分析阶段;随后出现了三维升力面气动力计算方法(核函数法、偶极子法),用以获得亚声速或超声速简谐非定常气动力;为了解决频域气动力与时域气动力间的转换,又出现了频域气动力有理函数拟合方法;20 世纪 90 年代,正值计算机软硬件技术突飞猛进之时,基于Navier - Stokes 方程的 CFD 数值仿真技术开始流行,出现了以跨声速小扰动方程、Euler/Navier - Stokes 方程为代表的非定常气动力求解的 CFD 方法。非定常气动力计算的 CFD 程序代码是在时域内执行的,结果中包含有一切非线性因素,尤其适合跨声速气动力的计算,基于 Laplace 变换的频域方法不能用于跨声速气动力计算。进入 21 世纪,非线性气动弹性理论分析与计算的主要方式更多地从频域转向时域,并被运用于型号分析。但是,频域气动力方法在非跨声速段内的气动弹性实验分析方面,例如阵风激励下的机翼非线性响应问题,仍可继续发挥其重要作用。大气紊流的存在可能会降低机翼模型的颤振临界速度,借助于大型商用 CAE 软件针对结构响应的"功率谱密度(PSD)分析模块",使用 MSC. Nastran 有限元软件即可获得机翼紊流功率谱响应,然后应用于可靠性分析。应当注意的是,结构发生抖振时,必须考虑结构振动所引起的非定常气动力,研究表明这部分气动力会直接影响结构响应的低频段。然而,机翼结构振动引起的非定常气动力求解的过程非常困难,因此,非定常气动力作用下的结构响应的功率谱分析方法目前仍然有待于进一步研究。

在 20 世纪的大部分时间里,气动专家们围绕亚声速和超声速非定常气动力建模与计算方法展开了具有工程实践意义的相关研究,那个时代多采用基于线化理论的非定常气动力简化模型。1990 年以后,随着电子计算芯片技术的突破及计算机软硬件的飞速发展和提升,基于 Euler/Navier - Stokes 方程的数值计算方法逐渐取代了传统的、基于势流理论的气动力计算方法,这不仅提升了计算结果的可靠性和精确性,而且成为真正意义上的非线性气动力求解的有力工具,解决了传统气动力理论与计算方法不能用于跨声速、大迎角失速等非线性气动力计算的问题,推动了非线性气动弹性领域的发展。

基于 CFD 技术的数值模拟对于解决气动力非线性问题具有无可比拟的优越性，即 CFD 技术在时域内的计算结果可以直接用于气动弹性系统模拟，尤其是跨声速气动弹性系统模拟。目前，基于 CFD/CSD 耦合计算的策略依然是气动弹性领域的研究热点之一。然而，为了更加真实地逼近实际物理特性，应用 CFD 技术之前，在空间和时间上必须对流体运动的描述更加细致，网格的划分数量也从几十万迅速上升到百万数量级。因此，CFD 技术的计算效率问题成为气动弹性分析的瓶颈，其主要体现在以下几个方面：① 计算量大，耗时多，不便于型号初步设计阶段结构与控制参数的分析；② 不便于系统的定性分析，也不便于开展伺服气动弹性分析与参数设计；③ 计算耗费的存储空间资源巨大，生成的海量数据难以有效地利用和分析。

1.3.1　定常、准定常及非定常气动力

1. 定常流动

当流场中任一固定点处(如静止不动的翼型上的气流)速度不随时间而变化时，称为"定常流动"，否则称为"非定常流动"。流体运动的轨迹，可以借用"流线"的概念进行描述，任意两条流线不会相互交叉，这与实际中流体运动的唯一性是一致的。设想在流体中取出体积非常小的微小元素，它们在运动中彼此感受着相互的静压力。当翼型的攻角发生变化时，流经翼型上下两侧的气体流速有所差异，由此产生"定常气动力"。学者们经常借用二维翼型进行气动力特性的机理研究(定性分析方法)，可以将复杂问题进行简化(三维真实流动通常是复杂的)。定常气动力的研究相比非定常气动力而言相对简单，它不需要考虑气动力随时间变化的特性，也容易通过实验法获得气动力的真实数据，进而获得气动力经验计算公式，如 1969 年 Fung 基于椭圆升力分布的假设，给出了计算大展弦比机翼升力线斜率的近似公式。

关于大展弦比机翼沿展向气动力分布的建模，最简单的方法就是"片条理论"。该理论基于这样的假设：气流在每一份(单位展长)机翼上的三维流动都近似成二维流动，在来流方向(弦向)翼段上结构是刚硬不产生弹性变形的。若机翼是平直的或具有小的后掠角的情况，研究低速不可压缩流场的大展弦比机翼的升力问题时，则可以采用著名的"普朗特升力线理论"，读者可以自行阅读空气动力学方面的书籍或文献。目前，定常气动力理论在飞机的优化设计方面及舰船水下运动翼型优化设计等方面，都有着重要的理论指导和应用价值。

2. 非定常流动

飞行器在运动过程中所受到的气动力/力矩多数情况下是时间的函数，例如气

动升力面(如机翼)受到突风激励或临时机动的情况下,由此引出气动弹性动力学问题。气动弹性动力学问题是弹性力学和空气动力学相互耦合的非定常过程,可分为气动弹性稳定性问题和气动弹性动稳定性问题。其关键技术是解决非定常气动力计算问题。当机翼或简化的二维翼型相对气流经历沉浮或俯仰运动时,气动力和力矩本质上必然是时间的函数,也就是说它们将随时间而变化。为了达到简化计算的目的,在任一瞬间时刻,不妨假设存在着另外一个完全相同的翼型,却在做着等速(数值上等于实际翼型瞬时速度值)的沉浮或俯仰运动,认为它们具有相同的气动特性。基于这种假设或问题简化,原本的非定常气动力被处理成准定常气动力。准定常气动力具有假设简单、可用于颤振和突风响应分析等优点,缺点是精度稍显不足,未计及运动频率的变化。与定常气动力不同,翼型在沉浮或俯仰运动时产生的非定常气动力/力矩不仅与翼型的攻角有关,还与运动的瞬态变化相关联。在 1997 年之前,即美国的 Silva 提出基于 Volterra 理论的多重卷积分核函数方法之前,非定常气动力的计算主要基于 Wagner 函数、Theodorsen 函数以及研究阵风响应分析的Küssner 函数、Sears 函数。

3. 大展弦比机翼非定常气动力

近年来,高空长航时飞机(High Altitude Long Endurance,HALE) 越来越受到重视,在军事和民用方面具有广阔的发展前景。这类飞机普遍采用了轻质结构的大展弦比机翼,在显著提高升阻比、增加航程和续航时间的同时,也导致此类飞机柔性较大,飞行过程更易受到阵风干扰的影响。阵风引起的气动弹性响应轻则导致结构载荷增大、乘坐品质下降,重则危及飞机的操纵特性、疲劳寿命以及飞行安全等,因此有必要在整个飞行包线内对此类飞机进行阵风响应分析。大展弦比飞机的阵风响应分析,区别于传统的刚性升力面阵风响应分析,必须考虑飞机的弹性振动以及非定常气动力的影响。关于大展弦比机翼非定常气动力建模,已有的方法总结如下:① 基于二维准定常气动力结合 Peters 二维入流理论;② 基于片条理论的Theodorsen 非定常气动力;③ 修正的 Theodorsen 非定常气动力。

4. 跨声速流场环境中的非定常气动力

从 1990 年开始,基于 Euler/Navior - Stokes 方程的流体力学计算方法开始流行,这是一种可以处理跨声速流体动力学问题的关键技术。计算跨声速流非定常气动力的方法包括:跨声速小扰动理论、完全势流理论、Euler/Navior - Stokes 方程等。跨声速流中,激波是导致气动力非线性的重要原因,特别地,当飞行马赫数接近 1 时,作用于机翼上下表面带相位后滞的激波周期运动是产生复杂气动弹性现象的主要因素,例如降低了系统的弯扭颤振速度。考虑流体的粘性效应时,激波和边界层的相互作用会导致机翼出现单自由度颤振以及操纵面的嗡鸣。激波还是导致机翼后缘出现分离涡的原因,分离涡的强度随着攻角的增加而增大;激波效应引起的分离区和大攻角导致的分离区的混合,又导致了复杂的非定常激波运动。

5. 基于 CFD 技术的非定常气动力辨识技术

跨声速激波现象导致的各种气动弹性现象,最直接、也是最有效的研究方法是基于 CSD/CFD 耦合技术的仿真实验。但是,CFD 计算的效率低,特别不适合于飞机结构的初始设计阶段各专业部门间的协同工作。于是,基于 CFD 技术的非定常气动力辨识方法得到了重视,并迅猛地发展起来。气动力辨识方法的优点在于:借助 CFD 计算提供实验仿真数据,用于训练出简单却足够精确的数学模型,快速且高效地替代 CFD 直接仿真技术完成非定常气动力的计算,具有一劳永逸的特点。非定常气动力辨识技术可以快速地完成飞行器结构在任意运动规律下的非定常气动力的计算,相比直接的 CFD 时域仿真计算,其效率提升上百、上千倍,节约了大量的时间成本,特别适合应用于飞行器结构设计与优化的初级阶段。

1.3.2　气动弹性静力学

气动弹性静力学问题(又称"静气动弹性问题"),主要研究飞行器弹性结构在空气动力和弹性力相互作用下的力学行为,即研究结构的弹性变形对定常气动力分布的影响,以及在气动力作用下结构产生的静变形及其稳定性。在研究这类问题时,通常认为结构的静变形是一个缓慢的过程,运动引起的附加气动力很小,可以忽略不计。弹性变形对于现代高性能飞行器的性能、静/动稳定性,例如大展弦比机翼升力面、复合材料升力面及其他采用轻质材料变形较大的飞行器,具有不可忽视的影响。

气动弹性静力问题主要包括两类问题:① 扭转发散、载荷重新分布问题;② 操纵效率与操纵反效问题。在气动弹性静力问题中,气动力采用定常气动力理论,时间不作为一个独立的变量,通过计算确定升力面上的升力分布或环量分布,其关键技术在于如何获得气动力影响系数矩阵。以大展弦比机翼为代表的几何非线性静气动弹性分析非常重要,诸多重要的工程应用问题仍亟待解决,比如大变形机翼载荷的重新分布问题、控制面效率问题、复杂结构的非线性稳定性、非线性伺服气弹稳定性、非线性全机刚/弹耦合稳定性与响应问题、非线性阵风响应、考虑几何非线性优化设计方法以及大变形机翼的气弹风洞实验技术等都有待进一步深入研究。传统上,静气动弹性模型与颤振、突风分析的模型完全一致,如全机梁模型。静气动弹性计算是定常问题,不需要动力质量和阻尼矩阵,可以采用二维片条理论建立气动模型,最好采用涡格法一类的三维面元方法。

1.3.3　气动弹性动力学:颤振/壁板颤振/抖振

1. 颤　振

气动弹性动力学研究飞行器各部件在气流中的动稳定性,即颤振现象。随着飞机设计技术的发展,颤振分析经历了经典的机翼线性颤振分析到目前的机翼非线性颤振分析、带外挂物的机翼颤振分析、操纵面颤振分析以及全机伺服颤振分析等新的内容和分支。

在飞行器的气动弹性分析中,飞行器结构在气流中的动稳定性无疑是最重要的。对于给定的翼型结构,其受到的气动力将会随着气流流速的增加而增加,而结构的弹性刚度与气流速度无关,所以存在一个临界速度(称为“颤振临界速度”)。在非定常气动力、惯性力、弹性力的相互耦合作用下,机翼结构会发生振幅不衰减的一种振荡形式,称为“颤振”。颤振发生时,容易引发结构疲劳或破坏,可能在数秒钟内导致机毁人亡的严重事件。

亚声速范围内,飞行器颤振问题重点关注结构模型的非线性,气动力模型可采用线性的。早期的大展弦比机翼颤振分析方法,采取结构刚度矩阵中附加大位移刚度矩阵和几何刚度矩阵,通过坐标变换将片条理论进行扩展,使之适用于机翼变形曲面的非定常气动力计算。考虑在飞行载荷的作用下,大展弦比机翼会产生很大的变形,可能带来严重的几何非线性问题,当气流绕过翼型时,机翼迎角变化范围增大,翼尖附近则会发生气流分离。对于失速问题,一种可行的方法是基于哈密顿原理建立非线性结构运动微分方程,再建立非线性气动力失速模型(如 ONERA 非线性气动力模型,用于分析大变形梁式机翼的非线性行为),替代常规的线性化小扰动方程。该方法的缺陷:对于工程应用的复杂结构来说,真实结构往往难以简化为梁模型,ONERA 模型也难以与复杂的有限元结构相互耦合求解。因此,在实际的工程应用背景下,单独机翼的气动弹性稳定性分析可采用板、杆结构有限元模型和气动力偶极子格网法进行搭配,或者采用基于 CSD/CFD 耦合计算的方法直接研究大展弦比机翼非线性静气动弹性响应问题。

跨声速范围内,颤振预测与计算问题显得更为重要,激波现象是导致气动力本质非线性的主要因素,深刻影响着飞行品质与飞行安全。超临界机翼和传统机翼模型跨声速颤振特性的研究结果表明:跨声速机翼颤振边界(实验法的结果)要比线性理论分析的结果低,特别地,超临界机翼颤振边界要比传统机翼颤振边界低很多。因此,跨声速范围内的颤振预测与分析必须重视“激波-附面层”相互作用所导致的严重的气动非线性现象,同时,还应考虑机翼的形状、弯度、机翼的扭转、攻角、弹性效应和惯性效应等。此外,跨声速副翼嗡鸣(一种单自由度颤振)现象也与"激波"效应有关,即翼面上激波运动会引起的副翼铰链力矩响应的相位交替变化。计算跨声速气动弹性的传统方法基于跨声速小扰动理论,然而,考虑强激波效应时,必须使用基于 Euler 或 Navier-Stokes 方程的 CFD 技术建立非线性气动力模型。当经典的气动弹性分析方法失效时,有时需要将非线性空气动力学与分岔理论相结合,建立一种全新的气动弹性系统模型。

2. 壁板颤振

颤振现象的形态是多种多样的,壁板颤振是指高速飞行器的翼面壁板结构自身运动诱发翼面单侧气动力激励所发生的一种自激振动现象。通常认为壁板颤振有如下特点:① 仅有单侧气动力作用于壁板表面;② 壁板颤振是在超声速气流中的一种典型气动弹性现象;③ 工程中的壁板颤振问题大多表现为非线性极限环振荡。由于边界约束的存在,并受到蒙皮壁板横向振动所产生的面内薄膜应力的影响,壁板颤振不同于机翼颤振,一般不会产生瞬间的灾难性后果。在线性壁板颤振临界速度以下,壁板结构是稳定的;而超过壁板颤振临界速度后,则出现反复振荡的极限环等非线性现象,使蒙皮壁板结构产生疲劳裂纹直至破坏。

从飞行安全角度出发,对壁板颤振问题的分析,需要重视两类问题:稳定性问题和响应问题。第一个问题是进行线性壁板颤振临界速度的分析,获得飞行安全速度,尽可能地避免壁板颤振发生,确保壁板结构在高速气流中是稳定的。第二个问题是若无法避免颤振发生,则在时间域内进行非线性壁板颤振响应分析,获得极限环振荡的幅值和频率。通过结构参数设计和主动、被动颤振控制等多种方法,将非线性壁板颤振的响应幅值控制在合理范围内,或者是给定安全飞行速度,确保在使用寿命范围内不致因幅值过大而引起疲劳破坏。

壁板颤振问题最早出现于第二次世界大战期间,壁板颤振的报道先后涉及德国 V-2 火箭弹、美国 F-117A 隐形战斗机乃至我国某型号的飞机等。壁板颤振造成的后果分别是弹翼的金属蒙皮抖落、复合材料机翼蒙皮出现了裂缝、飞机方向舵面的蒙皮出现了裂缝,给正常飞行或发射带来不利影响。如图 1.3 所示为美国 F-117A 隐形飞机。另外冲压发动机的壁面结构在其内部巨大的气动载荷和发动机工作时产生的燃烧热载荷共同作用下,也会发生壁板颤振。随着现代科学技术的发展,以及超声速飞行器的发展,世界各国航天飞机的热防护系统(如金属热防护系统),在极高速的气流及高温(气动生热所导致)的飞行条件下,使壁板颤振问题显得更加突出与重要,壁板颤振问题必将成为高速飞行器翼面结构以及热防护系统所必须考虑的设计问题。如图 1.4~图 1.6 所示为各国先进的高速航天器。关于壁板颤振的设计,读者可查阅国外的《NASA 航天器设计规范》以及国内的《飞机结构通用规范》等设计手册。

图 1.3　美国 F－117A 隐形飞机

图 1.4　俄罗斯"暴风雪号"航天飞机

图 1.5　美国 X－37B 空天飞机

图 1.6　美国"奋进号"航天飞机

3. 抖 振

机翼抖振是气流分离导致的、作用于翼面上的随机气动激励所引起的飞机动态响应。由于涉及分离流,所以抖振属于非线性现象。机翼抖振问题包括:低速大攻角下的抖振激励、跨声速抖振边界以及抖振响应问题等。抖振是飞机的某些部件处于紊流中,受到激励而产生的随机振动现象,颤振则是飞机自身运动引起的气动力激励,属于自激振动。抖振于20世纪30年代被提出,它的出现会影响飞机的使用性能,直接涉及飞机结构强度与疲劳寿命,还会涉及飞机驾驶的操纵性、舒适性以及电子通信设备的正常工作等。为了飞行安全,必须测定抖振边界或预测抖振响应,主要方法还是靠风洞实验与仿真数据的修正。

低速大攻角下,各种机翼(如平直机翼,前/后掠机翼)的翼面气流都可能发生分离,引起机翼或襟翼抖振。人们对此问题的研究主要依靠风洞实验,机翼模型有刚性模型和半刚性气动弹性模型。刚性模型需要测量翼面上众多点的压力脉动数据,并对此进行处理才能得到抖振激励参数;半刚性气动弹性模型只要测量翼根应变或翼尖加速度响应便可得到抖振激励参数,但气动弹性模型设计困难、造价昂贵。

在跨声速区,翼面上激波周期性振荡,机翼后缘处发生流动分离等现象在风洞实验(20世纪70年代)中被发现,现在可通过数值仿真实验观察到这个现象,该现象归结于跨声速"激波-附面层"相互作用所引发的自激振动的产物。如图1.7所示为自激激波振荡模型示意图,它解释了该现象来源于超临界二元机翼 BGK No.1 的实验研究。数值模拟方面,考虑跨声速机翼抖振的强非线性特点(激波振荡和流动分离),推荐使用基于非定常 N-S 方程的直接求解法或基于"强粘性-无粘"相互作用的间接求解法。

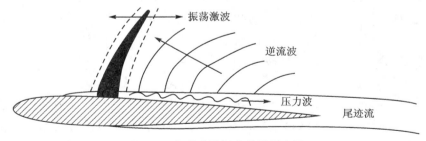

图 1.7 自激激波振荡模型示意图

现代战斗机在超机动飞行时,机翼会较长时间处于大攻角状态,分离涡带着气流掠过垂尾时仍可维持飞机的稳定性,然而,若分离涡在未到达垂尾之前就发生破裂,则会形成高度紊乱、旋转的非定常尾涡流。若尾涡流的频带与垂尾模态的固有频率有交集,则垂尾就会产生严重的抖振现象。针对上述问题,数值模拟计算中的求解器可采用非定常 Euler 或 N-S 方程,同时考虑垂尾弯曲模态运动并借助动网格插值技术完成气动弹性方程的建立与数值仿真。通过计算来分析"分离涡破裂过程"与"垂尾上非定常压力与变形",分析"动压、垂尾弹性、结构阻尼对抖振压力和抖振响应"的影响。

1.3.4　热气动弹性力学

高超声速飞行器飞行在大气层中,产生强烈的气动加热现象,气动加热导致结构受热,致使结构内部产生热应力,气动加热过程是一个持续、非定常过程,涉及结构温度场、应变场之间的耦合作用。这种需要综合考虑"气动加热、温度场、应力场"效应的新问题,称之为"热气动弹性力学"问题。数值计算方面,流场可采用 TVD 格式的有限差分法,温度场可采用有限元法,即混合式松耦合。求解 N－S 方程获得升力面周围的温度分布,再根据结构壁面温度计算热流,应用傅里叶定律确定结构热传导过程及其内部温度分布。为了能在状态空间方程中分析热气动弹性,气动力模型可采用当地流活塞理论,结构采用模态分析方法。热防护模型有防热瓦模式和薄壁夹层结构模式等。热防护方面的仿真计算,可采用结构有限元模型和非定常气动力的线性/非线性活塞理论(或 CFD 程序求解)。

飞行器结构固有特性和气动弹性特性的变化规律皆由温度场的变化所引起,这是热气动弹性力学的特点。非线性温度分布对热气动弹性稳定性和操控性、平板或复合材料壁板颤振等皆有影响,热气动弹性系统中气动力理论常见的有 Van Dyke 活塞理论、统一升力面理论、牛顿冲击理论、非定常激波-冲击波理论等。结构模型常使用准定常热应力理论,或以假想的温度分布,或不考虑变形的气动加热结果作为研究基础。高超声速气动力和结构模态之间的耦合计算可选择松(结构模态不随时间而变化)或紧耦合的思路。热气动弹性问题求解中可分为单向耦合与双向耦合。单向耦合方法将气动热、热传导等问题单独考虑,忽略了结构变形对气动力和气动热的影响,耦合计算过程较易处理,但计算的偏差与实际情况较大。双向耦合方法,考虑结构变形对气动热反馈的影响,但计算过程耗时且相对复杂。为了降低热气动弹性耦合求解的复杂度,通过分析气动力、弹性力和惯性力及气动加热产生的热流之间相互的耦合关系(强或弱)进行简化。常见的假设有:① 仅考虑结构的微幅振动,不计其对温度场的影响;② 气动加热效应下的结构升温是一个缓慢的过程,即温度场是稳态的。

1.3.5　气动伺服弹性力学

飞行器结构设计过程中,还必须考虑气动效应以及结构的控制机构等问题。

20 世纪 30 年代的气动弹性分析主要涉及弹性体结构与气动力理论计算。随着自动控制技术的发展,出现了导弹的气动弹性与控制系统的相互耦合问题,出现了携带宽频带伺服控制系统的飞机。控制系统通过传感器接收飞行器结构弹性的振动信号与刚体运动信号之后,驱动舵面偏转。结构弹性体在高频非定常舵面的激励下,出现了附加的弹性振动现象,由此产生的新型气动弹性问题,称为"气动伺服弹性"(Aeroservoelasticity,ASE)。它以"气动、结构、控制系统"三者之间相互耦合为特征。

　　ASE 是一种具有反馈控制的气动弹性系统,可分为开环 ASE 系统和闭环 ASE 系统两种。前者指受外力作用(包括气动力)的弹性体,后者包含传感器、舵机以及飞行控制系统等。如图 1.8 所示为气动伺服弹性系统的示意图。

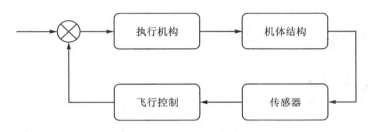

图 1.8　气动伺服弹性系统

　　ASE 主要分为两类问题:分析问题和综合问题。前者针对闭环系统的气动弹性稳定性或动响应特性进行分析,通过修改飞行器的参数值来消除飞行状态中的不利影响;后者基于主动控制思想,设计控制律消除不利的耦合特性,以及达到减重、增稳和减阻的效果,达到提升飞行器性能指标的目的。前者是飞行器设计过程中最基本的任务,涉及刚弹耦合、非线性与推力矢量等方面。后者代表了当今飞行器设计的先进理念,主要涉及机动载荷减缓、阵风减缓等主动控制及颤振主动抑制等内容。

　　研究气动伺服弹性系统的方法归为两类:① 以根轨迹图或时间响应历程为结果的时域方法,多基于状态空间方程模型;② 以幅相特性曲线为结果的频域方法,也是目前工程上最常用的方法,多基于传递函数模型。在结构控制与优化设计过程中,必须考虑气动力的数学模型,可通过有理函数拟合方法将频域内的气动力(不同缩减频率下,调和非定常气动力)转换到时域中,从而建立状态空间模型。但是,有理函数拟合方法不适合于描述跨声速流场环境下的非定常气动力。跨声速非定常气动力对 ASE 特性的影响表现在:① 稳定性方面,颤振速度往往反映为先下降后上升的凹坑变化趋势;② 动响应方面,有剧烈的激波及抖振现象;③ 气动非线性与结构非线性等因素耦合,使 ASE 特性更为复杂。

　　目前,基于 CFD 技术的流场求解方法正广泛应用于诸如低速大迎角、跨声速以及高超声速定常/非定常气动力的求解问题,突破了频域方法不能用于强非线性流场求解问题的局限性。然而,大量的研究表明:若进行计算流体力学与计算固体力学的紧耦合求解,则易于陷入开环系统模型阶数过高,从而不利于控制律设计的局面。因此,基于 CFD 技术的气动力降阶模型可能是一种较好的模式,出现了诸如本征正交分解(Proper Orthogonal Decomposition,POD)、Volterra 核函数以及谐波平衡等技术手段和方法,计算效率得到了大幅提高,但也存在着鲁棒性差、各有适用对象等问题。

1.4 非线性系统建模与辨识

1.4.1 非线性系统辨识概述

系统辨识最早是作为控制理论的一门分支发展起来的。经典的控制理论重视系统的稳定性,使用传递函数来描述单输入、单输出的定常系统获得了很大的成功。系统的传递函数通常又可以通过实验的方法来测量,因此,系统辨识在经典的控制中曾经被广泛应用。1958 年,Wiener 提出了非线性系统辨识问题。早期的工作主要集中在 Volterra 级数和 Wiener 级数的研究上。弱非线性系统的 Volterra 级数方法自 20 世纪 80 年代以来取得了重大进展。早期的工作大多集中于非线性系统的频域分析,基于 Volterra 级数构造线性化的传递函数用于分析一般的非线性系统。目前,Volterra 级数法已经在非线性系统的频域响应、系统建模、灵敏度分析、失真分析等方面被广泛使用,成为分析非线性动态系统的一种有力方法。

Volterra 理论提出不久,出现了基于神经网络的非线性系统辨识的研究和基于模糊逻辑理论、小波理论等基本理论方面的研究。目前,前人的研究成果大多数已纳入统一的理论框架之下,常用概念、术语得到了规范,非线性系统辨识的基本问题和数学基础也获得了很好的归纳和总结。

20 世纪 60 年代,随着航空、航天技术以及工业过程控制技术的发展,现代控制理论(状态空间模型)、各种滤波理论、动态规划理论和极大值理论都得到了应用和发展。现代控制理论重视系统的优化指标,需要精确地知道受控系统的数学模型。当系统的某些结构参数不确定或者系统的模型不够精确时,人们自然地转向系统辨识的研究。随着计算机软硬件技术的迅猛发展,许多物理现象(例如气象、天文等)的研究开始采用离散时间序列方法进行建模、参数估计。系统辨识理论与方法中包含了时间序列分析、实验设计等内容,其应用前景更加广阔。20 世纪 70 年代,自适应控制理论对系统辨识的研究提出过挑战,自适应控制没有抛弃数学模型,而是极大地刺激了系统辨识理论的深入发展。20 世纪 90 年代以后,非线性动态系统的辨识在国际上成为关注的主题。紧跟国外科研形势的发展,我国也相继开展了基于神经网络的非线性辨识、基于多变量/多输入/多输出的 Hammerstein 系统辨识、基于多输入/多输出的 Volterra 级数模型的辨识、基于时变系统基序列的辨识以及基于时变 NARMA 模型的辨识等研究。

1.4.2　非线性系统辨识理论及方法

辨识、状态估计和控制理论是现代控制理论三个互相渗透的领域。辨识和状态估计离不开控制理论的支持,控制理论的应用又几乎不能没有辨识和状态估计技术。然而,大多数情况下,被控对象的数学模型是不知道的,或者正常运行期间模型的参数可能发生变化。因此,利用控制理论解决实际问题首先需要建立受控对象的数学模型,进而利用各种系统辨识技术完成模型的确定。目前,系统辨识已发展成现代控制理论中非常活跃的一个学科分支。

关于线性系统的建模理论及辨识技术已经相当成熟和完善,然而,非线性系统建模缺乏公认的、普遍适用的非线性映射形式,不同的非线性系统存在着多种不同的建模方法,例如多项式函数法、样条函数法、神经网络法(如多层神经元、径向基函数),以及多种不同形式的数学模型,例如 Volterra 模型、NARX 模型、状态空间模型等。对系统的部分信息进行描述,称为系统建模。针对数学模型,分为两大类:非参数模型和参数化模型。所谓非参数模型是指从系统的实验过程中直接或间接得到的响应曲线模型,例如脉冲响应、阶跃响应、频率响应曲线等。数学方程形式描述的模型属于参数模型。模型类型从不同的角度还可以分成静态或动态模型、线性或非线性模型、连续或离散时间模型、定常或时变模型、确定性或随机性模型、时域或频域模型、集中参数或分布参数模型、精确或模糊模型等。

在工程实践中,大多数情况下遇到的系统都属于动态系统,它们都具有记忆性。一般说动态系统具有记忆性是指它的输出不仅依赖于现在的外部激励,而且与输出的历史值有关。静态系统,又称为即时系统,无记忆性。这里只讨论时域动态非线性系统的建模、理论分析以及系统辨识方面的问题。系统建模方法有两种:机理分析法和测试法。通过系统本身的机理,例如物理或化学规律等建立的数学模型属于机理分析法。测试法是由系统外部的输入、输出信号数据来推断系统的数学模型。前者称为"白箱"问题,后者称为"黑箱"问题,两者相结合的称为"灰箱"问题。如果系统的某些特征可以用系统的可测输入与输出之间的关系来描述,则此类数学建模的问题称为"系统辨识"(System Identification)。此外,还有"随机建模"、"时间序列建模"等问题。关于系统辨识的参考书籍较多。系统辨识的定义,最早于 1962 年由 Zadeh 提出,目前大家普遍使用 1978 年 Ljung 对系统辨识的描述:"辨识三大要素:数据、模型类和准则。辨识就是按照一个准则,在一组模型类中选择一个拟合得最好的模型。"

系统辨识过程可以通过图 1.9 来表示。

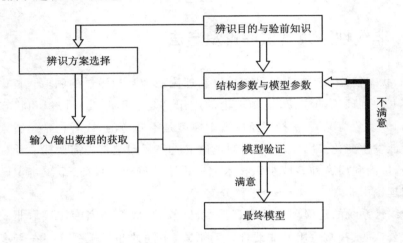

图 1.9 辨识过程示意图

辨识过程中的结构参数是指模型方程的阶数以及其他与结构有关的量,例如状态空间模型中的结构不变量。模型参数是指不依赖于输入、输出数据或状态的那些量,例如微分方程、差分方程的系数。对于某些类型的非线性系统辨识问题,有时可以采用非线性变换将输入数据变换成新的数据,再将新的数据看成是某个线性系统的输入信号进行辨识。这样的线性系统实际上隐含了非线性特征。采用不同的数学模型进行辨识,其效果不会完全一致。对于多变量系统,输入/输出之间可能存在耦合效应,一般采用状态空间模型更容易辨识。对于多输入/多输出系统,为了降低辨识的难度,一般采用输入/输出的一个子集作为建模依据。一般地,输入越多则模型的拟合性能越好,输出越多则模型的拟合性能越差。因此,有时可以将一个复杂模型分解成若干多输入/单输出(MISO)的系统进行辨识,从而降低了辨识难度。如果以系统的预测与控制为建模目的,那么直接使用多输入/多输出(MIMO)模型能获得更好的拟合效果。

模型建立起来之后,需要进行模型验证工作。模型验证指的是所建立模型是否真实地反映了系统的动态特性。可以用实验验证,也可以通过对系统和模型施加相同的外部激励信号,通过比较两者的输出偏差情况来验证。模型的选择包含人的主观因素,所以模型的验证必不可少。如果模型的特性与原系统的实际过程基本一致,那么模型就是满意的。验证的方法有交叉数据验证法、残差检验法、测试验证法、理论建模与实验建模相互验证法等。根据系统过去运行中的实测数据,建立反映系统本质属性的数学模型,可以用来预测系统的未来行为,这样建立的模型依据是误差最小原则。对于很多系统来说,即使是非线性的,甚至是时变的,也可以使用线性模型来建模,只是这样的模型系数要不断地修正。对于空气动力系统辨识问题,所需辨识数据主要来源于 CFD 程序计算的输出结果。

系统辨识在工业控制、航空航天、天文学等众多领域得到了重视和应用,例如气象预报、工程中的状态预测、飞行轨道预测与自适应控制、系统的故障诊断等。通过系统辨识方法建立的模型,可以估计出实际工程中的某些未知参数,并给出物理意义的解释。传统的辨识方法有:① 阶跃响应法;② 脉冲响应法;③ 频率响应法;④ 相关分析法;⑤ 谱分析法;⑥ 最小二乘法;⑦ 极大似然法等。最小二乘法(LS)是一种经典的和最基本的、应用最广泛的方法,但却是非一致的、有偏差的,后来相继发展出广义最小二乘法(GLS)、辅助变量法(IV)、增广最小二乘法(ELS)等。随着智能控制理论研究的不断深入及其在控制领域的广泛应用,从逼近理论和模型研究的发展来看,非线性系统建模已从用线性模型逼近发展到用非线性模型逼近的阶段。现代的系统辨识方法,包括:① 集员系统辨识法。例如,飞行器系统是一个非常复杂的非线性系统,当统计类的辨识飞行器动参数的方案难以奏效时,可以选用迭代法给出未知参数的中心估计,然后进行集员估计(区间估计)。② 多层递阶系统辨识法。它是一种针对不确定复杂系统的现代系统辨识方法。该方法的特点是:以时变参数模型的辨识方法作为基础,在输入/输出等价的意义下,把一大类非线性模型化为多层线性模型,成为非线性系统建模的一种有效的途径。③ 神经网络系统辨识法。人工神经网络具有良好的非线性映射能力、自学习适应能力和并行信息处理能力,为解决未知不确定非线性系统的辨识问题提供了一条新的思路。④ 遗传算法系统辨识法。遗传算法具有不依赖于问题模型本身的特性,不容易陷入局部最优且隐含并行性等特点,能够快速有效地搜索复杂、高度非线性和多维空间,为系统辨识的研究与应用开辟了一条新的途径。将遗传算法用于线性离散系统的在线辨识,能比较好地解决最小二乘法难以处理的时滞在线辨识和局部优化的缺点。⑤ 模糊逻辑系统辨识法。模糊逻辑理论用模糊集合理论,从系统输入和输出的量测值来辨识系统的模糊模型,也是系统辨识的一个新颖且有效的方法,在非线性系统辨识领域中有十分广泛的应用。⑥ 小波网络系统辨识法。小波网络是在小波分解的基础上提出的一种前馈神经网络,使用小波网络进行动态系统辨识,成为神经网络辨识的一种新方法。小波网络与其他前向神经网络一样都具有任意性的逼近非线性函数的能力。

1.4.3 Hammerstein 模型辨识

Hammerstein 模型是一类具有特定结构的典型非线性模型,由静态非线性环节和动态线性环节串联而成,可以描述一大类非线性问题。Hammerstein 模型示意图如图 1.10 所示。通过辨识 Hammerstein 模型把原非线性系统的控制问题分解为线性模块的动态优化问题和非线性模块的静态求根问题,避免了传统非线性控制方法计算量大、收敛性和闭环稳定性不能得到保证等诸多问题。Hammerstein 模型要求被控对象近似线性,执行机构具有近似静态非线性,其研究内容主要包括:① 非线性环节的建模方法,主要有基函数法(属于参数辨识,多变量非线性参数辨识的规模和阶次可能很高)、多项式法(属于非参数辨识,不适用于分段非线性问题)、样条函数、分段线性化、基于数据的神经网络或神经模糊系统等方法。② 模型串联环节参数辨识方法,重点研究模型参数求解问题,例如采用迭代和过参数化法、随机法、频域法、盲辨识法等辨识出静态非线性环节和动态线性环节的参数;采用特殊信号源有效分离静态非线性环节与动态线性环节,通过重构中间变量等方法辨识出各串联环节的参数。

图 1.10 Hammerstein 模型示意图

伺服驱动系统在实际应用中普遍存在着非线性效应,如机械摩擦和功率驱动器件死区等现象(如图 1.11 所示),会严重影响运动系统的跟踪性能。如果采用线性模

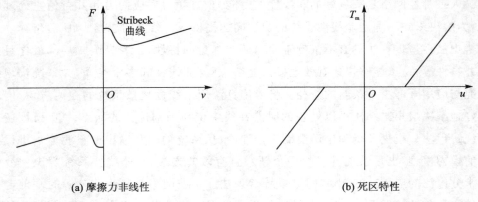

(a) 摩擦力非线性   (b) 死区特性

图 1.11 伺服驱动系统中的非线性特性

型,则无法描述出摩擦与死区等非线性现象,但可先行区分伺服进给机构中的线性部分和非线性摩擦特性,采用分别建模与分析的思路。伺服系统的结构部分,可等效成基于分段多项式基函数的 Hammerstein 模型。此外,Hammerstein 模型还适用于压电陶瓷执行器的建模与分析,模拟压电陶瓷执行器中的迟滞非线性现象。

1.4.4　神经网络辨识技术

早在 1943 年,美国神经生物学家 W. S. McCulloch 与数学家 W. Pitts,基于数理模型,提出了第一个神经计算模型,即神经元的阈值元件模型(MP 模型)。1957 年 F. Rosenblatt 提出并设计出著名的感知器(Perceptron),从而掀起了第一次研究神经网络的高潮。1960 年 B. Windro 和 M. E. Hoff 提出了自适应线性单元(Adaline)网络,可用于自适应系统。1969 年 M. Minsky 和 S. Papert 出版了 *Perceptron* 一书,指出了感知器的局限性,同时指出"能求解非线性问题的网络应该是具有隐含层的多层神经网络"。20 世纪 80 年代,随着电子科技的发展以及新的学科理论诞生,人工神经网络进入了一个高速发展的阶段。其主要的贡献者是美国加州工学院物理学家 J. J. Hopfield,他提出了著名的 Hopfield 模型,有力地推动了神经网络的研究。进入 90 年代,神经网络理论的应用已经渗透到各个领域,并在智能控制、模式识别、计算机视觉、自适应滤波和信号处理、非线性优化、自动目标识别、连续语音识别、声呐信号的处理、知识处理、传感技术与机器人、生物医学工程等方面,都取得令人鼓舞的进展。然而,从数学角度看,神经网络的稳定性、收敛性、容错性、鲁棒性以及推广性等基本理论研究还比较粗浅,有很多问题有待解决。神经网络模型的特点是:计算手段相对简单,但训练和证明手段相对困难,需要借助现代数学的概念和理论(涉及泛函分析、群论及图论等学科知识),因此,神经网络的发展与应用仍面临着不小的挑战,尤其是对可靠性和安全性要求较高的工程应用。

神经网络在系统建模、辨识与控制等领域内的应用,其主要的优势在于:① 多层前馈神经网络能够以任意精度逼近任意非线性映射,给复杂系统的建模带来一种新的、非传统的表达工具;② 固有的学习能力降低了不确定性,增加了适应环境变化的泛化能力;③ 并行计算特点,使其有潜力快速实现大量复杂的控制算法;④ 分布式信息存储与处理结构,从而具有独特的容错性;⑤ 能够同时融合定量与定性数据,联接主义的结构,与传统控制方法及符号主义的人工智能相结合;⑥ 多输入/输出的结构模型可方便地应用于多变量的控制系统。

1. 4. 5　多变量系统建模方法与辨识

多变量系统辨识技术,即多输入/多输出(MIMO)系统辨识,与单变量系统辨识一样,也分为非参数模型辨识和参数模型辨识两类。非参数模型辨识需在系统的输入端施加给定的激励信号,如阶跃信号,利用实验观测或数值仿真技术得到的输出信号,求得线性系统的传递函数或非线性系统的各阶核函数。常见的多变量系统的模型分为四种:① 状态空间模型;② 传递函数矩阵模型;③ 输入/输出差分方程模型(或称矩阵多项式模型);④ 脉冲响应矩阵(或称 Markov 参数矩阵)。它们可以描述同一个多变量系统,因此它们之间也必然存在着可相互转换的信息。状态空间模型通过引入系统状态变量,间接地刻画了系统的输入/输出关系。其余三种模型由于不含状态变量,可以统称为输入/输出模型。工程上常用的数学模型是状态空间模型,例如气动弹性系统的状态空间方程,非常便于引入控制律和数值仿真。对于气动力系统的辨识,脉冲响应激励辨识(如泛函级数形式的积分方程模型)相当流行,获得 Markov 参数矩阵之后,需借助于特征实现算法(ERA 技术)建立任意输入激励信号与气动力输出之间的状态空间方程。

多变量系统状态空间模型的辨识始于 20 世纪 70 年代,当时的辨识策略需要反复求解行列式的值,即使是对于低阶次多变量系统,也很费计算机内存与计算时间。20 世纪 90 年代初,子空间辨识方法成为一种确定多变量状态空间模型的有效方法,基本思想是由输入/输出 Hankel 矩阵投影的行子空间和列子空间来获取模型参数。近年来,涌现出了一些递推子空间辨识方法,但在每一步递推计算中都要计算 RQ 因子的 SVD 分解,计算量很可观,运算时间也较长。尽管如此,由于子空间辨识算法具有不需要参数化,不需要迭代优化,易于多变量系统辨识等优点而被广泛应用,而且已拓展到非线性系统以及闭环系统。

1.5　空气动力系统辨识

航空航天界一直都非常重视空气动力系统的研究,这是因为空气动力的计算关乎于飞行器的飞行安全与性能。早期的空气动力计算仅限于亚声速段,机翼的形状也相当的简单,侧重理论空气动力的计算。随着电子技术和计算机技术的发展以及飞机性能迫切要求提高与改善,客观上也要求能够更加准确地获取空气动力数据。于是,包括风洞实验在内的各种实验方法得到了发展,与此同时,各种气动力理论计算模型也在发展和改进中。进入 21 世纪,电子计算机硬件技术的再发展,使得计算流体力学得到了空前的发展,其计算结果与实验数据相互印证,具有非常好的可信性,无疑降低了巨大的实验成本,克服了场地、飞行器物理尺寸大等矛盾。

20 世纪 70 年代开始,人们广泛地使用小扰动线性化理论编制各种 CFD 程序,不久又提出了跨声速小扰动理论以便能处理跨声速飞行时由于激波所引起的非线性空气动力问题。跨声速小扰动理论,关注的是不引起气流分离条件下的压力分布和绕流流场的简化计算方法。纯亚声速和纯超声速小扰动势流是服从线性方程的,跨声速势流方程则是非线性的。有限差分法通过差商的形式处理偏导数,将偏微分方程近似为代数方程,被认为是求解非线性偏微分方程的一种有效方法得到了普及。差分法求解气动力方程的优点在于:气流中的激波现象也包含在差分方程的解中。

流体力学的控制方程组(连续性方程、动量方程、能量方程)必须遵循三个基本的物理学原理:质量守恒定律、牛顿第二定律、能量守恒定律。考虑了粘性效应(包括摩擦、热传导、质量扩散)的整个控制方程组被称为粘性流动的 Navier – Stokes 方程;忽略耗散、粘性运输、质量扩散、热传导效应后的方程组被称为无粘流欧拉方程。求解欧拉方程或 Navier – Stokes 方程(引入合适的边界条件)的数值解,目前成为研究空气动力学现象的关键。小攻角范围内跨声速空气动力的计算表明,系统确实存在明显的非线性特征;低速大攻角下的空气动力学的研究表明,空气动力出现迟滞效应,呈现时变特征。

飞行器的空气动力预测和研究中经常遇到这样一个问题:需要处理流体与固体(机翼)相互作用的情形(耦合效应)。无论是流体力学中的紊流场,还是真实的物理结构系统,都拥有大量的自由度和时空复杂度,通常二者都是非线性的。有时出于对问题的简化,人们经常假设一个子系统为线性的,另一个子系统是非线性的,值得注意的是整个气弹系统仍然呈现非线性的特征。非线性系统流固耦合中出现的现象,可能来自于复杂的流场环境,例如激波、粘性效应以及气流分离;也可能来自于复杂的结构环境,例如结构的大变形以及材料的非线性。非线性空气动力系统的出现,常常伴随着各种气弹现象的出现,例如失速颤振、抖振,引起了科学工作者的关注。早在 1976 年,Farmer 等人已指出,跨声速范围内传统机翼颤振边界的实验值比线性理论值低,超临界机翼颤振边界要更低一些。另外的研究则表明,机翼的外形、弯度、扭转、攻角以及弹性和惯性效应等因素都会诱发严重的气动弹性问题。Edwards 综述了 1992 年之前的各种跨声速非定常气动力计算方法,弱激波的情况下可以采用跨声速小扰动势流理论求解(控制方程虽然不带粘性,但方程本身是非线性的);当激波效应很强时,控制方程只能是 Navier – Stokes/Euler 方程。

综上所述,空气动力的研究经历了从简化的线性模型(准定常理论、小扰动势流理论)到非线性的跨声速小扰动理论,再到高超声速、复杂机翼外形下的空气动力 CFD 数值计算的转变。空气动力出现非线性特征与粘性、激波效应(激波与附面层作用)、流动分流、紊流等多种因素相关联。

1.5.1 飞行器气动参数辨识

气动参数辨识主要用于飞行器系统辨识,建立气动力系数与飞行状态参数之间的关系式。最初的数学模型属于线性代数方程式,它是飞行器运动稳定性、飞行品质和飞行性能分析的基础。今天的飞行器为了追求卓越的机动性能和更加灵活的战术,常常处于大攻角、过失速、大机动、跨声速等各种飞行状态下,空气动力的非线性特征明显。此外,随着飞行器外形设计的复杂化,机翼表面的空气流动也发生着不同的变化,如附体流动、旋涡流动、旋涡破碎以及分离流动等现象。在机动飞行中,气动力还会出现迟滞现象、强非定常气动力以及绕多轴转动带来的强耦合特征。因此,该方向研究的重点正转向非线性气动参数、大攻角非定常效应、非线性闭环系统的辨识及应用。

1.5.2 飞行器气动非参数辨识

现代飞行器外形复杂,以及经常处于各种机动飞行状态,由此导致了非常复杂的空气动力学问题。非线性气动力辨识的困难在于缺乏统一的数学模型,人们一直在寻找各种类型的模型企图描述各自适用的气动力,如块联模型、基于核函数描述的模型、非线性参数模型、神经网络模型等。块联模型是将非线性系统看作两部分的叠加:线性动态子系统和非线性无记忆(即时)系统。这类模型的典型例子是:Hammerstein 和 Wiener 模型。基于核函数的非线性模型,例如 Volterra 级数可以从理论上非常精确地描述一个非线性系统。核函数法普遍存在着待辨识的离散化未知核常数的数目会随着核阶数的提高而呈现几何量级的增长的缺点。然而,对于一大类弱非线性空气动力系统的辨识问题而言(仅需考虑低阶核函数的辨识),这一方法不仅容易实施,而且可能是非常优越的。需要说明的是,块联模型和核函数法之间有着内在的联系,人们可以从块联模型推导出核函数法。

目前,基于 Volterra 理论的气动力模型辨识,关键在于核函数的辨识。Volterra 模型是一种精确的数学模型,既适用于时变系统也适合于时不变系统,属于非参数辨识模型。这种模型具有概念清晰、理论正确,可以任意精确逼近原系统的优点。此外,它还是一种具有开环特征的模型,对系统的稳定性具有容易检测及施加影响的优点。基于 Volterra 理论的辨识技术,针对离散型的数学模型,与其对应的离散核函数的各级分量数目庞大,随着非线性阶数的增高,数目呈现几何级数增长。一般来说,2 阶或 3 阶 Volterra 模型在处理较弱的非线性系统问题时,效果明显且具有显著的工程物理意义。此外,人们还注意到另外一套系统辨识技术,即基于神经网络的辨识。神经网络辨识技术和 Volterra 级数辨识方法之间存在着某些相似性,二者都是基于系统的输入/输出关系进行模型辨识的,后者的困难在于高阶核函数辨识面临着维数过高的问题,而前者则需要对模型进行大量的前期数据训练(智能学习过程)。为了克服辨识参数过多的问题,使用正交多项式函数的线性组合式对核函数进行重新表达,可以取得明显的效果。另一种解决方案是采用插值形式的方法进行处理。插值方法和正交多项式参数化核函数的方法都能够大大减少辨识参数的数目,而且具有"核函数越光滑,效果越好"的特点。为了避开 Volterra 模型辨识参数过多的问题,还可选择非线性自回归模型(NARX),这是替换 Volterra 模型的一种候选方案。NARX 模型和 Volterra 模型相似的地方在于,理论上都可以精确地逼近满足条件的非线性系统;不同之处在于,其非线性算子中含有输入和输出的延迟部分(Volterra 模型的输出无延迟)。另外,NARX 模型是含有反馈的,也不同于Volterra 模型,而且不能直接参数化,限制了其应用。

综上所述,非参数辨识方法(属于测试辨识法)相对于参数辨识方法而言,对系统内部不需要了解很多,更加适合于复杂的空气动力系统的辨识。非参数辨识方法业已证明其具有机理分析法(常见的数学模型是微分方程/差分方程形式)所没有的优点,适合与机理分析法一起,共同研究非线性系统并相互验证。

1.5.3 非定常气动力降阶模型

伴随着电子计算机软硬件的快速发展,CFD 技术得到空前发展。飞行器的风洞吹风实验耗费巨大,实际应用中却只有少数实验通过此方式来进行。相反,CFD 技术具有节省实物、减少实验次数、节省研制经费、缩短研制周期等特点,已经开始用于优化设计参数、预测系统性能等方面。CFD 技术是基于模型仿真的数字计算技术,其代码的执行效率与所描述的物理模型的复杂程度密切相关,如三维机翼在各种复杂条件下的动力学响应计算时间耗费巨大,计算一次的耗时可达数天甚至十几天。虽然通过改善计算机硬件和编写更高效的计算代码,并采取并行运算的策略可以使效率得到较大地提升,但在早期型号的设计与调试阶段仍是无法忍受的,由此引发基于 CFD 技术的非线性非定常气动力辨识、建模以及降阶模型的发展和研究。

降阶模型(Reduced Order Model,ROM),就是在某种情况下将一个较大系统转化为一个近似的较小的系统的过程,目的是降低大型复杂系统的理论分析和难度,减少数据运算量。它要满足几个条件:两个系统之间的近似误差符合要求;降阶系统能保持原系统的某些重要特性,比如稳定性、结构性等;降阶系统的计算稳定而高效。获取降阶模型的途径大致有两种:① 基于系统的内部机理的建模方法,着眼于流场的主要模态,将问题转化为离散形式的 Navier - Stokes 方程特征值求解。② 基于系统辨识的建模方法,重点在于建立系统的输入与输出的相互关系的合适模型。前者适用于特定问题,能够有效地把握与分析系统的物理性质;后者适用性强、效率高,具有容易实施的特点。两种方法各有所长,不能相互取代。

国内外气动力模型降阶技术大致有:① 基于准定常阶跃信号,辨识获得降阶的非定常气动力,通过建立状态空间方程研究三维机翼模型(如 AGARD445.6)气动弹性系统的稳定性;② 基于 Volterra 理论寻找优化的降阶核函数,将降阶气动力模型应用于气动弹性系统的颤振分析;③ 基于非线性流体求解器的 NPOD/ROM 模型,将传统的动态线性 POD 降阶模型推广至二阶非线性降阶模型;④ 借助 Wavelet - Oberve 方法建立精度较高、阶数较低的非线性非定常气动力 ROM 模型,再将其应用于气动弹性问题的研究。

1.5.4　Volterra 级数及其在气动力辨识中的应用

关于 Volterra 级数模型的研究,最早可追溯到 1880 年数学家 Volterra 的工作。该模型的核心问题在于采用何种辨识手段(输入信号的选择),才更容易确定 Volterra 级数的各阶核函数。1958 年,Wiener 首先利用高斯白噪声作为输入信号研究了简单的非线性电路系统的输入/输出关系。1965 年,Lee 和 Schetzen 利用相关函数法,从理论上分析了计算核函数的方法。1981 年,Rugh 综述了 Volterra 级数常见的辨识方法:高斯白噪声辨识法、脉冲响应辨识法,以及正交分解待定系数辨识法。实践证明,Volterra 级数可以精确表达很大一类非线性系统。1985 年,Boyd 和 Chua 证明,对于具有衰减记忆效应的非线性系统,截断的 Volterra 级数表达式可以保证与原系统有相当的逼近,而且系统具有衰减记忆性这一假设条件,在真实的物理系统中通常很容易得到满足。

Volterra 级数是一种基于泛函理论展开的级数,能够以任意精度逼近任意的非线性系统,包括时变系统和时不变系统。出于减少辨识工作量的考虑,Volterra 级数辨识法特别适合于非线性时不变系统。目前,Volterra 级数在电子、电路、机械等非线性系统分析中已经得到了广泛应用。

早期的 Volterra 核函数的辨识方法,很少使用脉冲信号作为系统的外激励。当时的人们普遍认为"脉冲信号只是理论上存在的理想信号,难以精确实施"。另一个可能的原因,也许是那个年代的人们更加关注线性系统的研究。另外,对于线性系统来说,使用阶跃响应辨识法足以达到理想的效果。事实上,对于线性系统来说,阶跃响应法和脉冲激励响应法确实是完全等价的。

经典的脉冲函数定义为

$$u(t) = D_0 \cdot e^{-w(t-t_0)^2} \tag{1.1}$$

式中,D_0 是脉冲信号的最高振幅;w 是脉冲信号的宽度;t_0 是脉冲信号振幅最大值的发生时刻(见图 1.12)。

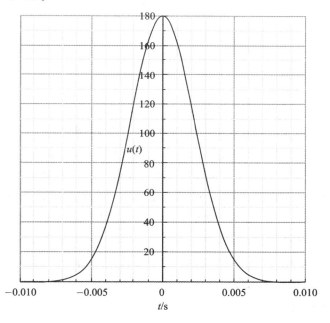

图 1.12　近似的脉冲信号示意图,($D_0 = 180, t_0 = 0, w = 10^5$)

毫无疑问,这样生成的脉冲信号是一种近似,精确性受信号幅值和带宽的影响。形态不同的脉冲近似信号导入 CFD 求解器之后,算出的响应数据差异性较大,用于待分析系统的核函数辨识,偏差极大。

1997 年,Silva 首次将系统辨识理论中的脉冲响应辨识法应用到空气动力学的辨识领域。他提出,既然计算流体力学计算只针对离散空气动力系统,因此,输入信号不必是解析的,只需要建立等价的离散脉冲信号(见图 1.13),也就是说,只要等价的离散脉冲信号建立起来,其信号的精度也就自然地得到了保证。算例显示,离散脉冲信号作为外激励输入信号不仅能够很容易地导入 CFD 程序中,而且,输出的气动力脉冲响数据可以同时完成 Volterra 各阶核函数的辨识,辨识效果令人满意。脉冲激励响应法的成功,第一次实现了任意输入条件下非线性、非定常气动力的辨识。

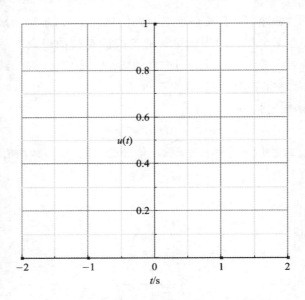

图 1.13　离散系统单位脉冲信号示意图

　　脉冲响应辨识法和阶跃响应辨识法理论上彼此等价,然而,在 CFD 求解过程中,基于脉冲响应的辨识方法对于输入信号的幅值(结构的变形量)是敏感的,因为信号幅值过大或过小会影响流场非线性的强弱变化。对于强非线性系统而言,通过低阶 Volterra 级数模型无法辨识出高精度的核函数,最终导致所建立的非定常气动力状态空间模型不够准确,然而,阶跃响应辨识方法并不适合于高阶核函数的辨识。无论如何,脉冲响应辨识方法的诞生,标志着理论到实践的完美结合,它是一种最基本的、最直接的、最高效的辨识方法。

　　Volterra 级数的积分和离散表达形式如下:

$$y(t) = h_0 + \int_0^\infty h_1(t-\tau)u(\tau)\mathrm{d}\tau +$$

$$\int_0^\infty \int_0^\infty h_2(t-\tau_1, t-\tau_2)u(\tau_1)u(\tau_2)\mathrm{d}\tau_1\mathrm{d}\tau_2 + \cdots +$$

$$\int_0^\infty \cdots \int_0^\infty h_n(t-\tau_1, \cdots, t-\tau_n)\prod_{i=1}^n u(\tau_i) + \cdots \tag{1.2}$$

$$y[t] = h_0 + \sum_{\tau=0}^\infty h_1[t-\tau]u[\tau] +$$

$$\sum_{\tau_1=0}^\infty \sum_{\tau_2=0}^\infty h_2[t-\tau_1, t-\tau_2]u[\tau_1]u[\tau_2] + \cdots +$$

$$\sum_{\tau_1=0}^\infty \cdots \sum_{\tau_n=0}^\infty h_n[t-\tau_1, \cdots, t-\tau_n]\prod_{i=1}^n u[\tau_i] + \cdots \tag{1.3}$$

式中，u 是非线性系统的输入；y 是非线性系统的输出；$h_1, h_2 \cdots h_n$ 称为 Volterra 级数的前 n 阶核函数。若系统具有衰减记忆性（如记忆长度为 T），则当 $t > T$ 时，表征系统的各阶核函数值衰减到零。

Volterra 级数表达的非线性系统，理论上是完美的，但在实际的运用中，面临着高阶核函数难以辨识的问题。1994 年，Wray 提出同时使用 Volterra 级数建模和人工神经网络的建模方法，通过后者辨识出前者中的未知核函数。对于低阶 Volterra 核函数，时域内的反卷积技术是常见的方法，例如频域单（双）参数滤波法，频域补偿法等。反卷积运算对测量误差或噪声干扰非常敏感，在信噪比较低的情况下，曲线拟合法之后，再进行反卷积运算效果要好得多。所谓曲线拟合，就是从已有的大量的数据中，构造一条曲线使之能反映所给数据的总趋势，消除局部波动，进行数据平滑。曲线拟合法适合个别数据的误差很大或数据本身不一定可靠的情况。目前，最小二乘法（或可分离的最小二乘法）是一种简单易用的方法，被很多研究者所喜爱。

1979 年，Clancy 和 Rugh 提出了 Volterra 级数核函数的一套理论方法，即通过施加一组脉冲信号，然后测量其输出，求解代数方程组完成辨识。方法本身是解析的，考虑工程实践中难以精确模拟脉冲输入信号，因此，早期多采用阶跃响应辨识法。低阶的系统辨识问题，确实可以采用阶跃信号进行辨识，其理论依据是：对于任意的一个输入，可以看作由一系列的阶跃函数所构成，如果能辨识得到传递函数，系统的输出可以根据 Duhamel 积分的方式得到。经典的阶跃响应辨识技术如下：

$$y(t) = A(t)x(0) + \int_0^t \frac{\mathrm{d}x(\tau)}{\mathrm{d}\tau} A(t - \tau)\mathrm{d}\tau \tag{1.4}$$

式中，$x(t)$、$y(t)$ 为系统的输入、输出函数；$A(t)$ 为系统的传递函数。

1997 年，Silva 提出了离散脉冲信号结合 CFD 计算的方法，将离散脉冲输入信号应用于 Volterra 级数（核函数）的辨识。空气动力系统的输入/输出间的关系如图 1.14 所示，它的输入部分是结构变形所产生的向量 q，输出部分是空气升力/力矩构成的向量 f。现代控制理论强调状态空间方程建模方式，因此，辨识到的时域气动力需要借助特征系统实现算法（Eigensystem Realization Algorithm，ERA）进行形式转化，最终与结构部分的状态空间方程共同组成气动弹性系统的状态空间模型。

图 1.14　空气动力系统的输入/输出关系

当 Volterra 级数法在流场呈现弱非线性特征时，可以采用截断形式的级数表达形式，也就是仅保留式（1.2）式（1.3）中的前三项，相当于忽略了高阶核函数对系统输出的贡献。假如能够通过某种辨识方法得到表征系统的核函数,那么利用卷积核函数的方法,即应用式(1.2)或式(1.3),就能快速计算出飞行器做任意运动时所产生的空气动力响应数值。迄今为止,截断形式的 Volterra 级数表示法被公认为是一种可用于气动力辨识与快速计算的最有效的降阶模型之一,已经被成功地应用到气动弹性系统分析和设计当中。

然而,基于 CFD 技术的脉冲响应辨识法,若 Volterra 级数中存在三阶以上的核函数,则必须面对巨大的时间成本的消耗。辨识技术所需的输入/输出数据量,来自于 CFD 程序数以百计的反复执行,每一次执行的时间耗费以小时或天数计量(与飞行器的真实结构外形的复杂程度、气动网格特性以及计算机性能、计算精度要求等密切相关),因此,巨大的时间耗费不可避免。

解决 Volterra 高阶核函数辨识困难的问题,一种思路是将高阶核函数进行参数化,即通过一组正交基函数构成的多项式进行表达。根据单/多变量正交基函数簇表达函数的理论,引入正交函数簇确定未知函数的方法,成为空气动力学系统辨识与模型降阶领域中的一种新的尝试。例如,流场中的控制方程(通常为偏微分方程形式)的求解问题,从 Hilbert 空间寻找到一组特定的正交基向量,将原问题转化为特征值问题,能够有效地降低原模型直接求解的难度,该方法相当于在求解的精度和效率上进行折中处理,称为"特征正交分解"。

第 2 章

飞行器气动弹性理论基础

2.1 飞机与气动弹性力学

众所周知,人类航天史上首架动力载人飞机于 1903 年由莱特兄弟试飞成功,然而,在 9 天前的另一场科学实验,即由 Smithsonian 学院 Langley 教授所主持的"空中旅行者"号动力试飞实验在 Potomac 河畔却遗憾地失败了! 失败的原因正是现在人们所熟知的气动弹性不稳定现象,即机翼扭转变形发散现象。第一次世界大战爆发后,气动弹性问题持续发酵,包括英国的双引擎轰炸机尾翼颤振坠毁等事件,促使了以 Lanchester 以及 Bairstow、Fage 等人为代表的首次气动弹性颤振研究。随后,Theodorsen 建立了非定常气动力理论,为气动弹性不稳定及颤振机理的研究奠定了科学基础。1939 年第二次世界大战前夕,由于飞机工业的迅猛发展,大量的飞机气动弹性问题不断涌现出来,吸引了大批的科学家和工程师投入这一问题的研究。从而,气动弹性力学开始发展成为一门独立的力学分支,并出现了一些在历史上有着重要影响的专著及综述。我国较早致力于气动弹性力学研究并为航空工业作出卓越贡献的专家是冯仲越老先生和管德院士等人。

尽管气动弹性问题最早出现于航空技术领域,然而,1940 年美国跨度 853 m 的塔可马(Tacoma)悬索桥在 19 m/s 风速下受到振动激励而最终倒塌的事件,开启了桥梁史上的气动弹性力学(桥梁颤振问题)的研究。当今,气动弹性力学正越来越广泛地与其他学科相渗透,不断地形成新的交叉学科:① 气动弹性静力学,研究结构弹性对飞行器性能的影响,以及在气动力和弹性力作用下产生的静稳定性问题,如扭转发散、操纵面反效等问题;② 气动弹性动力学,涉及了"颤振"或动不稳定性,以及各种载荷作用下的气动弹性响应等问题;③ 气动弹性热力学,如高温环境引起的热应力等问题;④ 气动伺服弹性力学,例如,制导、控制系统动态特性相关的气动弹性等问题。

2.2 流体力学基础

流体力学,是力学学科的分支之一,主要研究流体(水或空气)与物体之间相对运动时,流体运动的基本规律以及流体与物体之间的相互作用力。流体相对物体的运动,可以在物体的外部进行,例如空气流过飞机表面、导弹表面和螺旋桨表面等;也可以在物体的内部进行,例如空气在管道、风洞和进气道内部的流动。无论是内部流动还是外部流动,都必须遵循共同的流动规律:质量守恒、能量守恒、牛顿第二定律、热力学第一定律和第二定律等。研究方法涉及实验研究、理论分析和数值计算三种。

18 世纪是流体力学的创建阶段,代表作有 1738 年伯努利撰写的《流体动力学》一书,建立不可压缩流体的压强、高度与速度之间的关系,即伯努利公式。此外,著名的科学家欧拉、达朗贝尔、拉格朗日以及牛顿等人,也分别作出了突出的贡献。19 世纪是流体力学基础理论全面发展的阶段。泊松 1826 年解决了绕球无旋流动问题,拉普拉斯 1827 年提出了著名的拉普拉斯方程,兰金提出了理想的不可压流体运动的位函数和流函数。亥姆霍兹创立了旋涡运动理论。19 世纪还形成了流体力学的两个重要分支:粘性流体动力学和空气–气体运动学。纳维和斯托克斯分别独立地导出了粘性流体运动方程,现在被称作 N–S 方程。雷诺发现了流体运动的层流和紊流现象,并于 1895 年给出了雷诺平均 N–S 方程。进入 20 世纪,创建了空气动力学完整的科学体系。1903 年 12 月,莱特兄弟在美国实现了飞机试飞的成功,开创了人类飞行的新纪元。1906 年,儒科夫斯基发表了著名的升力公式,奠定了二维机翼理论的基础。1918—1919 年,普朗特提出了大展弦比机翼的升力线理论。1925 年阿克莱特导出了翼型的超声速线化理论。1939 年,戈泰特提出了亚声速三维机翼的相似法则。1944 年,冯卡门和钱学森等人给出了更精确的亚声速相似律公式。1946 年,钱学森首次提出高超声速相似律。对于有粘流体力学,1904 年,普朗特提出了划时代的边界层理论,从而使无粘流动和有粘流动之间协调起来,在数学和工程之间架起了一座桥梁。1946 年,人类发明了第一台电子计算机,伴随着计算机的发展,数值模拟流体力学的时代终于到来了。

2.2.1 流场参数变量及其相互关系

飞机是在一定速度和一定高度范围内飞行的,作用在升力面(机翼、尾翼等)上的气动力/力矩与气流密度、压力以及温度等气流参数密切相关。空气动力学中常把实际气体简化为完全气体来处理,其分子被假设为完全弹性的微小球形粒子,忽略微粒的总体积以及分子间的内聚力。在低速空气动力学中,空气被视为比热比为常数的完全气体。在高速空气动力学中,气流的温度较高,空气中气体分子的转动能和振动能随着温度的升高而相继受到激发,比热比不再是常数。

对于完全气体,状态方程、流体静力学方程以及对流层范围内温度与海拔高度间的关系式分别为

$$p = \rho R T \tag{2.1}$$

$$\mathrm{d}p = p - p_0 = -\rho g h \tag{2.2}$$

$$\mathrm{d}T = T - T_0 = -\chi h \tag{2.3}$$

式中,$p_0 = 101\ 325\ \text{N/m}^2$,代表海平面大气压;$p$ 和 ρ 分别代表空气压力和密度;$\mathrm{d}p$ 为随高度变化而产生的压力变化值;g 为重力加速度;h 为海拔高度;R 为气体常数,$R = 287.053\ \text{m}^2/(\text{s}^2 \cdot \text{K})$;$T$ 和 $T_0 = 288.16\ \text{K}$ 分别代表当地温度和海平面温度;常数 $\chi = 0.006\ 5$,即每爬升 $1\ 000\ \text{m}$ 高度,温度下降 $6.5\ ℃$。

从式(2.1)～式(2.3)中削去变量 h,积分之后,就得到了压力和温度的关系式为

$$\frac{p}{p_0} = \left(\frac{T}{T_0}\right)^{\frac{g}{\chi R}} \tag{2.4}$$

同理,密度和温度的关系表达式为

$$\frac{\rho}{\rho_0} = \left(\frac{T}{T_0}\right)^{\frac{g}{\chi R} - 1} \tag{2.5}$$

此外,还有重要的声速与温度的关系表达式为

$$a = \sqrt{\gamma R T} = a_0 \sqrt{\frac{T}{T_0}} \tag{2.6}$$

式中,a 和 $a_0 = 340.29\ \text{m/s}$ 分别为当地声速和海平面声速;$\gamma = 1.4$ 是大气常数。

关于国际标准大气参数,如表 2.1 所列。

表 2.1　国际标准大气参数

变　量	含　义	数　值
T_0	海平面温度	288.16 K
p_0	海平面气压	101 325 N/m^2
ρ_0	海平面空气密度	1.225 kg/m^3
a_0	海平面声速	340.29 m/s
R	气体常数	287.05 m^2/(s^2 · K)
$\gamma = \dfrac{c_p}{c_V}$	比定压热容/比定容热容	1.4

空气具有压缩性,对流动特性具有特别重要的影响,由此提出了"马赫数"的概念。

马赫数(Ma)的定义如下:

$$Ma = \frac{V}{a} \tag{2.7}$$

式中,V 是当地气流速度;a 是当地声速。

考察完全气体的压强与体积的关系,引出"体积弹性模量"的概念。

体积弹性模量是指:产生单位相对体积变化所需的压强增大。

$$E = -\frac{\mathrm{d}p}{\mathrm{d}V/V}, \quad \text{或} \quad E = \rho\frac{\mathrm{d}p}{\mathrm{d}\rho} \tag{2.8}$$

式中,E 是体积弹性模量;V 是一定质量气体的体积。

式(2.8)中的两种定义形式是彼此等价的,只需注意到下列事实:若气体的质量一定,则体积和密度之间满足反比例关系,即

$$\mathrm{d}m = \mathrm{d}(\rho V) = 0 \Rightarrow \frac{\mathrm{d}\rho}{\rho} = -\frac{\mathrm{d}V}{V} \tag{2.9}$$

CFD 计算中,需要考虑气体有无粘性的特性,不考虑粘性效应的 N-S 方程,又称作欧拉方程。气体的粘性表现形式是随着温度的升高而变化。

1678 年,牛顿通过实验研究指出:流体运动所产生的阻力与接触面积成正比,与沿着接触面的法线方向的速度梯度成正比

$$\tau = \mu\frac{\mathrm{d}u}{\mathrm{d}n} \tag{2.10}$$

式中,τ 是单位面积的摩阻应力;μ 是粘性系数,单位是 N·s/m²。

粘性系数随温度的变化规律常用的计算公式是萨瑟兰公式

$$\frac{\mu}{\mu_0} = \left(\frac{T}{288.15}\right)^{3/2}\frac{288.15 + 110.4}{T + 110.4} \tag{2.11}$$

式中,μ_0 是温度等于 288.15 K 时所对应的粘性系数。

值得注意的是,在空气动力学的许多问题中,惯性力总是和粘性力同时存在,粘性系数与密度的比值(运动粘度 $\upsilon = \dfrac{\mu}{\rho}$,单位是 m²/s)起着更为关键的作用。特别地,当温度取 288 K,密度取 1.225 kg/m³ 时,空气的运动粘度是 1.4607×10^{-5} m²/s。

当气体沿着某个方向(例如高超声速机翼壁面的法向)存在着温度梯度时,热量就会由温度高的地方传向温度低的地方,称为"气体的传热性"。实验表明,单位时间内传递的热量与传热面积成正比,与沿着热流方向的温度梯度成正比

$$q = -\lambda\frac{\partial T}{\partial n} \tag{2.12}$$

式中, q 表示单位时间通过单位面积的热量, 单位是 $K \cdot J/(m^2 \cdot s)$; $\frac{\partial T}{\partial n}$ 是温度梯度, 单位是 K/m; λ 是导热系数, 单位是 $K \cdot J/(m \cdot K \cdot s)$; 负号表示热流量传递的方向永远和温度梯度的方向相反。

2.1.2　低速翼型升力线理论

飞机是在一定的流场环境中飞行的(如给定速度和飞行高度), 作用在升力面(机翼、尾翼等)上的气动力和气动力矩与气流密度、压力以及温度等气流参数密切相关。对于弹性飞机, 升力会使气动外形发生改变; 反过来, 新的变形量又会产生附加的气动力, 如此反复直至平衡状态或失去稳定状态。因此, 通过 CFD 技术获得 2D翼型或 3D 气动面(机翼、平尾或垂尾)的绕流问题极为重要且有意义。

研究翼型的绕流问题(见图 2.1), 需要考虑流动的特性(层流或湍流), 由此引入无量纲化的参数"雷诺数(Re)", 它代表了气流中的惯性力和粘性力之比, 其定义如下:

$$Re = \frac{\rho V c}{\mu} \tag{2.13}$$

式中, ρ 和 V 分别是空气密度和飞行速度; c 是翼型弦长; μ 是空气的粘性系数。

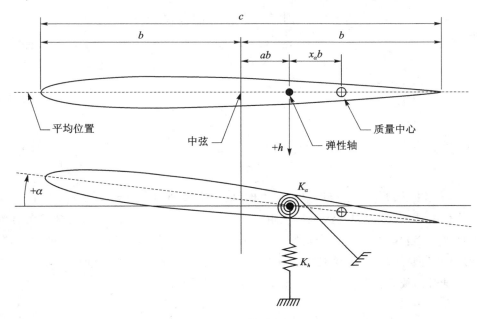

图 2.1　线性弹簧的典型断面示意图

在气动力理论中,常使用"动压"q 的概念(见"升力/力矩"的数学表达式),其定义如下:

$$q = \frac{1}{2}\rho V_\infty^2 \tag{2.14}$$

式中,V_∞ 和 ρ 分别代表飞行速度或来流速度和当地气流的密度。

经典的 Bernoulli 方程,具有如下两种形式:

① 不可压来流情况的 Bernoulli 方程,形式为

$$p + \frac{1}{2}\rho V^2 = \text{const} \tag{2.15}$$

② 可压来流情况的 Bernoulli 方程,形式为

$$\left(\frac{\gamma}{\gamma - 1}\right)\frac{p}{\rho} + \frac{1}{2}V^2 = \text{const} \tag{2.16}$$

根据 Bernoullie 方程,容易知道最大压力发生在驻点 S 处(气流到达飞行器翼面速度为零的接触点)。习惯上,采用无量纲的压力系数描述气流或翼型上的压力分布。

压力系数 C_p 的定义如下:

$$C_p = \frac{p - p_\infty}{\frac{1}{2}\rho V_\infty^2} = 1 - \left(\frac{V}{V_\infty}\right)^2 \tag{2.17}$$

类似地,2D 翼型升力系数 C_l、阻力系数 C_d、俯仰力矩系数 C_m 的定义如下:

$$C_l = \frac{L}{\frac{1}{2}\rho V_\infty^2 c} \tag{2.18}$$

$$C_d = \frac{D}{\frac{1}{2}\rho V_\infty^2 c} \tag{2.19}$$

$$C_m = \frac{M}{\frac{1}{2}\rho V_\infty^2 c^2} \tag{2.20}$$

式中,L、D 和 M 分别是单位展长方向上的升力、阻力和俯仰力矩;c 是翼型弦长。

值得注意的是,当对称翼型的攻角 $\alpha_0 = 0$ 时,升力 $L_{\alpha_0} = 0$;对于具有弯度的非对称翼型来说,当攻角 α_0 是某个负数值时,升力 $L_{\alpha_0} = 0$。但是,随着攻角 α 的增大,具有弯度的翼型在较小的 α 值处就会出现失速情况(升力不再增加,反而减小)。

二维升力线理论认为,升力 L 和攻角 α 之间满足线性关系:

$$\alpha_k = \text{slope} = \frac{L}{\alpha - \alpha_0}, \quad \text{或} \quad \alpha_k = \frac{\mathrm{d}L}{\mathrm{d}\alpha} \tag{2.21}$$

早期的文献中,多把对称薄翼型看作平板,于是升力线斜率满足关系式

$$\alpha_k = 2\,\pi/\text{rad} \tag{2.22}$$

有时,也取经验值 $\alpha_k = 5.73/\text{rad}$(范围在 $5.5/\text{rad} \sim 6/\text{rad}$ 之间)。

二维升力线斜率与马赫数的关系式为

$$\alpha'_k = \frac{\alpha_k}{\sqrt{1 - Ma^2}} \tag{2.23}$$

在翼型失速前,升力系数 C_L 和升力矩系数 $C_{M_{LE}}$ 之间满足关系式

$$\frac{dC_{M_{LE}}}{dC_L} = -0.25, \quad \text{或} \quad C_{M_{LE}} = C_{M_0} - \frac{C_L}{4} \tag{2.24}$$

式中,C_{M_0} 表示零升力条件下的力矩系数;$C_{M_{LE}}$ 翼型前缘力矩。

习惯上,规定 1/4 弦长点处,力矩 C_{M_0} 不随 C_L 和攻角 α 的变化而变化,称为"气动中心"。

带操纵面的二维翼型升力/升力系数随着操纵面偏转角 β(向下偏转为正)的增大而增加,但是,付出的代价是失速速度的降低以及产生低头力矩效应。在不同的 β 值,升力线斜率仍保持不变,因此,操纵面的正偏转相当于通过增加翼型的有效弯度而获得更大的升力。

2.1.3　大展弦比机翼片条理论

商用飞机均采用较大的展弦比(Aspect Ratio,AR),数值在 $6 \sim 8$ 之间。图 2.2 和图 2.3 分别代表了大展弦比机翼实物模型及 Ansys 机翼模型示意图。

AR 的定义如下:

$$AR = \frac{2l}{c} = \frac{(2l)^2}{S_w} \tag{2.25}$$

式中,l 是机翼的半展长;$c = (C_R + C_T)/2$ 是平机翼的平均弦长;C_R 和 C_T 分别是翼根部弦长和翼尖处的弦长;S_w 代表机翼表面积,下标 w 的含义指物面。

若三维机翼表面处的升力呈现椭圆分布,且在翼尖处的升力为零,则它的升力线斜率 α_w 可表示为

$$\alpha_w = \frac{\alpha_k}{1 + \dfrac{\alpha_k}{AR \cdot \pi}}, \quad \alpha_w < \alpha_k \tag{2.26}$$

式中,α_k 是二维翼型时的升力线斜率。

关于升力系数 C_L、阻力系数 C_D、俯仰力矩系数 C_M 的定义(类似于二维翼型的情况)如下:

$$C_L = \frac{L}{\dfrac{1}{2}\rho V^2 S_w} \tag{2.27}$$

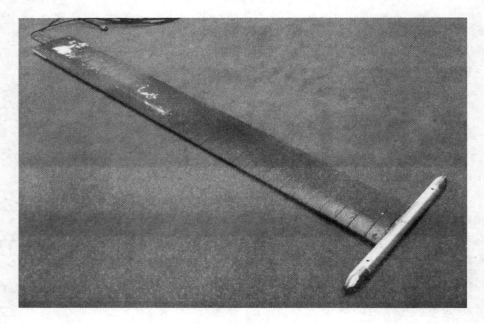

图 2.2　大展弦比机翼单梁模型

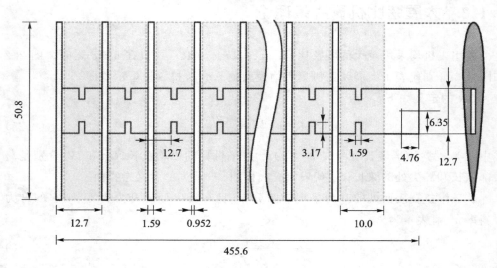

图 2.3　Ansys 机翼模型示意图(单位:mm)

$$C_D = \frac{D}{\frac{1}{2}\rho V^2 S_w} \tag{2.28}$$

$$C_M = \frac{M}{\frac{1}{2}\rho V^2 S_w c} \tag{2.29}$$

式中，L、D 和 M 分别是机翼总升力、总阻力和总俯仰力矩。

三维机翼升力计算问题，可引入"片条假设"，即将机翼根部、尖部影响等因素统统忽略，将机翼看成一系列单位展长的二维翼型（片条）进行处理，分割之后各个片条上的升力彼此无相互影响（不考虑气流在机翼表面的三维流动效应）。片条理论在应用上有局限性，具体表现如下：① 飞行马赫数偏低，如 $Ma \leqslant 0.3$；② 机翼必须具有大展弦比的特征，如 $AR \geqslant 6$；③ 不能用于计算阻力。

根据片条理论，大展弦比机翼平直（矩形）机翼在 1/4 弦长处的气动力计算公式为

$$\mathrm{d}L = \frac{1}{2}\rho V^2 S_{w_y} C_{L_y} = \frac{1}{2}\rho V^2 (\mathrm{d}y \cdot c) \cdot [\alpha_k \cdot \alpha(y)] \tag{2.30}$$

$$L_{\mathrm{Total}} = \int_0^l \mathrm{d}L = \frac{1}{2}\rho V^2 c \cdot \alpha_k \int_0^l \alpha(y)\mathrm{d}L \tag{2.31}$$

式中，$\alpha(y)$ 代表片条样本的攻角，它是展长坐标 y 的函数；片条样本的升力系数 C_{L_y} 是攻角 $\alpha(y)$ 的线性函数；斜率 $\alpha_w = \alpha_k$ 是常数。

由于真实的机翼展长是有限的，在翼尖处应有 $\alpha_w = 0$，因此，基于片条理论的气动力模型需要修正（有多种方式），例如

$$\alpha_w = \alpha_k \left[1 - \left(\frac{y}{l}\right)^2\right] \tag{2.32a}$$

$$\alpha_w = \alpha_k \left(1 - \frac{y}{l}\right)^2 \tag{2.32b}$$

$$\alpha_w = \alpha_k \cos\left(\frac{\pi y}{2l}\right) \tag{2.32c}$$

$$\vdots$$

考虑将大展弦比机翼分成 N 段，每段宽度用 Δy 替代 $\mathrm{d}y$，第 i 个片条处的气动力记作 L_i，称为"离散化"。此时，它所对应的气动力计算公式为

$$L_i = \frac{1}{2}\rho V^2 (\Delta y \cdot c) \cdot [\alpha_w \cdot \alpha(y_i)] \tag{2.33}$$

$$L_{\mathrm{Total}} = \sum_{i=1}^N L_i \tag{2.34}$$

式中，c 代表当前片条处的弦长；α_w 代表当前片条处的升力系数，它是升力线斜率 α_k 的修正。

2.1.4　亚声速偶极子格网法

基于片条理论的气动力计算，在工程实践中或许存在着精度欠缺、难以接受的

情况,因此,有必要采取其他的气动力计算方法,例如亚声速偶极子格网法(也适用于小展弦比机翼)。偶极子格网法的基本原理是将升力面分割成若干单元(面元),每个面元内布置涡或偶极子等势流基本单元。该方法产生的气动影响系数矩阵(Aerodynamic Influence Coefficient Matrix,AICM),能够计及各个面元之间气动信息的相互影响。面元法的特点是仅限于求解域的边界面,计算规模减小、计算效率高。面元法可分为低阶面元法和高阶面元法,后者提供更加精确的气动力描述,适用于飞机型号的初级设计阶段。

在静气动弹性分析中,弹性体变形的建模方法可采取柔度法和模态法。前者属于有限元建模方法,具有较高的精度,但是求解矩阵可能非常庞大,计算量比较大;后者只关注结构的模态,适合于飞机设计的初始阶段,有利于各专业部门间的相互协调和数据传递,能够很好地和面元法结合应用于气动弹性分析。

对于具有真实几何外形的升力体而言,由于存在自由涡面(速度势的间断面),升力计算必须考虑涡的影响。通常有三种处理方法:① 给定物面源分布,求偶极子强度,如二维机翼扰流问题;② 给定涡系分布规律,物面奇点强度未知,需要引入Kutta 条件;③ 同时求解涡和偶极子强度。通常,翼型产生的尾涡轨迹是时间的函数,翼型环量随时间变化,尾涡向下流移动的过程中,它们对翼型下洗速度的贡献呈现衰减的趋势。当前时刻之前所有的尾涡都会对翼型的升力和阻力产生贡献,这是非定常运动的一个显著特点。

2.1.5　超声速活塞理论

气动弹性问题求解的关键之一,就是寻找到适合气动弹性分析的非定常气动力。

活塞气动力理论最早诞生于 20 世纪 50 年代,具有数学公式形式上简明、物理意义清晰的特点,适用于超声速飞行器气动弹性分析。此外,该理论假设与真实的翼面蒙皮壁板结构相一致,很适合于壁板颤振分析。活塞理论的基本假设认为,翼面上任一点处的扰动对其他点处的运动影响可以忽略不计,翼面上任一点处的气动压强仅与该点处的下洗速度有关,如同活塞在一维管道中运动的情形。应用活塞理论前需注意:① 机翼结构(如翼剖面、蒙皮等)处的厚度要薄;② 对于机翼颤振问题,基于实验对比,飞行马赫数最好在 2~5 之间;③ 在壁板颤振分析中,马赫数的应用范围大致在1.5~5 之间。

活塞气动力的计算公式为

$$p = \rho a V \alpha = \frac{\rho V^2}{Ma} \alpha \tag{2.35}$$

式中,ρ、a 和 Ma 分别是空气密度、声速和马赫数。

2.3　变分原理与弹性力学基本方程

经典力学沿着两条不同的途径发展。一条是直接从牛顿定律出发,后来称之为向量力学;另一条则起源于过去称为"虚速度原理"的静力学定律,现在称为"虚功原理"或"虚位移原理"。虚功原理的数学形式由伯努利提出,几乎适用于所有的力学系统。18 世纪,法国科学家拉格朗日提出了以位移为自变量的最小势能原理。19 世纪后半叶,意大利人伽利略建立了弹性力学的最小余能原理。

变分原理涉及弹性力学中的许多基本问题,它为研究弹性力学提供了重要且基本的数学基础。经典的变分原理特指最小势能原理和最小余能原理。前者以位移为自变函数,使用中需精确满足连续条件和本构关系,在弹性体的总势能取驻立值(极值)时满足平衡条件;最小余能原理以应力为自变函数,需要精确满足平衡条件和本构关系,在弹性体总余能取驻立值(极值)时满足连续条件。对于力学问题,通过分析势能泛函的驻立值获得问题的近似解,相比建立微分方程的数学模型进而求取近似解的方式,显然容易了很多。所谓泛函,指的是形如 $y=F(u(t))$ 的函数形式,泛函的自变量 $u(t),t\in[a,b]$ 是一条函数曲线,泛函的值域必须是数值(实数或复数)。

对于梁式机翼来说,机翼与机身连接处可看作是固支的,另一端则是自由的。机翼的挠度变形 $w(x),x\in[0,L]$ 引起系统总势能的改变,包含三部分:弯曲应变能 Π_b,因挠度变形而储存的能量 Π_f 以及载荷势能 Π_q。系统的总势能是上述三者之和,形式如下:

$$\Pi=\Pi_b+\Pi_f+\Pi_q$$
$$=\int_0^L\left\{\frac{1}{2}EJ\left[\frac{d^2w(x)}{dx^2}\right]^2+\frac{1}{2}k[w(x)]^2-q(x)w(x)\right\}dx \tag{2.36}$$

式中,EJ 是材料的弯曲刚度;E 是弹性模量;J 是主惯性矩;k 是支撑刚度;$q(x)$ 是分布载荷。

基于式(2.36),在求解(驻立值)的过程中,还应同时满足如下的边界条件,即

$$\begin{cases} w(0)=0, & x=0 \\ w'(0)=0, & x=0 \end{cases} \tag{2.37}$$

对于一元函数 $y(t)$ 来说,自变量的变化记作 dt,称为自变量 t 的"微分"。对于泛函 $\Pi[w(x)]$ 来说,挠度位移 $w(x)$ 的变化,记作 $\delta w(x)=w(x)-w^*(x)$,称为自变函数 $w(x)$ 的"变分"(又称虚位移)。这里,$w^*(x)$ 是力学问题的真实解,$w(x)$ 是满足边界条件的可能解。在第 3 章中,读者将会看到微分方程建模的力学问题(满足给定

边界条件),它的解有多种可能性:① 不存在;② 存在且唯一;③ 存在多个解。

2.3.1　一阶泛函极值问题

考虑如下泛函的极值问题

$$\Pi[y(x)] = \int_a^b F(x,y,y')\,\mathrm{d}x \tag{2.38}$$

式中,自变函数 $y(x)$,$x \in [a,b]$满足边值条件

$$\begin{cases} y(a) = \alpha \\ y(b) = \beta \end{cases} \tag{2.39}$$

对于自变函数的可能解 $y(x)+\delta y(x)$,$x \in [a,b]$,对应的泛函形式为

$$\Pi[y(x)] + \Delta\Pi[y(x)] = \int_a^b F(x,y+\delta y,y'+\delta y')\,\mathrm{d}x \tag{2.40}$$

式中,$(y+\delta y)' = y' + (\delta y)' = y' + \delta y'$。

$(\delta y)' = \delta y'$,意味着微分和变分运算的次序可以交换,证明略去。

于是,

$$\Delta\Pi[y(x)] = \int_a^b F(x,y+\delta y,y'+\delta y')\,\mathrm{d}x - \int_a^b F(x,y,y')\,\mathrm{d}x$$

$$= \int_a^b \{F(x,y+\delta y,y'+\delta y') - F(x,y,y')\}\,\mathrm{d}x \tag{2.41}$$

固定 x,把 F 看作 y 和 y' 的函数,应用泰勒展开式(忽略高阶项),得到

$$\Delta\Pi[y(x)] = \int_a^b \left\{ \frac{\partial F}{\partial y}\delta y + \frac{\partial F}{\partial y'}\delta y' \right\}\mathrm{d}x \tag{2.42}$$

将 $\int_a^b \left\{ \dfrac{\partial F}{\partial y'}\delta y' \right\}\mathrm{d}x$ 通过分部积分法进行处理,得到

$$\int_a^b \left\{ \frac{\partial F}{\partial y'} \right\}\mathrm{d}\delta y(x) = \left[\frac{\partial F}{\partial y'}\delta y(x) \right]_a^b - \int_a^b \{\delta y(x)\}\frac{\mathrm{d}}{\mathrm{d}x}\left(\frac{\partial F}{\partial y'} \right)\mathrm{d}x$$

$$= -\int_a^b \left\{ \frac{\mathrm{d}}{\mathrm{d}x}\left(\frac{\partial F}{\partial y'} \right)\delta y(x) \right\}\mathrm{d}x \tag{2.43}$$

式中,$\delta y(a) = \delta y(b) = 0$,因为真实解和可能解都应该满足边值条件。

最终,得到

$$\Delta\Pi[y(x)] = \int_a^b \left\{ \frac{\partial F}{\partial y}\delta y + \frac{\partial F}{\partial y'}\delta y' \right\}\mathrm{d}x$$

$$= \int_a^b \left\{ \frac{\partial F}{\partial y}\delta y - \frac{\mathrm{d}}{\mathrm{d}x}\left(\frac{\partial F}{\partial y'}\delta y \right) \right\}\mathrm{d}x \tag{2.44}$$

对于任意的虚位移 δy,欲使泛函 $\Pi[y(x)]$ 取得极小值,必有

$$\frac{\partial F}{\partial y} - \frac{\mathrm{d}}{\mathrm{d}x}\left(\frac{\partial F}{\partial y'}\right) = 0 \qquad (2.45)$$

通常称微分方程(2.45)为欧拉方程。

对于实际的力学问题,若问题的边界条件尚未给定,那么

$$\left[\frac{\partial F}{\partial y'}\delta y(x)\right]_a^b = 0 \qquad (2.46)$$

等价于

$$\left.\frac{\partial F}{\partial y'}\right|_{x=a} = 0 \qquad (2.47)$$

$$\left.\frac{\partial F}{\partial y'}\right|_{x=b} = 0 \qquad (2.48)$$

这里,式(2.47)和式(2.48)称为自然边界条件。

2.3.2　二阶泛函极值问题

考察如下形式的泛函:

$$\Pi[y(x)] = \int_a^b F(x, y, y', y'')\mathrm{d}x \qquad (2.49)$$

采用完全类似于 2.3.1 小节的处理方法,得到如下的结果:

$$\Delta\Pi[y(x)] = \int_a^b \left\{\frac{\partial F}{\partial y}\delta y - \frac{\mathrm{d}}{\mathrm{d}x}\left(\frac{\partial F}{\partial y'}\right)\delta y + \frac{\mathrm{d}^2}{\mathrm{d}x^2}\left(\frac{\partial F}{\partial y''}\right)\delta y\right\}\mathrm{d}x +$$

$$\left[\frac{\partial F}{\partial y'}\delta y - \frac{\mathrm{d}}{\mathrm{d}x}\left(\frac{\partial F}{\partial y''}\right)\delta y\right]_a^b + \left[\frac{\partial F}{\partial y''}\delta y'\right]_a^b \qquad (2.50)$$

由此,得到二阶泛函极值问题的欧拉方程为

$$\frac{\partial F}{\partial y} - \frac{\mathrm{d}}{\mathrm{d}x}\left(\frac{\partial F}{\partial y'}\right) + \frac{\mathrm{d}^2}{\mathrm{d}x^2}\left(\frac{\partial F}{\partial y''}\right) = 0 \qquad (2.51)$$

若 $y(x)$ 的边界条件已知,则

$$\delta y(a) = \delta y(b) = 0 \qquad (2.52)$$

若 $y(x)$ 的边界条件未知,则

$$\left.\frac{\partial F}{\partial y'} - \frac{\mathrm{d}}{\mathrm{d}x}\left(\frac{\partial F}{\partial y''}\right)\right|_{x=a} = 0 \qquad (2.53)$$

$$\left.\frac{\partial F}{\partial y'} - \frac{\mathrm{d}}{\mathrm{d}x}\left(\frac{\partial F}{\partial y''}\right)\right|_{x=b} = 0 \qquad (2.54)$$

若 $y'(x)$ 的边界条件已知,则

$$\delta y'(a) = \delta y'(b) = 0 \qquad (2.55)$$

若 $y'(x)$ 的边界条件未知,则

$$\frac{\partial F}{\partial y''}\bigg|_{x=a} = 0 \qquad\qquad (2.56)$$

$$\frac{\partial F}{\partial y''}\bigg|_{x=b} = 0 \qquad\qquad (2.57)$$

2.3.3　弹性力学基本方程

求解弹性结构的力学问题,必须满足 3 个基本方程:平衡方程、几何方程和材料的本构方程。

考察弹性体内任一点 $P(x,y,z)$ 处的位移矢量 $u(u,v,w)$,它的每个分量都是坐标的函数

$$\begin{cases} u = u(x,y,z) \\ v = v(x,y,z) \\ w = w(x,y,z) \end{cases} \qquad\qquad (2.58)$$

$P(x,y,z)$ 处应该有 6 个应变分量和 6 个应力分量形式如下:

$$(\varepsilon_x, \varepsilon_y, \varepsilon_z, \gamma_{xy}, \gamma_{yz}, \gamma_{xz})^{\mathrm{T}} \qquad\qquad (2.59)$$

$$(\sigma_x, \sigma_y, \sigma_z, \tau_{xy}, \tau_{yz}, \tau_{xz})^{\mathrm{T}} \qquad\qquad (2.60)$$

几何方程(位移–应变方程)形式如下:

$$\begin{cases} \varepsilon_x = \dfrac{\partial u}{\partial x} \\[2mm] \varepsilon_y = \dfrac{\partial v}{\partial y} \\[2mm] \varepsilon_z = \dfrac{\partial w}{\partial z} \end{cases}, \quad \begin{cases} \gamma_{xy} = \dfrac{\partial u}{\partial y} + \dfrac{\partial v}{\partial x} \\[2mm] \gamma_{yz} = \dfrac{\partial v}{\partial z} + \dfrac{\partial w}{\partial y} \\[2mm] \gamma_{xz} = \dfrac{\partial w}{\partial x} + \dfrac{\partial u}{\partial z} \end{cases} \qquad (2.61)$$

本构方程(应变–应力方程)形式如下:

$$\begin{cases} \sigma_x = \dfrac{E}{(1+v)(1-2v)}\left[(1-v)\varepsilon_x + v(\varepsilon_y + \varepsilon_z)\right] \\[2mm] \sigma_y = \dfrac{E}{(1+v)(1-2v)}\left[(1-v)\varepsilon_y + v(\varepsilon_x + \varepsilon_z)\right], \\[2mm] \sigma_z = \dfrac{E}{(1+v)(1-2v)}\left[(1-v)\varepsilon_z + v(\varepsilon_x + \varepsilon_y)\right] \end{cases} \begin{cases} \tau_{xy} = \dfrac{E}{2(1+v)}\gamma_{xy} \\[2mm] \tau_{yz} = \dfrac{E}{2(1+v)}\gamma_{yz} \\[2mm] \tau_{zx} = \dfrac{E}{2(1+v)}\gamma_{zx} \end{cases}$$

$$(2.62)$$

本构方程(应力–应变方程)形式如下:

$$\begin{cases} \varepsilon_x = \dfrac{1}{E}\left[\sigma_x - \upsilon(\sigma_y + \sigma_z)\right] \\[2mm] \varepsilon_y = \dfrac{1}{E}\left[\sigma_y - \upsilon(\sigma_x + \sigma_z)\right], \\[2mm] \varepsilon_z = \dfrac{1}{E}\left[\sigma_z - \upsilon(\sigma_x + \sigma_y)\right] \end{cases} \quad \begin{cases} \gamma_{xy} = \dfrac{2(1+\upsilon)}{E}\tau_{xy} \\[2mm] \gamma_{yz} = \dfrac{2(1+\upsilon)}{E}\tau_{yz} \\[2mm] \gamma_{xz} = \dfrac{2(1+\upsilon)}{E}\tau_{xz} \end{cases} \tag{2.63}$$

式中，E 是材料的弹性模量；υ 是材料的泊松比。

如图 2.4 所示，忽略高阶增量部分，x 正向平面内正应力为 $\sigma_x + \dfrac{\partial \sigma_x}{\partial x}\mathrm{d}x$，剪切力为 $\tau_{yx} + \dfrac{\partial \tau_{yx}}{\partial x}\mathrm{d}x$ 和 $\tau_{zx} + \dfrac{\partial \tau_{zx}}{\partial x}\mathrm{d}x$。切应力的第 1 个下标代表了指向，第 2 个下标代表了所在平面的位置，交换切应力下标的位置不影响数值上的改变，如 $\tau_{xy} = \tau_{yx}$。y,z 方向上的应力及剪切力的规定，与此相类似。

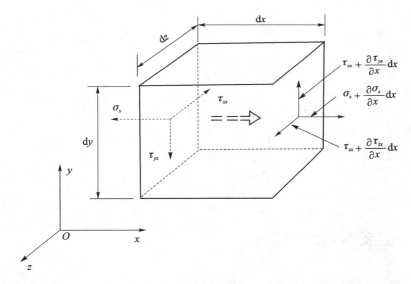

图 2.4　典型六面体元表面应力分量示意图

至此，得到以下三个平衡方程：

$$\begin{cases} \dfrac{\partial \sigma_x}{\partial x} + \dfrac{\partial \tau_{xy}}{\partial y} + \dfrac{\partial \tau_{xz}}{\partial z} + X = 0 \\[3mm] \dfrac{\partial \sigma_y}{\partial y} + \dfrac{\partial \tau_{yz}}{\partial z} + \dfrac{\partial \tau_{yx}}{\partial x} + Y = 0 \\[3mm] \dfrac{\partial \sigma_z}{\partial z} + \dfrac{\partial \tau_{zx}}{\partial x} + \dfrac{\partial \tau_{zy}}{\partial y} + Z = 0 \end{cases} \tag{2.64}$$

式中，X、Y 和 Z 代表体力分量，如重力、磁力或惯性力等。

在弹性体表面，弹性体内的应力与作用于弹性体表面的外载荷 $p(p_x, p_y, p_z)$ 相

平衡,由此获得三个边界条件方程,如下:

$$\begin{cases} l\sigma_x + m\tau_{xy} + n\tau_{xz} - p_x = 0 \\ l\tau_{yx} + m\sigma_y + n\tau_{yz} - p_y = 0 \\ l\tau_{zx} + m\tau_{zy} + n\sigma_z - p_z = 0 \end{cases} \tag{2.65}$$

式中,l、m 和 n 代表应力在三个坐标方向上的投影(方向余弦)。

求解结构力学问题时,常把位移作为基本的未知变量,需要联立几何方程(位移-应变方程)、本构方程(应变-应力方程)、平衡方程以及位移边界条件。如果以应力作为基本的未知变量,则需要附加变形协调方程,否则无法保证解的单值性,也无法从应力解中获得连续的位移。

这里直接给出所需的 6 个协调方程,如下:

$$\begin{cases} \dfrac{\partial^2 \varepsilon_x}{\partial y^2} + \dfrac{\partial^2 \varepsilon_y}{\partial x^2} = \dfrac{\partial^2 \gamma_{xy}}{\partial x \partial y} \\[2mm] \dfrac{\partial^2 \varepsilon_y}{\partial z^2} + \dfrac{\partial^2 \varepsilon_z}{\partial y^2} = \dfrac{\partial^2 \gamma_{yz}}{\partial y \partial z} \\[2mm] \dfrac{\partial^2 \varepsilon_z}{\partial x^2} + \dfrac{\partial^2 \varepsilon_x}{\partial z^2} = \dfrac{\partial^2 \gamma_{zx}}{\partial z \partial x} \end{cases} \tag{2.66}$$

$$\begin{cases} \dfrac{\partial^2 \varepsilon_x}{\partial y \partial z} = \dfrac{1}{2} \dfrac{\partial}{\partial x} \left(-\dfrac{\partial \gamma_{yz}}{\partial x} + \dfrac{\partial \gamma_{zx}}{\partial y} + \dfrac{\partial \gamma_{xy}}{\partial z} \right) \\[3mm] \dfrac{\partial^2 \varepsilon_y}{\partial z \partial x} = \dfrac{1}{2} \dfrac{\partial}{\partial y} \left(\dfrac{\partial \gamma_{yz}}{\partial x} - \dfrac{\partial \gamma_{zx}}{\partial y} + \dfrac{\partial \gamma_{xy}}{\partial z} \right) \\[3mm] \dfrac{\partial^2 \varepsilon_z}{\partial x \partial y} = \dfrac{1}{2} \dfrac{\partial}{\partial z} \left(\dfrac{\partial \gamma_{yz}}{\partial x} + \dfrac{\partial \gamma_{zx}}{\partial y} - \dfrac{\partial \gamma_{xy}}{\partial z} \right) \end{cases} \tag{2.67}$$

2.3.4 应变能和余应变能

在静力学分析中,若结构元件受到外载荷 P 的作用发生了变形位移,而且载荷加载过程极其缓慢、没有能量的消耗,则认为载荷做功 W 完全以应变能 U 的形式存储在元件中。

应变能 U 的定义如下:

$$U = \int_0^L A\sigma_x \varepsilon_x \, \mathrm{d}x \tag{2.68}$$

式中,A 是元件的横断面积;L 是元件长度;应变 $\varepsilon_x = \dfrac{\mathrm{d}u}{\mathrm{d}x}$;$u$ 是载荷 P 所引起的位移。

根据外载荷功 W 的定义,采取分部积分运算之后为

$$W = \int_0^u P \mathrm{d}u = Pu - \int_0^P u \mathrm{d}P \qquad (2.69)$$

余应变能 U^* 的定义如下:

$$U^* = Pu - W = \int_0^P u \mathrm{d}P \qquad (2.70)$$

余应变能的定义从物理上看,并无实质的意义。然而,它的正确性源于数学上的推导,借用余应变能的概念从事某些工程计算与分析,不仅结果正确而且相当便捷。

从式(2.68)和式(2.70),立即得到两条推论

$$\frac{\partial U}{\partial u} = P \qquad (2.71)$$

$$\frac{\partial U^*}{\partial P} = u \qquad (2.72)$$

特别地,对于线弹性结构元件来说,$\dfrac{\partial U}{\partial P}=u$,因为 $U=U^*$。

2.3.5　虚功原理

弹性体在表面载荷 p 和体力 X,Y,Z 的作用下,产生弹性位移 u、应变 ε,γ 以及应力 σ,τ,它们应该分别满足"位移-应变方程"、"应变-应力方程"以及"平衡方程",此外还应满足边界条件和协调方程。

假想在平衡位形附近存在无限小、偏离平衡位形的位移,我们称其为"虚位移"或"假想位移"。这里的虚位移,应当满足运动学的边界条件,虚位移引起的虚应变必须满足协调方程。但是,虚位移引起的虚应力并不要求其满足虚应变分量所表示的平衡方程。

关于虚功原理的推导,这里略去。

虚功原理的数学表达式如下:

$$\delta W = \delta U \qquad (2.73)$$

式中,δW 和 δU 的形式分别为

$$\delta W = \int_S (p_x \delta u_x + p_y \delta u_y + p_z \delta u_z)\mathrm{d}S + \int_V (X\delta u_x + Y\delta u_y + Z\delta u_z)\mathrm{d}V \qquad (2.74)$$

$$\delta U = \int_S (\sigma_x \delta\varepsilon_x + \sigma_y \delta\varepsilon_y + \sigma_z \delta\varepsilon_z)\mathrm{d}S + \int_V (\tau_{xy} \delta\gamma_{xy} + \tau_{xz} \delta\gamma_{xz} + \tau_{zy} \delta\gamma_{zy})\mathrm{d}V \qquad (2.75)$$

2.3.6　最小势能原理及其应用

若以地面为基准面,则物体重力 P 相对于地面高度 h 具有"势"或"势能",记作

Ph。若物体下降了一段高度 u，则势能的减少量是 $-Pu$，总势能记作 $P(h-u)$。若把 P 看作广义力（如集中力、集中力矩或分布力），则 u 可看作与之相对应的广义位移，减少的势能恰好就是 $-Pu$。

考虑长度为 L 的梁模型，它的一端固支，另一端简支，它受到横向分布载荷 $q(x)$、轴力 N、右侧端点集中力矩 M_L 的作用。

梁的真实挠度记作 $w^*(x)$，可能挠度记作 $w(x)$，则有

$$\delta w^*(x) = w(x) - w^*(x) \tag{2.76}$$

梁模型所对应的边界条件应当满足

$$w^*(x)\big|_{x=0} = \frac{\mathrm{d}w^*(x)}{\mathrm{d}x}\bigg|_{x=0} = w^*(x)\big|_{x=L} \tag{2.77}$$

$$EJ\,\frac{\mathrm{d}^2 w^*(x)}{\mathrm{d}x^2}\bigg|_{x=L} = M_L \tag{2.78}$$

分析该系统的总势能 Π^*，它由 4 部分构成，即应变能 Π_b、轴力产生的势能 Π_N、分布载荷产生的势能 Π_q 以及右侧集中力矩产生的势能 Π_M，它们的形式如下：

$$\Pi_b = \frac{1}{2}\int_0^L EJ\left[\frac{\mathrm{d}^2 w^*(x)}{\mathrm{d}x^2}\right]^2 \mathrm{d}x \tag{2.79}$$

$$\Pi_N = \frac{1}{2}\int_0^L N\left[\frac{\mathrm{d}w^*(x)}{\mathrm{d}x}\right]^2 \mathrm{d}x \tag{2.80}$$

$$\Pi_q = -\int_0^L q(x) w^*(x)\,\mathrm{d}x \tag{2.81}$$

$$\Pi_M = M_L\,\frac{\mathrm{d}w^*(x)}{\mathrm{d}x}\bigg|_{x=L} \tag{2.82}$$

于是，

$$\Pi^* = \int_0^L \left\{\frac{1}{2}EJ\left[\frac{\mathrm{d}^2 w^*(x)}{\mathrm{d}x^2}\right]^2 + \frac{1}{2}N\left[\frac{\mathrm{d}w^*(x)}{\mathrm{d}x}\right]^2 - q(x)w^*(x)\right\}\mathrm{d}x +$$
$$M_L\,\frac{\mathrm{d}w^*(x)}{\mathrm{d}x}\bigg|_{x=L} \tag{2.83}$$

如果该系统具有稳定平衡解，那么，根据最小势能原理，应该有

$$\delta\Pi^* = 0 \tag{2.84}$$

针对式（2.81），利用变分原理，依据 2.3.2 小节给出的式（2.50），立即得到

$$\delta\Pi^* = \int_0^L \left\{\frac{\mathrm{d}^2}{\mathrm{d}x^2}\left[EJ\,\frac{\mathrm{d}^2 w^*(x)}{\mathrm{d}x^2}\right] - N\left[\frac{\mathrm{d}^2 w^*(x)}{\mathrm{d}x^2}\right] - q(x)\right\}\delta w^*(x)\mathrm{d}x +$$
$$\left[EJ\,\frac{\mathrm{d}^2 w^*(x)}{\mathrm{d}x^2}\bigg|_{x=L} + M_L\right]\delta\left[\frac{\mathrm{d}w^*(x)}{\mathrm{d}x}\right]_{x=L} = 0 \tag{2.85}$$

从式（2.85）可以看出，$w(x) = w^*(x)$ 是精确解，则必然满足 $\delta\Pi^* = 0$，即意味着精确解总能使系统的势能取得最小值。如果 $w(x) \neq w^*(x)$，那么 $w(x)$ 作为近似解

可以通过求解式(2.85)获得,也就是说,$w(x)$ 必须同时满足下面的两个表达式:

$$\frac{d^2}{dx^2}\left[EJ\,\frac{d^2 w(x)}{dx^2}\right]-N\left[\frac{d^2 w(x)}{dx^2}\right]=q(x) \tag{2.86}$$

和

$$EJ\,\frac{d^2 w^*(x)}{dx^2}\bigg|_{x=L}+M_L=0 \tag{2.87}$$

不难发现,利用变分原理建立的数学模型,恰好和材料力学方法建立的挠度平衡方程及边界条件的结论一致。

第 **3** 章

非线性系统的规范形理论

3.1　规范形理论

　　非线性系统理论在经历了 Poincare 开创性工作之后，再被 Liapunov、Birkhoff、Arnold 等人所推动，随之迅速地发展起来，形成了非线性动力学的基本概念，并应用于各种领域，例如，空气动力学领域跨声速流场中的 Hopf 分岔现象，中心流形理论在气动弹性领域的应用等。非线性系统经典理论重点关注非线性振荡系统里的特殊现象，如自激振荡、拟周期振荡、谐波振荡等。非线性动力学研究表明，即使在简单的非线性系统中也存在着分岔与混沌现象，对于一些特殊的非线性现象，还有待继续研究和分析。

　　考察某种可由微分方程描述的非线性系统时，规范形理论被认为是一种强有力的工具，在非线性动力系统的稳定性和分岔方面发挥着重要的作用。其理论特点在于引进近恒同的非线性变换，将原非线性微分方程进行化简。变换所得到的规范形仍包含了原系统在平衡点附近的所有动力学特性，使得人们研究原系统的稳定性、分岔特性变得相对容易。规范形理论在低维方面的研究与应用很多，目前主要以高维复杂系统的规范形理论研究与应用为主流，有力地支持了工程实践中数学模型的定性分析或求解。

　　一个系统的动态行为常由该系统的一组关于时间 t 的变量进行描述。数学模型就是表达这组变量相互之间因果关系的数学方程。现代控制理论提倡状态空间方法为非线性系统建模，其数学模型的主要形式为一阶微分方程组（蕴含了丰富的非线性信息）。工程实践中遇到的非线性系统有时特别复杂，依据给定的初始条件或边界条件，微分方程组的解可能不存在、不唯一或不能延拓到更大的时间范围内，数值仿真的结果也因此变得难以解释。因此，在非线性系统理论研究的起始阶段，首要的任务是考察系统建模后状态空间方程解的存在性、唯一性以及可延拓性等问题。

　　研究非线性系统，如二元机翼模型的非线性颤振，通常可分为定性和定量分析两大类。定性研究的主要对象是系统的稳定性、局部分岔和分岔类型等,而定量研究则着眼于计算颤振的振幅、频率和相位等要素。定性研究是进行定量研究之前常用的步骤,其结果对定量研究有指导作用;定量研究可以验证某些定性结果,发现有待定性研究的新问题。随着飞行器结构的复杂化,非线性环节也越来越多,出现在诸如升力面、操纵面及外挂物连接处等,并经常以集中的强非线性形式出现。非线性因素的另一个来源是空气动力系统,如亚声速大攻角飞行状态或跨声速流场环境等。跨声速流场中,机翼结构的运动可能诱发静态或动态不稳定现象的发生,在某个特定的飞行马赫数的范围内,机翼结构从稳态收敛运动突然出现极限环振荡的现象,所对应的就是数学模型中的分岔现象。Hopf 分岔是最常见的一种动态分岔,从数学的角度看,当系统的一对共轭特征值穿越虚轴,而其他的特征值继续保持负实部时,触发该现象。对于机翼非线性颤振的定性分析方法包括:Hopf 分岔定理、中心流形理论以及规范形理论等。

规范形理论不仅能研究机翼的颤振问题,还能用于分析非线性气动弹性系统的分岔问题。借助近恒同坐标变换,原系统的数学模型变换成新的微分方程形式,与原系统相比,具有更加简单的形式,更易于处理的优点。由于构造非线性变换存在着多种可能性,因此,规范形也就不唯一。研究分岔问题时,人们更希望能有唯一的标准形式,这就促进了规范形理论与方法的发展,出现了基于李变换、基于齐次多项式空间上的内积方法等。特别地,Guoting Chen 和 Jean Della Dora 在 2000 年提出了一种富有效率的、计算规范形的新算法,可以快速地得到唯一的规范形。随着规范形理论研究在国内的兴起,通过规范形理论研究高阶微分方程建模的非线性系统,将有助于简化结构刚度矩阵中非零元素的位置和数量,有利于数值计算效率的提高。

本章将研究一类具有双共振 Hopf 分岔特征的非线性系统,模型奇异点处雅可比矩阵具有两对纯虚特征根。应用规范形理论给出一种高效、易于计算机编程实现的算法,化简原微分方程表征的非线性系统,使得满足最简规范形的要求,即非零矩阵元素的总数目降低到最少。本章提到的编程实现环境是符号运算软件 Maple。

3.2 双 Hopf 分岔系统

考虑如下微分方程表征的自治系统:

$$\dot{x} = f(x, \mu), \quad x \in R^n, \quad \mu \in R \tag{3.1}$$

式中,x 代表系统的状态变量;μ 是系统的参变量。

通常假设,在系统的平衡点($x=0$)处,对于任何参数 μ 变量,满足:$f(0, \mu)=0$。

进一步,假设系统式(3.1)在平衡点处的线性化雅可比矩阵拥有两对纯虚特征根 $\pm i\omega_1$,$\pm i\omega_2$,对应的参数值为 μ_c。不失一般性,可以简单地认为:$\omega_1 = \omega_2 = 1$。这样,式(3.1)的线性化雅可比矩阵在 $(x,\mu)=(0,\mu_c)$ 处,具有如下形式:

$$A = \begin{bmatrix} 0 & 1 & 0 & 0 \\ -1 & 0 & 0 & 0 \\ 0 & 0 & 0 & 1 \\ 0 & 0 & -1 & 0 \end{bmatrix} \tag{3.2}$$

$$J = \begin{bmatrix} A & 0 \\ 0 & B \end{bmatrix} \tag{3.3}$$

式中,B 是 $R^{(n-4)\times(n-4)}$ 的双曲类型矩阵,也就是说,它的所有特征值的实部皆不为零。

若只关注规范形的实现(尚未准备分岔分析),则参数 μ 的取值无须考虑。也就是说,仅需对式(3.1)平衡点处的雅可比矩阵存在两对纯虚根的情况,分析和推导它的最简规范形。

设 K 是关于特征零点的可交换场空间,记 $K[[x]]$ 是关于 n 维向量 $x=(x_1,x_2,\cdots,x_n)$ 做成的多项式环,系数取自空间 K。重新改写式(3.1)如下:

$$\dot{x} = F(x), \quad x \in R^n \tag{3.4}$$

式中,$F(x)=(f_1(x),f_2(x),\cdots,f_n(x))^{\mathrm{T}}$ 是一个场向量,其每一个分量都是多项式的形式,且满足:$F(0)=0$。

将 $F(x)$ 展开,形式为

$$F(x) = \sum_{k \geqslant 1} F^k(x) \tag{3.5}$$

式中,$F^k(x)$ 是 k 次齐次多项式的场向量,其所对应的空间记作 $H_k(x)$,或简单地写作 H_k。

系统的线性部分,形式为

$$F^1(x) = Ax, \quad A \in M(n,n) \tag{3.6}$$

式中,$M(k,m)$ 代表 $k\times m$ 阶矩阵所构成的空间,元素取自空间 K。

在 $H_k(x)$ 内,选取经典的基 x^q,这里 n 元组 $q=(q_1,q_2,\cdots,q_n)$,$q_i \in N$,满足

$$|q| = q_1 + q_2 + \cdots + q_n = k \tag{3.7}$$

对于单项式集 $\{x^q : |q|=k\}$ 的构成,采用字典顺序:$x_1 < x_2 < \cdots < x_n$。

标记基的表达式如下:

$$e_1^k = x_1^k, \quad e_2^k = x_1^{k-1}x_2, \quad \cdots, \quad e_{d_k}^k = x_n^k \tag{3.8}$$

记 $m_k = (e_1^k,\cdots,e_{d_k}^k)^{\mathrm{T}}$,$H_k(x)$ 的维数 d_k 由下式决定:

$$d_k = \begin{pmatrix} n+k-1 \\ k \end{pmatrix} \tag{3.9}$$

经过这样处理之后，$H_k(x)$ 中任意一个元素都可以由下式表达：

$$P(x) = \sum_{|q|=k} \alpha_q x^q = (\beta_1, \cdots, \beta_{d_k}) m_k \tag{3.10}$$

式中，$\alpha_q \in K$，β_i 是对应于基 e_i^k 的系数。

于是，对于 $K[[x]]$ 中的元素，

$$P(x) = \sum_{|q|=k} \alpha_q x^q = (\beta_1, \cdots, \beta_{d_k}) m_k \tag{3.11}$$

对于 $S \in K[[x]]^k$，可以用下式表达：

$$S(x) = \sum_{k \geqslant 0} D_{1k} m_k, \quad D_{1k} m_k \in M(n, d_k) \tag{3.12}$$

Carleman 线性化的思路就是将动力系统式（3.1）与作用于 $K[[x]]$ 上的导数矩阵 D 相联系。D 的定义是通过对式（3.1）中的向量场 F 直接求导而来，即

$$D\phi = <F, \nabla\phi> \tag{3.13}$$

式中，$\nabla\phi$ 是关于 ϕ 的梯度。

特别地，有

$$Dx_i = f_i(x) \tag{3.14}$$

式中，$f_i(x)$ 是 $F(x)$ 的第 i 个分量。

这样，有

$$Dm_1 = \begin{pmatrix} Dx_1 \\ \vdots \\ Dx_n \end{pmatrix}^* = \sum_{i \geqslant 1} D_{1i} m_i \tag{3.15}$$

式中，D_{1i} 是 $n \times d_i$ 阶矩阵；$F^k(x) = D_{1k} m_k$ 是式（3.1）的 k 阶齐次部分，另外 $D_{11} = A$。

接着，有

$$Dm_2 = D \begin{pmatrix} x_1^2 \\ x_1 x_2 \\ \vdots \\ x_n^2 \end{pmatrix} = \sum_{i \geqslant 2} D_{2i} m_i \tag{3.16}$$

$$\vdots$$

$$Dm_i = \sum_{j \geqslant i} D_{ij} m_j \tag{3.17}$$

令 $H^\infty = H_1 \oplus H_2 \cdots$。这样看来，$D$ 就变成了 $H^\infty \to H^\infty$ 上的映射。

我们可以做出一个无限维矩阵 $T_m(D)$，使之与基 $m = ((m_1)^T, (m_2)^T, (m_3)^T \cdots)^T$ 相联系。

于是,有:

$$Dm = \begin{pmatrix} D_{11} & D_{12} & D_{13} & \cdots \\ & D_{22} & D_{23} & \cdots \\ & & & \ddots \end{pmatrix} m = T_m(D)m \qquad (3.18a)$$

特别地,

$$\begin{pmatrix} D_{11} & D_{12} & D_{13} & \cdots & D_{1N} \\ & D_{22} & D_{23} & \cdots & D_{2N} \\ & & \ddots & & \vdots \\ & & & & D_{NN} \end{pmatrix} = T_m^N(D) \qquad (3.18b)$$

设 G_n 是一个群,它与 $K[[x]]^n$ 的单位元相切。

令 $\varphi = (\varphi(x), \cdots, \varphi(x))^T \in G_n$,考虑引进线性算子 φ,它所对应的矩阵表达式如下:

$$\varphi(m_1) = m_1 + \sum_{i \geqslant 2} T_{1i}m_i, \quad T_{1i} \in M(n, d_i) \qquad (3.19)$$

$$\varphi(m_2) = \varphi \begin{pmatrix} x_1^2 \\ x_1 x_2 \\ \vdots \\ x_n^2 \end{pmatrix} = \begin{pmatrix} \varphi_1(x)^2 \\ \varphi_1(x)\varphi_2(x) \\ \vdots \\ \varphi_n(x)^2 \end{pmatrix} = m_2 + \sum_{i \geqslant 3} T_{2i}m_i = \sum_{i \geqslant 2} T_{2i}m_i \qquad (3.20)$$

$$\vdots$$

$$\varphi(m_j) = \varphi \begin{pmatrix} x_1^2 \\ x_1 x_2 \\ \vdots \\ x_n^2 \end{pmatrix} = m_j + \sum_{k \geqslant j+1} T_{jk}m_k = \sum_{i \geqslant j} T_{jk}m_k \qquad (3.21)$$

由此可知,算子 φ 所对应的矩阵为

$$\varphi(m) = T_m(\varphi)m \qquad (3.22)$$

式中,

$$T_m(\varphi) = \begin{pmatrix} I_1 & T_{12} & T_{13} & \cdots \\ & T_{22} & T_{23} & \cdots \\ & & & \ddots \end{pmatrix} \qquad (3.23)$$

$$T_m^N(\varphi) = \begin{pmatrix} I_1 & T_{12} & T_{13} & \cdots & T_{1N} \\ & I_2 & T_{23} & \cdots & T_{2N} \\ & & \ddots & & \vdots \\ & & & & I_N \end{pmatrix} \qquad (3.24)$$

式中，I_i 是单位矩阵，阶次是 d_i；T_{ij} 是 $d_i \times d_j$ 矩阵。

令

$$M = \begin{pmatrix} D_{11} & D_{1k} \\ 0 & D_{kk} \end{pmatrix} \tag{3.25}$$

将 M 中的元素分别替换，并命名为 $\mathrm{Elem}(E_k)$，形式如下：

$$\mathrm{Elem}(E_k) = \begin{pmatrix} I_1 & E_k \\ 0 & I_k \end{pmatrix} \tag{3.26}$$

式中，I_1 是单位矩阵，阶次 $d_1 = n$；E_k 是 $n \times d_k$ 矩阵。

不难验证下面的两条性质

$$\mathrm{Elem}(E_k)\mathrm{Elem}(F_k) = \mathrm{Elem}(E_k + F_k) \tag{3.27}$$

$$\mathrm{Elem}(E_k)^{-1} = \mathrm{Elem}(-E_k) \tag{3.28}$$

进一步，还有

$$\mathrm{Elem}(E_k) \cdot M \cdot \mathrm{Elem}(-E_k) = \begin{pmatrix} D_{11} & D'_{1k} \\ 0 & D_{kk} \end{pmatrix} \tag{3.29}$$

定义线性算子

$$L_k(E_k) = D_{11}E_k - E_k D_{kk} \tag{3.30}$$

$$L_k : M(n, d_k) \rightarrow M(n, d_k) \tag{3.31}$$

这样，式(3.29)中的 D'_{1k} 可以表达如下：

$$D'_{1k} = D_{1k} - L_k(E_k) \tag{3.32}$$

设 R^k 是 L_k 在 $M(n, d_k)$ 的值域，C^k 是 $M(n, d_k)$ 中的任意的一个补集子空间。于是，得到如下形式的分解：

$$M(n, d_k) = R^k \oplus C^k \tag{3.33}$$

下面介绍矩阵形式的 Taken 定理。

定理(3.1)　考察某动力系统式(3.1)，并通过截断的矩阵式(3.19)重新表达，所涉及的各种定义同上。假如，对于任意的 $k, 2 \leqslant k \leqslant N$，都有一种形如式(3.33)的分解，那么，一定存在一种拓扑同胚映射 $\varphi \in G_n$，形式如同式(3.24)，使

$$T_m^N(\varphi \circ D \circ \varphi^{-1}) = \begin{pmatrix} D_{11} & D'_{12} & \cdots & D'_{1N} \\ & * & \cdots & * \\ & & \ddots & \vdots \\ & & & * \end{pmatrix} \tag{3.34}$$

式中，$D'_{1k} \in C^k$，$2 \leqslant k \leqslant N$。

处理式(3.1)的传统方法是将动力系统的线性部分变换成经典的 Jordan 形式。但是，这样的方式通常会引起理论和实际上的双重困难，即使用传统的算法很难求

解。这里，假设线性部分如同式(3.2)，讨论如何找到 E_k，使得矩阵 D'_{1k} 含有尽可能多的零元素，即产生最简规范形。

定义如下形式的矩阵

$$D_{11} = \begin{pmatrix} A & 0 \\ 0 & A \end{pmatrix}, \quad A = \begin{pmatrix} 0 & 1 \\ -1 & 0 \end{pmatrix}, \quad D_{1k} = \begin{pmatrix} P_1 \\ P_2 \end{pmatrix}, \quad Q = \begin{pmatrix} Q_1 \\ Q_2 \end{pmatrix}, \quad D_{1k} = \begin{pmatrix} B_1 \\ B_2 \end{pmatrix}$$

(3.35)

式中，P_i、Q_i、B_i 中的 $i = 1,2$，全都是 $2 \times d_k$ 矩阵。

为了得到想要的规范形，下面的定理将是关键。

定理(3.2) 假设条件式(3.35)成立，那么，一定存在这样一个矩阵 Q（元素 $\in K$），满足如下等式

$$\begin{pmatrix} P_1 + Q_1 \cdot D_{kk} - A \cdot Q_1 \\ P_2 + Q_2 \cdot D_{kk} - A \cdot Q_2 \end{pmatrix} = \begin{pmatrix} B_1 \\ B_2 \end{pmatrix}$$

(3.36)

且使得式(3.36)中矩阵块 B_1，B_2 的元素只有最后一行非零。通常的情况下，B_1，B_2 最后一行非零元素的个数将达到最小。

证明：令

$$P_1 = \begin{pmatrix} p_1 \\ p_2 \end{pmatrix}, \quad Q_1 = \begin{pmatrix} q_1 \\ q_2 \end{pmatrix}, \quad B_1 = \begin{pmatrix} 0 \\ b_1 \end{pmatrix}$$

(3.37)

将各元素代入式(3.36)中的第一行，整理得

$$\begin{pmatrix} q_1 \cdot D_{kk} \\ q_2 \cdot D_{kk} \end{pmatrix} + \begin{pmatrix} p_1 \\ p_2 \end{pmatrix} + \begin{pmatrix} -q_2 \\ q_2 \end{pmatrix} = \begin{pmatrix} 0 \\ b_1 \end{pmatrix}$$

(3.38)

不难看出，一旦 q_1 任意给定，q_2 也就随之确定下来。它们之间存在如下关系：

$$q_1 \cdot D_{kk} + p_1 = q_2$$

(3.39)

合理地选择 q_1，可以使得 b_1 中的元素部分或全部为零。对于 B_2 的情况，完全类似。

至此，定理得证。

3.3 算例：最简规范形的实现

考察如下微分方程组所描述的系统：

$$\begin{cases} \dot{x}_1 = x_2 + x_1^2 + x_1 x_3 + x_2 x_3^2 + 3x_1^4 \\ \dot{x}_2 = -x_1 + 2x_1^2 + x_1 x_2 + x_3^2 + 3x_1^2 x_4 + x_1^2 x_3^2 \\ \dot{x}_3 = x_4 + 4x_1^2 + x_3^2 + x_2^2 x_4 + x_1^2 x_3^2 \\ \dot{x}_4 = -x_3 + x_1^2 + 2x_2^2 + x_1^2 x_3 + x_2^2 x_4^2 \end{cases}$$

(3.40)

程序设计分为 6 步：

① 初始化向量场变量为

$$f := \operatorname{array}(1 \cdots 4, 1 \cdots 1) \tag{3.41}$$

$$
\begin{aligned}
f := (&[x_2 + x_1^2 + x_1 x_3 + x_2 x_3^2 + 3 x_1^4], \\
&[-x_1 + 2 x_1^2 + x_1 x_2 + x_3^2 + 3 x_1^2 x_4 + x_1^2 x_3^2], \\
&[x_4 + 4 x_1^2 + x_3^2 + x_2^2 x_4 + x_1^2 x_3^2], \\
&[-x_3 + x_1^2 + 2 x_2^2 + x_1^2 x_3 + x_2^2 x_4^2])
\end{aligned}
\tag{3.42}
$$

② 借助变换式 (3.22)，将关于坐标 $(x_1, x_2, x_3, x_4)^{\mathrm{T}}$ 的原系统转换成关于新坐标 $(m_1, \cdots, m_k)^{\mathrm{T}}$ 下的系统。其中，$m_k = (x_1^k, \cdots, x_{d_k}^k)^{\mathrm{T}}$，$d_k$ 的含义见上文。

③ 计算关键矩阵：$D_{11}, D_{12}, \cdots, D_{1k}$。

④ 建立向量场的分量函数：$f_i, i = 1, 2, \cdots, k$。

⑤ 计算矩阵：$D_{i1}, D_{i2}, \cdots, D_{ik}, i = 2, 3, \cdots, k$。

⑥ 计算最后的矩阵：$D'_{i1}, D'_{i2}, \cdots, D'_{ik}, i = 2, 3, \cdots, k$。

整个程序的编制与执行，将依赖于定理 (3.2) 的结论。

按照约定，最简规范形中，矩阵 B_1, B_2 的最后一行将只含有最小数目的非零元素。

实施 Maple 程序，矩阵 B 中有两个非零行，它们分别是：

$$
\begin{aligned}
[&-2u_1 + 2u_5 + 5, & &-6u_2 + 35/3 + 6u_{11}, \\
&2 - 2u_3 + 2u_7 + 2u_{12}, & &7/3 + 2u_{13} - 2u_4 - 2u_6, \\
&-14/3 + 6u_1 - 6u_5, & &-8 + 4u_{13} - 4u_4 - 4u_6, \\
&16/3 - 4u_{12} + 4u_3 - 4u_7, & &10/3 + 2u_{15} - 2u_8 + 2u_{10}, \\
&-4u_{14} + 4u_{16} - 4u_9 - 1/3, & &1/3 + 2u_8 - 2u_{10} - 2u_{15}, \\
&2u_2 - 2u_{11} - 2/3, & &16/3 + 2u_3 - 2u_7 - 2u_{12}, \\
&4/3 - 2u_{13} + 2u_4 + 2u_6, & &-2u_{14} + 2u_{16} - 2u_9 + 8/3, \\
&-11/3 - 4u_{15} + 4u_8 - 4u_{10}, & &1/3 + 2u_9 - 2u_{16} + 2u_{14}, \\
&-2u_{17} + 2u_{19}, & &1/3 - 6u_{18} + 6u_{20}, \\
&2/3 + 6u_{17} - 6u_{19}, & &2u_{18} - 2u_{20}]
\end{aligned}
\tag{3.43}
$$

$$
\begin{aligned}
&[-2w_1 + 2w_5 + 4/3, && -6w_2 + 62/3 + 6w_{11}, \\
&\quad 13/3 + 2w_{12} - 2w_3 + 2w_7, && -4/3 + 2w_{13} - 2w_4 - 2w_6, \\
&\quad 16/3 + 6w_1 - 6w_5, && -34/3 + 4w_{13} - 4w_4 - 4w_6, \\
&\quad 8/3 - 4w_{12} + 4w_3 - 4w_7, && 2 + 2w_{15} - 2w_8 + 2w_{10}, \\
&-4w_{14} + 4w_{16} - 4w_9 + 16/3, && 2w_8 - 2w_{10} - 2w_{15}, \\
&\quad 2w_2 - 2w_{11} - 8/3, && -7/3 + 2w_3 - 2w_7 - 2w_{12}, \\
&\quad 20/3 - 2w_{13} + 2w_4 + 2w_6, && -2w_{14} + 2w_{16} - 2w_9 + 8, \\
&-16/3 - 4w_{15} + 4w_8 - 4w_{10}, && 2w_9 - 2w_{16} + 2w_{14}, \\
&\quad -2w_{17} + 2w_{19}, && -6w_{18} + 6w_{20}, \\
&\quad 4/3 + 6w_{17} - 6w_{19}, && 2w_{18} - 2w_{20}]
\end{aligned}
\tag{3.44}
$$

这样,就可以确定出线性变换的具体形式,这里取 $k=3$。

$$
\begin{aligned}
&e_k[1,1]:=u_1, && e_k[1,2]:=u_2, && e_k[1,3]:=u_3, \\
&e_k[1,4]:=u_4, && e_k[1,5]:=u_1-7/9, && e_k[1,6]:=u_6, \\
&e_k[1,7]:=u_7, && e_k[1,8]:=u_8, && e_k[1,9]:=u_9, \\
&e_k[1,10]:=u_{10}, && e_k[1,11]:=u_2-1/3, && e_k[1,12]:=u_3-u_7+4/3, \\
&e_k[1,13]:=u_4+u_6+2/3, && e_k[1,14]:=u_{14}, && e_k[1,15]:=u_8-u_{10}+1/6, \\
&e_k[1,16]:=u_9+u_{14}+1/6, && e_k[1,17]:=u_{17}, && e_k[1,18]:=u_{18}, \\
&e_k[1,19]:=u_{17}+1/9, && e_k[1,20]:=u_{18};
\end{aligned}
\tag{3.45}
$$

$$
\begin{aligned}
&e_k[3,1]:=w_1, && e_k[3,2]:=w_2, && e_k[3,3]:=w_3, \\
&e_k[3,4]:=w_4, && e_k[3,5]:=w_1, && e_k[3,6]:=w_6, \\
&e_k[3,7]:=w_7, && e_k[3,8]:=w_8, && e_k[3,9]:=w_9, \\
&e_k[3,10]:=w_{10}, && e_k[3,11]:=w_2, && e_k[3,12]:=w_3-w_7+1/2, \\
&e_k[3,13]:=w_4+w_6, && e_k[3,14]:=w_{14}, && e_k[3,15]:=w_8-w_{10}, \\
&e_k[3,16]:=w_9+w_{14}, && e_k[3,17]:=w_{17}, && e_k[3,18]:=w_{18}, \\
&e_k[3,19]:=w_{17}, && e_k[3,20]:=w_{18};
\end{aligned}
\tag{3.46}
$$

最后,运行 Maple 程序,得到最简规范形,它的形式如下:

$$
\begin{cases}
\dot{x}_1 = x_2 \\
\dot{x}_2 = -x_1 + \dfrac{31}{9}x_1^3 + \dfrac{29}{3}x_1^2 x_2 + \dfrac{14}{3}x_1^2 x_3 + \dfrac{11}{3}x_1^2 x_4 - \dfrac{16}{3}x_1 x_2 x_3 + \dfrac{11}{3}x_1 x_3^2 + \\
\qquad \dfrac{1}{3}x_1 x_3 x_4 + \dfrac{8}{3}x_2^2 x_3 + 3x_2 x_3^2 - \dfrac{13}{3}x_2 x_3 x_4 + \dfrac{2}{9}x_3^3 + \dfrac{1}{3}x_3^2 x_4 \\
\dot{x}_3 = x_4 \\
\dot{x}_4 = -x_3 + \dfrac{28}{9}x_1^3 + \dfrac{28}{3}x_1^2 x_2 + \dfrac{17}{3}x_1^2 x_3 + \dfrac{16}{3}x_1^2 x_4 + 2x_1 x_2 x_3 + 2x_1 x_3^2 + \\
\qquad \dfrac{16}{3}x_1 x_3 x_4 - \dfrac{11}{3}x_2^2 x_3 + 8x_2 x_3^2 - \dfrac{16}{3}x_2 x_3 x_4 + \dfrac{4}{9}x_3^3
\end{cases}
$$

$$(3.47)$$

3.4 算例：梁模型稳定性分析

基于多自由度的梁模型被很多作者研究,例如悬臂梁的参激共振稳定性问题。研究表明,参激共振会引起复杂的非线性动力学行为问题,其中就包括系统模态组合参激共振所引起的系统稳定性问题。

1. 模型的建立

在研究悬臂梁、两端铰支梁等结构颤振分析时,常采用四阶微分方程模型表征系统

$$
\begin{cases}
\dot{x}_1 = -a_1 x_1 - b_1 x_2 + d_1 x_4 + e_1 x_2(x_1^2 + x_2^2) + f_1 x_2(x_3^2 + x_4^2) - \\
\qquad g_1 x_4(x_2^2 - x_1^2) - h x_1 x_2 x_3 \\
\dot{x}_2 = -a_1 x_2 + b_1 x_1 + d_1 x_3 - e_1 x_1(x_1^2 + x_2^2) - f_1 x_1(x_3^2 + x_4^2) + \\
\qquad g_1 x_3(x_2^2 - x_1^2) - h x_1 x_2 x_4 \\
\dot{x}_3 = -a_2 x_3 + b_2 x_2 - d_2 x_4 + e_2 x_4(x_1^2 + x_2^2) + f_2 x_4(x_3^2 + x_4^2) + g_2 x_2(3x_1^2 - x_2^2) \\
\dot{x}_4 = -a_2 x_4 + b_2 x_1 + d_2 x_3 - e_2 x_3(x_1^2 + x_2^2) - f_2 x_3(x_3^2 + x_4^2) - g_2 x_2(x_1^2 - 3x_2^2)
\end{cases}
$$

$$(3.48)$$

该系统在初始平衡解 $(x_1, x_2, x_3, x_4) = (0, 0, 0, 0)$ 附近的雅可比矩阵为

$$
J = \begin{bmatrix}
-a_1 & -b_1 & 0 & d_1 \\
b_1 & -a_1 & d_1 & 0 \\
0 & b_2 & -a_2 & -d_2 \\
b_2 & 0 & d_2 & -a_2
\end{bmatrix}
\tag{3.49}
$$

对应的特征方程为

$$
P(\lambda) = \lambda^4 + \beta_1 \lambda^3 + \beta_2 \lambda^2 + \beta_3 \lambda + \beta_4
\tag{3.50}
$$

式中，

$$\begin{cases} \beta_1 = 2(a_1 + a_2) \\ \beta_2 = b_1^2 + d_2^2 + a_1^2 + a_2^2 + 4a_1a_2 - 2b_2d_1 \\ \beta_3 = 2a_1d_2^2 + 2a_1^2a_2 - 2a_1b_2d_1 + 2a_1a_2^2 + 2b_1^2a_2 - 2a_2b_2d_1 \\ \beta_4 = a_1^2d_2^2 - 2a_1a_2b_2d_1 + b_1^2a_2^2 + b_1^2d_2^2 - 2b_1d_2b_2d_1 + 4b_2^2d_1^2 + a_1^2a_2^2 \end{cases} \tag{3.51}$$

根据 Routh – Hurwitz 判据，基于平衡点的稳定条件为

$$\beta_1 > 0, \quad \beta_1\beta_2 - \beta_3 > 0, \quad \beta_4 > 0, \quad \beta_3(\beta_1\beta_2 - \beta_3) - \beta_1^2\beta_4 > 0$$

2. 稳定性分析

考虑两对纯虚根的情况，$a_1 = a_2 = 0$，$d_2 = 2$，$d_1 = b_2 = b_1 = 1$，系统雅可比矩阵为

$$J = \begin{bmatrix} a_1 & -1 & 0 & 1 \\ 1 & a_1 & 1 & 0 \\ 0 & 1 & a_2 & -2 \\ 1 & 0 & 2 & a_2 \end{bmatrix} \tag{3.52}$$

此时，系统的特征方程为

$$\lambda^4 + 3\lambda^2 + 1 = 0 \tag{3.53}$$

两组纯虚特征根分别为

$$\lambda_{1,2} = \pm\left(\frac{1+\sqrt{5}}{2}\right)i, \quad \lambda_{3,4} = \pm\left(\frac{1-\sqrt{5}}{2}\right)i \tag{3.54}$$

选取 a_1, a_2 为扰动参数，并设 $\mu_1 = a_1$，$\mu_2 = a_2$，基于符号计算软件获得极坐标形式的规范形

$$\begin{cases} \dot{r}_1 = r_1(\alpha_{11}\mu_1 + \alpha_{12}\mu_2 + \alpha_{13}r_1^2 + \alpha_{14}r_2^2) \\ \dot{r}_2 = r_2(\alpha_{21}\mu_1 + \alpha_{22}\mu_2 + \alpha_{23}r_1^2 + \alpha_{24}r_2^2) \\ \dot{\theta}_1 = \beta_{10} + \beta_{11}\mu_1 + \beta_{12}\mu_2 + \beta_{13}r_1^2 + \beta_{14}r_2^2 \\ \dot{\theta}_2 = \beta_{20} + \beta_{21}\mu_1 + \beta_{22}\mu_2 + \beta_{23}r_1^2 + \beta_{24}r_2^2 \end{cases}, \quad \beta_{10} \neq 0, \beta_{20} \neq 0 \tag{3.55}$$

式中，α_{ij} 和 $\beta_{kl}(i, j, k, l = 1, 2)$ 是常数。

雅可比矩阵形式为

$$J = \begin{bmatrix} \alpha_{11}\mu_1 + \alpha_{12}\mu_2 + 3\alpha_{13}r_1^2 + \alpha_{14}r_2^2 & 2\alpha_{14}r_1r_2 \\ \alpha_{23}r_1r_2 & \alpha_{21}\mu_1 + \alpha_{22}\mu_2 + \alpha_{23}r_1^2 + 3\alpha_{24}r_2^2 \end{bmatrix} \tag{3.56}$$

平衡点附近的稳定性条件为

$$\alpha_{11}\mu_1 + \alpha_{12}\mu_2 + 3\alpha_{13}r_1^2 + \alpha_{14}r_2^2 < 0, \text{同时 } \alpha_{21}\mu_1 + \alpha_{22}\mu_2 + \alpha_{23}r_1^2 + 3\alpha_{24}r_2^2 < 0$$

$$\tag{3.57}$$

小　结

对于微分方程所表征的非线性系统,如需定性分析该系统的稳定性,基于规范形理论先行化简原微分方程系统,通常是一个比较好的策略。目前,飞行器结构的定性分析,如非线性颤振分析,其基本思路大多沿用中心流形方法先期进行降维处理,然后再应用规范形/最简规范形理论。此外,向量场分岔理论(如 Hopf 分岔定理)也是非线性颤振定性分析的有力工具。特别地,在某些定性分析之前,还需借助于计算机数值计算所提供的定量结果,例如国外人员在研究带操纵面机翼的三维非线性颤振模型时,分别采用了 RungeKutta 法、打靶法和基于规范形理论的奇异摄动法,获得了极限环在稳定性变换附近的近似解析解。

第 **4** 章

非线性系统解的存在性理论

4.1 湍流模型与边值问题

基于平均的 Navier – Stokes/Euler 方程的流场求解问题,湍流模型的选择非常重要,这是因为湍流模型是 Navier – Stokes 方程的重要组成部分,关系计算结果的可信性。在流场求解问题中,不同的初值或边值条件往往导致解的拓扑结构的本质性改变,如果边值条件给定的不合理,则可能导致系统无解或多解的出现。因此,解的存在性问题是研究动力学系统行为的前提。若边值问题的解不存在或者严重脱离实际情况,则模型必须及时修正。

考虑如下描述二维流场全局湍流行为的微积分方程为

$$
\begin{cases}
- \Phi\left(\int_0^1 |u(s)|^q d\varphi(s)\right) u''(t) = h(t)f(u(t)), \quad t \in (0,1) \\
\alpha \cdot u(0) - \beta \cdot u'(0) = 0, \quad \gamma \cdot u(1) + \delta \cdot u'(1) = g\left(\int_0^1 u(s)d\varphi(s)\right)
\end{cases}
\tag{4.1}
$$

式中,α, β, γ, δ 为非负常数,$\rho = \alpha \cdot \gamma + \alpha \cdot \delta + \beta \cdot \gamma > 0$,$q \geqslant 1$;$\int_0^1 |u(s)|^q d\varphi(s)$ 是 Riemann – Stieltjes 的积分。

借助于 Krasnosel'skii 不动点定理和 Leggett – Williams 不动点定理,可以研究此类非线性系统的解的存在性问题,并找到解的存在区间及解的数目。

4.2 微分方程非局部问题

4.2.1 引 理

引理(4.1) 设 $y(t) \in C([0,1])$,则下列边值问题:

$$\begin{cases} -u''(t) = y(t), & t \in (0,1) \\ \alpha \cdot u(0) - \beta \cdot u'(0) = 0, \gamma \cdot u(1) + \delta \cdot u'(1) = g\left(\int_0^1 u(s)\mathrm{d}\varphi(s)\right) \end{cases} \quad (4.2)$$

有唯一解

$$u(t) = \frac{\beta + \alpha t}{\rho} g\left(\int_0^1 u(s)\mathrm{d}\varphi(s)\right) + \int_0^1 G(t,s)y(s)\mathrm{d}s \quad (4.3)$$

这里，Green 函数的表达式形式如下：

$$G(t,s) = \frac{1}{\rho} \begin{cases} (\beta + \alpha s)(\delta + \gamma - \gamma t), & 0 \leqslant s \leqslant t \leqslant 1 \\ (\beta + \alpha t)(\delta + \gamma - \gamma s), & 0 \leqslant t \leqslant s \leqslant 1 \end{cases} \quad (4.4)$$

从引理中容易看出，$G(t,s) > 0, t,s \in (0,1)$；$G(t,s) \leqslant G(s,s), t,s \in [0,1]$。另外，一定存在某个 $\theta \in (0,1/2)$，使得 $G(t,s) \geqslant \theta \cdot G(s,s), \theta \leqslant t \leqslant 1-\theta, 0 \leqslant s \leqslant 1$。

这里还需要做出一些假设，这些假设在实际的问题中往往是可以得到满足的：

(H1)　$f,g,\Phi: R^+ \to R^+$ 是连续不减函数，而且满足

$$\Phi(0) > 0 \quad (4.5)$$

(H2)　$\varphi(t)$ 是定义在区间 $[0,1]$ 上的增函数（非常值函数），满足

$$\varphi(0) = 0 \quad (4.6)$$

(H3)　$h(t)$ 是在区间 $(0,1)$ 的任意子区间上不常为零，而且满足如下条件：

$$0 < \int_\theta^{1-\theta} G(t,s)h(s)\mathrm{d}s < +\infty \quad (4.7)$$

若 $u \in C^2(0,1)$ 是式 (4.1) 的解，则当且仅当 $u \in C(0,1)$ 时满足下列非线性积分方程

$$u(t) = \frac{\beta + \alpha t}{\rho} g\left(\int_0^1 u(s)\mathrm{d}\varphi(s)\right) + \int_0^1 G(t,s) \frac{h(s)f(u(s))}{\Phi\left(\int_0^1 |u|^q \mathrm{d}\varphi\right)} \mathrm{d}s \quad (4.8)$$

下面将要为介绍不动点定理做些准备：

设 E 是一个 Banach 实空间，范数记为 $\| \cdot \|$。

P 是 E 中的一个锥，令

$$P_r = \{x \in P : \|x\| < r\}(r > 0), \quad \overline{P_r} = \{x \in P : \|x\| \leqslant r\} \quad (4.9)$$

映射 α 称为锥 P 上的一个非负连续的凹泛函，如果 $\alpha: P \to [0, +\infty)$ 是连续的，则对于所有的 $x,y \in P, t \in [0,1]$ 满足：

$$\alpha(tx + (1-t)\gamma) \geqslant t\alpha(x) + (1-t)\alpha(\gamma) \quad (4.10)$$

接着，再利用两个数 $a,b(0 < a < b)$ 以及非负连续的凹泛函 α 定义一个凸函数集

$$P(\alpha,a,b) = \{x \in P : a \leqslant \alpha(x), \|x\| \leqslant b\} \quad (4.11)$$

引理 (4.2)　设 $A: \overline{P_c} \to \overline{P_c}$ 的全连续算子，α 是定义在锥 P 上的非负连续凹泛函，使得对于所有的 $x \in \overline{P_c}$，有 $\alpha(x) = \|x\|$。再假设有 4 个常数 a,b,c,d，满足：

$0 < d < a < b = c$,使得

① $\{x \in P(\alpha, a, b): \alpha(x) > a\} \neq \varnothing$,当 $x \in P(\alpha, a, b)$ 时,还有 $\alpha(Ax) > a$;

② 当 $\|x\| < d$ 时,有 $\|Ax\| < d$;

③ 当 $x \in P(\alpha, a, c)$,且 $\|Ax\| > b$ 时,有 $\alpha(Ax) > a$。

那么,算子 A 至少有 3 个不动点 x_1, x_2, x_3,它们满足如下关系:

$$\|x_1\| < d, \quad \alpha(x_2) > a, \quad \|x_3\| > d, \quad \alpha(x_3) < a \tag{4.12}$$

引理(4.3) 令 E 是 Banach 空间,$P \subset E$ 是闭的凸锥。假设 Ω_1, Ω_2 是 E 上的有界开子集,满足:$0 \in \Omega_1, \overline{\Omega}_1 \subset \Omega_2; A: P \cap (\overline{\Omega}_2 \backslash \Omega_1) \to P$ 是全连续算子,且满足下列条件之一:

① 对任意的 $u \in P \cap \partial \Omega_1$,有 $\|Au\| \leqslant \|u\|$,同时,对任意的 $u \in P \cap \partial \Omega_1$,有 $\|Au\| \geqslant \|u\|$;

② 对任意的 $u \in P \cap \partial \Omega_1$,有 $\|Au\| \geqslant \|u\|$,同时,对任意的 $u \in P \cap \partial \Omega_1$,有 $\|Au\| \leqslant \|u\|$。那么,算子 A 在 $P \cap (\overline{\Omega}_2 \backslash \Omega_1)$ 内有一个不动点。

4.2.2 主要结果

令 $E = C[0, 1]$,函数取最大模,即 $\|u\| = \max_{0 \leqslant t \leqslant 1} |u|$。

定义:$P \subseteq E$,

$$P = \{u \in E: u(t) \geqslant 0, \min_{\theta \leqslant t \leqslant 1-\theta} u(t) \geqslant \theta \|u\|\} \tag{4.13}$$

容易证明 E 是 Banach 空间,而 P 是 E 上的锥。

定义算子:$T: E \to E$,即

$$T(u)(t) = \frac{\beta + \alpha t}{\rho} g\left(\int_0^1 u(s) \mathrm{d}\varphi(s)\right) + \int_0^1 G(t, s) \frac{h(s) f(u(s))}{\Phi\left(\int_0^1 |u|^q \mathrm{d}\varphi\right)} \mathrm{d}s \tag{4.14}$$

引理(4.4) 算子 $T: E \to E$ 是全连续的,且 $TP \subseteq P$。

证明:对于任意的 $u \in P$,由 $G(t, s)$ 函数的性质,当 $t \in [0, 1]$ 时,有 $T(u)t \geqslant 0$。再由算子 T 的定义,得到

$$\|T(u)\| \leqslant \frac{\beta + \alpha}{\rho} g\left(\int_0^1 u(s) \mathrm{d}\varphi(s)\right) + \int_0^1 G(s, s) \frac{h(s) f(u(s))}{\Phi\left(\int_0^1 |u|^q \mathrm{d}\varphi\right)} \mathrm{d}s \tag{4.15}$$

接着,可以继续得到

$$\min_{\theta \leqslant t \leqslant 1-\theta} T(u)(t) = \min_{\theta \leqslant t \leqslant 1-\theta} \left[\frac{\beta + \alpha t}{\rho} g\left(\int_0^1 u(s) \mathrm{d}\varphi(s)\right) + \int_0^1 G(t, s) \frac{h(s) f(u(s))}{\Phi\left(\int_0^1 |u|^q \mathrm{d}\varphi\right)} \mathrm{d}s\right]$$

$$\geq \theta \frac{\beta+\alpha}{\rho} g\left(\int_0^1 u(s)\mathrm{d}\varphi(s)\right) + \theta \int_0^1 G(s,s)\frac{h(s)f(u(s))}{\Phi\left(\int_0^1 |u|^q \mathrm{d}\varphi\right)}\mathrm{d}s$$

$$\geq \theta \| T(u) \| \tag{4.16}$$

至此，我们可以推论出：$TP \subseteq P$。

至于 T 是全连续算子，则可以通过 Arzela – Ascoli 定理进行验证。证毕。

令

$$l = \min_{0 \leq t \leq 1} \int_\theta^{1-\theta} G(t,s)h(s)\mathrm{d}s \tag{4.17a}$$

$$L' = \min_{\theta \leq t \leq 1-\theta} \int_\theta^{1-\theta} G(t,s)h(s)\mathrm{d}s \tag{4.17b}$$

$$L = \min_{0 \leq t \leq 1} \int_\theta^1 G(t,s)h(s)\mathrm{d}s \tag{4.17c}$$

则，显然存在这样的一种关系：$0 < l \leq L' < L$。

定理(4.1)　假设条件（H1）、（H2）、（H3）满足。另外，若还满足如下条件：

（H4）

$$\liminf_{r \to 0^+} \frac{f(\theta r)}{r\Phi(r^q \varphi(1))} \geq \frac{1}{l} \tag{4.18}$$

（H5）　存在一个常数 $p_1 \geq 2$ 使得

$$\limsup_{r \to \infty} \frac{f(r)}{r\Phi((\varphi(1-\theta)-\varphi(\theta))\theta^q r^q)} \leq \frac{1}{p_1 L} \tag{4.19}$$

（H6）　存在一个常数 p_2，它满足 $\dfrac{1}{p_1}+\dfrac{1}{p_2}=1$，使得

$$\limsup_{r \to \infty} \frac{g(r)}{r} \leq \frac{\rho}{p_2 \varphi(1)(\beta+\alpha)} \tag{4.20}$$

那么，式（4.1）有一个正解。

证明：由条件（H4）知：存在一个有限正数 $0 < \eta < \infty$，对于任意的 $0 < r \leq \eta$ 满足

$$\frac{f(\theta r)}{r\Phi(r^q\varphi(1))} \geq \frac{1}{l} \tag{4.21}$$

选择正数 $R_1 \in (0,\eta)$，做集合 $\Omega_1 = \{u \in E: \|u\| < R_1\}$。

现在，我们要证明：

对于任意的 $u \in P \cap \partial\Omega_1$，有

$$\| Tu \| \geq \| u \| \tag{4.22}$$

令 $u \in P \cap \partial\Omega_1$。

由 $\min_{\theta \leq t \leq 1-\theta} u(t) \geq \theta\|u\|$，$\|u\|=R_1$，以及式（4.21）和条件（H1）、（H3），可以推导如下：

$$Tu(t) = \frac{\beta + \alpha t}{\rho} g\left(\int_0^1 u(s)\,\mathrm{d}\varphi(s)\right) + \int_0^1 G(t,s)\,\frac{h(s)f(u(s))}{\Phi\left(\int_0^1 |u|^q\,\mathrm{d}\varphi\right)}\,\mathrm{d}s$$

$$\geqslant \int_0^1 G(t,s)\,\frac{h(s)f(u(s))}{\Phi\left(\int_0^1 |u|^q\,\mathrm{d}\varphi\right)}\,\mathrm{d}s$$

$$\geqslant \int_\theta^{1-\theta} G(t,s)\,\frac{h(s)f(u(s))}{\Phi\left(\int_0^1 |u|^q\,\mathrm{d}\varphi\right)}\,\mathrm{d}s$$

$$\geqslant \frac{f(\theta R_1)}{\Phi(R_1^q \varphi(1))}\int_\theta^{1-\theta} G(t,s)h(s)\,\mathrm{d}s$$

$$\geqslant \frac{f(\theta R_1)}{\Phi(R_1^q \varphi(1))} l$$

$$\geqslant R_1 = \|u\| \tag{4.23}$$

这样,式(4.22)得证。

另一方面,从条件(H5),存在数 $\overline{R_1} > 0$,使得

$$\frac{f(r)}{r\Phi((\varphi(1-\theta) - \varphi(\theta))\theta^q r^q)} \leqslant \frac{1}{p_1 L}, \quad \forall\, r \geqslant \overline{R_1} \tag{4.24}$$

从条件(H6),存在数 $\overline{R_2} > 0$,使得

$$\frac{g(r)}{r} \leqslant \frac{\rho}{p_2 \varphi(1)(\beta + \alpha)}, \quad \forall\, r \geqslant \overline{R_2} \tag{4.25}$$

选择 $R_2 = \max\left\{R_1, \overline{R_1}, \dfrac{\overline{R_2}}{\theta\varphi(1-\theta) - \theta\varphi(\theta)}\right\} + 1$,构造集合 $\Omega_2 = \{u \in E: \|u\| < R_2\}$。

现在,我们要证明:

对于任意的 $u \in P \bigcap \partial\Omega_2$,有

$$\|Tu\| \leqslant \|u\| \tag{4.26}$$

若 $u \in P \bigcap \partial\Omega_2$,则

$$\int_0^1 u(s)\,\mathrm{d}\varphi(s) \geqslant \int_\theta^{1-\theta} u(s)\,\mathrm{d}\varphi(s) \geqslant \theta R_2(\varphi(1-\theta) - \varphi(\theta)) \geqslant \overline{R_2} \tag{4.27}$$

由式(4.24)、式(4.25),得到

$$Tu(t) = \frac{\beta + \alpha t}{\rho} g\left(\int_0^1 u(s)\,\mathrm{d}\varphi(s)\right) + \int_0^1 G(t,s)\,\frac{h(s)f(u(s))}{\Phi\left(\int_0^1 |u|^q\,\mathrm{d}\varphi\right)}\,\mathrm{d}s$$

$$\leqslant \frac{\beta + \alpha}{\rho} g\left(\int_0^1 u(s)\,\mathrm{d}\varphi(s)\right) + \int_0^1 G(t,s)\,\frac{h(s)f(u(s))}{\Phi\left(\int_0^1 |u|^q\,\mathrm{d}\varphi\right)}\,\mathrm{d}s$$

$$\leqslant \frac{\beta + \alpha}{\rho}\,\frac{\rho}{p_2\varphi(1)(\beta + \alpha)}\int_0^1 u(s)\,\mathrm{d}\varphi(s) +$$

$$f(\|u\|) \int_0^1 G(t,s) \frac{h(s)f(u(s))}{\Phi\left(\int_\theta^{1-\theta} |u|^q d\varphi\right)} ds$$

$$\leqslant \frac{\beta+\alpha}{\rho} \frac{\rho}{p_2 \varphi(1)(\beta+\alpha)} \|u\| \varphi(1) +$$

$$\frac{f(\|u\|)}{\Phi((\varphi(1-\theta)-\varphi(\theta))\|u\|^q \theta^q)} \int_0^1 G(t,s)h(s) ds$$

$$\leqslant \frac{R_2}{p_1} + \frac{R_2}{p_2}$$

$$= R_2 = \|u\| \tag{4.28}$$

于是,式(4.26)得到了证明。

因此,根据式(4.22)和式(4.26)以及引理(4.3)中的第②部分,算子 T 在 $P \bigcap (\overline{\Omega}_2 \backslash \Omega_1)$ 内有一个不动点,即式(4.1)存在一个正解。定理证毕。

定理(4.2)　假设条件(H1)、(H2)、(H3)满足。另外,还满足如下条件:

(H7)　存在一个常数 $p_1 \geqslant 2$ 使得

$$\limsup_{r \to 0} \frac{f(r)}{r\Phi((\varphi(1-\theta)-\varphi(\theta))\theta^q r^q)} \leqslant \frac{1}{p_1 L} \tag{4.29}$$

(H8)　存在一个常数 p_2,它满足 $\frac{1}{p_1} + \frac{1}{p_2} = 1$,使得

$$\limsup_{r \to 0} \frac{g(r)}{r} \leqslant \frac{\rho}{p_2 \varphi(1)(\beta+\alpha)} \tag{4.30}$$

(H9)

$$\liminf_{r \to \infty} \frac{f(\theta r)}{r\Phi(r^q \varphi(1))} \geqslant \frac{1}{l} \tag{4.31}$$

那么,式(4.1)有一个正解。

证明:由条件(H7)知:存在一个有限正数 $\eta_1 > 0$,对于任意的 $0 < r \leqslant \eta_1$ 满足

$$\frac{f(r)}{r\Phi((\varphi(1-\theta)-\varphi(\theta))\theta^q r^q)} \leqslant \frac{1}{p_1 L} \tag{4.32}$$

由条件(H8)知:存在一个有限正数 $\eta_2 > 0$,对于任意的 $0 < r \leqslant \eta_2$ 满足

$$\frac{g(r)}{r} \leqslant \frac{\rho}{p_2 \varphi(1)(\beta+\alpha)} \tag{4.33}$$

选择正数 $R_1 = \min\left\{\eta_1, \dfrac{\eta_2}{\varphi(1)}\right\}$,构造集合 $\Omega_1 = \{u \in E : \|u\| < R_1\}$。

现在,我们要证明:

对于任意的 $u \in P \bigcap \partial\Omega_1$,有

$$\|Tu\| \leqslant \|u\| \tag{4.34}$$

令 $u \in P \bigcap \partial\Omega_1$,则

$$\int_0^1 u(s)\,\mathrm{d}\varphi(s) \leqslant \int_0^1 R_1\,\mathrm{d}\varphi(s) \leqslant R_1\varphi(1) \leqslant \eta_2 \tag{4.35}$$

由式(4.32)和式(4.33),可推导

$$Tu(t) = \frac{\beta+\alpha t}{\rho}g\left(\int_0^1 u(s)\,\mathrm{d}\varphi(s)\right) + \int_0^1 G(t,s)\,\frac{h(s)f(u(s))}{\Phi\left(\int_0^1 |u|^q\mathrm{d}\varphi\right)}\mathrm{d}s$$

$$\leqslant \frac{\beta+\alpha}{\rho}g\left(\int_0^1 u(s)\,\mathrm{d}\varphi(s)\right) + \int_0^1 G(t,s)\,\frac{h(s)f(u(s))}{\Phi\left(\int_0^1 |u|^q\mathrm{d}\varphi\right)}\mathrm{d}s$$

$$\leqslant \frac{\beta+\alpha}{\rho}\,\frac{\rho}{(\beta+\alpha)p_2\varphi(1)}\int_0^1 u(s)\,\mathrm{d}\varphi(s) +$$

$$f(\|u\|)\int_0^1 G(t,s)\,\frac{h(s)}{\Phi\left(\int_\theta^{1-\theta}|u|^q\mathrm{d}\varphi\right)}\mathrm{d}s$$

$$\leqslant \frac{\beta+\alpha}{\rho}\,\frac{\rho}{(\beta+\alpha)p_2\varphi(1)}\,\|u\|\varphi(1) +$$

$$\frac{f(\|u\|)}{\Phi\left((\varphi(1-\theta)-\varphi(\theta)\,\|u\|^q\theta^q\right)}\int_0^1 G(t,s))h(s)\,\mathrm{d}s$$

$$\leqslant \frac{R_1}{p_1} + \frac{R_1}{p_2} = R_1 = \|u\| \tag{4.36}$$

这样,式(4.34)得证。

另一方面,从条件(H7),存在数 $\overline{R_1} > 0$,使得

$$\frac{f(\theta r)}{r\Phi(\varphi(1)r^q)} \geqslant \frac{1}{l}, \quad \forall\,r \geqslant \overline{R_1} \tag{4.37}$$

选择 $R_2 = \max\left\{R_1,\left(\dfrac{\overline{R_1}}{\theta^q\varphi(1-\theta)-\theta\varphi(\theta)}\right)^{1/q}\right\}+1$,构造集合 $\Omega_2 = \{u\in E: \|u\| < R_2\}$。

现在,我们要证明:

对于任意的 $u\in P\bigcap\partial\Omega_2$,有

$$\|Tu\| \geqslant \|u\| \tag{4.38}$$

若 $u\in P\bigcap\partial\Omega_2$,因为 $\min\limits_{\theta\leqslant t\leqslant 1-\theta}u(t)\geqslant\theta\|u\|$,$\|u\| = R_2$,则有

$$\int_0^1 |u|^q\mathrm{d}\varphi(s) \geqslant \int_\theta^{1-\theta}|u|^q\mathrm{d}\varphi(s) \geqslant \theta^q R_2^q(\varphi(1-\theta)-\varphi(\theta)) \geqslant \overline{R_1} \tag{4.39}$$

由式(4.37),以及条件(H1)和(H3),得到

$$Tu(t) = \frac{\beta+\alpha t}{\rho}g\left(\int_0^1 u(s)\,\mathrm{d}\varphi(s)\right) + \int_0^1 G(t,s)\,\frac{h(s)f(u(s))}{\Phi\left(\int_0^1 |u|^q\mathrm{d}\varphi\right)}\mathrm{d}s$$

$$\geqslant \int_0^1 G(t,s)\,\frac{h(s)f(u(s))}{\Phi\left(\int_0^1 |u|^q\mathrm{d}\varphi\right)}\mathrm{d}s$$

$$\geq \int_\theta^{1-\theta} G(t,s) \, \frac{h(s)f(u(s))}{\Phi\left(\int_0^1 |u|^q \mathrm{d}\varphi\right)} \mathrm{d}s$$

$$\geq \frac{f(\theta R_2)}{\Phi(R_2^q \varphi(1))} \int_\theta^{1-\theta} G(t,s)h(s)\mathrm{d}s$$

$$\geq \frac{f(\theta R_2)}{\Phi(R_2^q \varphi(1))} l$$

$$\geq R_2 = \|u\| \tag{4.40}$$

于是,式(4.38)得到了证明。

因此,根据式(4.34)、式(4.38)以及引理(4.3)中的第①部分,算子 T 在 $P\bigcap(\overline{\Omega}_2 \backslash \Omega_1)$ 内有一个不动点,即式(4.1)存在一个正解。定理证明完毕。

定理(4.3)　假设条件(H1)、(H2)、(H3)满足,且有 $\varphi(1) \geq 1$。另外,泛函 f,g 还满足如下成长条件:

(H10)

$$\begin{cases} \limsup_{r\to\infty} \dfrac{f(r)}{\Phi((\varphi(1-\theta)-\varphi(\theta))r^q\theta^q)r} < \dfrac{1}{4L} \\[4mm] \limsup_{r\to\infty} \dfrac{g(r)}{r} < \dfrac{\rho}{4(\beta+\alpha)\varphi(1)} \end{cases} \tag{4.41}$$

(H11)

$$\begin{cases} \limsup_{r\to 0} \dfrac{f(r)}{\Phi((\varphi(1-\theta)-\varphi(\theta))r^q\theta^q)r} < \dfrac{1}{2L} \\[4mm] \limsup_{r\to 0} \dfrac{g(r)}{r} < \dfrac{\rho}{2(\beta+\alpha)\varphi(1)} \end{cases} \tag{4.42}$$

(H12)　存在一个常数 $a,a>0$,使得对于任意的 $u \in \left[a, \dfrac{a}{\theta}\right]$,都有

$$f(u) > \frac{\Phi((1/\theta)^q\varphi(1))a}{L} \tag{4.43}$$

那么,式(4.1)至少有 3 个正解。

证明:证明需要应用 Leggett - Williams 定理,因此,首先定义锥 P 上的一个泛函:

$$\sigma(u) = \min_{\theta \leq t \leq 1-\theta} u(t), \quad \forall u \in P$$

这样定义的泛函 $\sigma : P \to R^+$ 显然是一个非负连续的凹函数,而且对于每个 $u \in P$,都有 $\sigma(u) \leq \|u\|$。

接着,来验证引理(4.2)中的假设条件都是被满足的。

首先,验证存在一个正数 $c \geq b = \dfrac{a}{\theta}$,使得 $T : \overline{P_c} \to P_c$。

根据条件(H10),存在一个正数 $\tau>0$,使得对于任意的 $r\geqslant\tau$,有

$$
\begin{cases}
\dfrac{f(r)}{r\Phi(r^q\theta^q\varphi(1-\theta)-\varphi(\theta))} < \dfrac{1}{4L} \\[3mm]
\dfrac{g(r)}{r} < \dfrac{\rho}{4(\beta+\alpha)\varphi(1)}
\end{cases}
\tag{4.44}
$$

记

$$
M_1 = \frac{f(\tau)}{\varphi(0)}, \quad M_2 = g(\tau)
\tag{4.45}
$$

选取 c,使之满足条件

$$
c > \max\left\{b, 4\cdot L\cdot M_1, \frac{4M_2(\beta+\alpha)}{\rho}\right\}
\tag{4.46}
$$

若 $u\in\overline{P_c}$,则使用条件(H1)、(H2)、(H3)和(H10),推导出

$$
Tu(t) = \max_{t\in[0,1]}\frac{\beta+\alpha t}{\rho}g\left(\int_0^1 u(s)\mathrm{d}\varphi(s)\right) + \max_{t\in[0,1]}\int_0^1 G(t,s)\frac{h(s)f(u(s))}{\Phi\left(\int_0^1 |u|^q\mathrm{d}\varphi\right)}\mathrm{d}s
$$

$$
\leqslant \frac{\beta+\alpha}{\rho}g\left(\int_0^1 u(s)\mathrm{d}\varphi(s)\right) + \max_{t\in[0,1]}\int_0^1 G(t,s)\frac{h(s)f(u(s))}{\Phi\left(\int_0^1 |u|^q\mathrm{d}\varphi\right)}\mathrm{d}s
$$

$$
\leqslant \frac{\beta+\alpha}{\rho}g(\|u\|\varphi(1)) +
$$

$$
\max_{t\in[0,1]}\frac{f(\|u\|)}{\Phi(\theta^q\|u\|^q(\varphi(1-\theta)-\varphi(\theta)))}\int_0^1 G(t,s)h(s)\mathrm{d}s
$$

$$
\leqslant \frac{\beta+\alpha}{\rho}\left[M_2 + \|u\|\varphi(1)\frac{\rho}{4(\beta+\alpha)\varphi(1)}\right] + L\left(M_1 + \frac{\|u\|}{4L}\right)
$$

$$
< c
\tag{4.47}
$$

接着,根据条件(H11),存在数 $d'\in(0,a)$,对于任意的 $r\in[0,d']$,使得

$$
\frac{f(r)}{r\Phi((\varphi(1-\theta)-\varphi(\theta))\theta^q r^q)} < \frac{1}{2L}, \quad \frac{g(r)}{r} < \frac{\rho}{2(\beta+\alpha)\varphi(1)}
\tag{4.48}
$$

令 $d=\dfrac{d'}{\varphi(1)}$,则对于每一个 $u\in\overline{P_d}$,有

$$
\|Tu(t)\| = \max_{t\in[0,1]}|Tu(t)|
$$

$$
= \max_{t\in[0,1]}\frac{\beta+\alpha t}{\rho}g\left(\int_0^1 u(s)\mathrm{d}\varphi(s)\right) + \max_{t\in[0,1]}\int_0^1 G(t,s)\frac{h(s)f(u(s))}{\Phi\left(\int_0^1 |u|^q\mathrm{d}\varphi\right)}\mathrm{d}s
$$

$$
\leqslant \frac{\beta+\alpha}{\rho}g\left(\int_0^1 u(s)\mathrm{d}\varphi(s)\right) + \max_{t\in[0,1]}\int_0^1 G(t,s)\frac{h(s)f(u(s))}{\Phi\left(\int_0^1 |u|^q\mathrm{d}\varphi\right)}\mathrm{d}s
$$

$$
\leqslant \frac{\beta+\alpha}{\rho}g(\varphi(1)\|u\|) +
$$

$$\max_{t\in[0,1]}\frac{f(\parallel u\parallel)}{\Phi((\varphi(1-\theta)-\varphi(\theta))\parallel u\parallel^{q}\theta^{q})}\int_{0}^{1}G(t,s)h(s)\mathrm{d}s$$

$$\leqslant\frac{\beta+\alpha}{\rho}\Big[\frac{\rho}{2\varphi(1)(\beta+\alpha)}\parallel u\parallel\varphi(1)\Big]+L\Big(\frac{\parallel u\parallel}{2L}\Big)$$

$$<d \tag{4.49}$$

最后,需要验证$\{u\in P(\sigma,a,b):\sigma(u)>a\}\neq\varnothing$,同时,对于所有的 $u\in P(\sigma,a,b)$,有

$$\sigma(Tu)>a \tag{4.50}$$

事实上,$u(t)=\dfrac{a+b}{2}\in\{u\in P(\sigma,a,b):\sigma(u)>a\}$,对于 $u\in P(\sigma,a,b)$ 以及所有的 $t\in[\theta,1-\theta]$,有如下的不等式

$$b\geqslant\parallel u\parallel\geqslant u\geqslant\min_{t\in[\theta,1-\theta]}u(t)\geqslant a \tag{4.51}$$

这样,可以借助条件(H1)、(H2)、(H3)以及条件(H12),继续推导出

$$\min_{t\in[0,1]}Tu(t)=\min_{t\in[0,1]}\frac{\beta+\alpha t}{\rho}g\Big(\int_{0}^{1}u(s)\mathrm{d}\varphi(s)\Big)+\min_{t\in[0,1]}\int_{0}^{1}G(t,s)\frac{h(s)f(u(s))}{\Phi\Big(\int_{0}^{1}\mid u\mid^{q}\mathrm{d}\varphi\Big)}\mathrm{d}s$$

$$\geqslant\min_{t\in[0,1]}\int_{0}^{1}G(t,s)\frac{h(s)f(u(s))}{\Phi\Big(\int_{0}^{1}\mid u\mid^{q}\mathrm{d}\varphi\Big)}\mathrm{d}s$$

$$\geqslant\frac{1}{\Phi(\varphi(1)b^{q})}\cdot\min_{t\in[0,1]}\int_{\theta}^{1-\theta}G(t,s)h(s)f(u(s))\mathrm{d}s$$

$$>\frac{1}{\Phi(\varphi(1)b^{q})}\cdot\frac{\Phi(\varphi(1)b^{q})\cdot a}{L}\cdot\min_{t\in[0,1]}\int_{\theta}^{1-\theta}G(t,s)h(s)\mathrm{d}s$$

$$=a \tag{4.52}$$

另外,对于每一个 $u\in P(\theta,a,c)$,满足 $\parallel Tu\parallel>b$,有如下的不等式关系成立

$$\min_{t\in[0,1]}(Tu)(t)\geqslant\theta\parallel Tu\parallel>\theta\cdot b\geqslant a \tag{4.53}$$

综上所述,引理(4.2)的所有条件都满足,借助于引理(4.2),算子 T 至少有 3 个不动点 $u_{i},i=1,2,3$,使得

$$\parallel u_{1}\parallel<d,\quad\min_{t\in[0,1]}u_{2}(t)>a,\quad\mid u_{3}\mid>d \tag{4.54}$$

至此,定理得证。

4.2.3　应用举例

1. 定理(4.1)的一个例子

令

$$q=2,h(t)=1,\quad\Phi(s)=2+s,\quad\varphi(t)=2t,$$

$$f(u) = \frac{\theta^2(1-2\theta)}{4L}(u^{1/3}+u^3), \quad g(s) = s^{1/2}$$

式(4.1)变成

$$\begin{cases} -\left(2+\int_0^1 |u(s)|^2 \mathrm{d}(2s)\right)u''(t) = \dfrac{\theta^2(1-2\theta)}{4L}(u^{1/3}+u^3), \quad 0<t<1 \\[2mm] \alpha u(0)-\beta u'(0)=0, \quad \gamma u(1)+\delta u'(1) = \left[\int_0^1 u(s)\mathrm{d}(2s)\right]^{1/2} \end{cases}$$

在这个例子中,条件(H1)、(H3)满足。

接着,还可以推导出

$$\liminf_{r\to 0^+}\frac{f(\theta r)}{r\Phi(r^q\varphi(1))} = \liminf_{r\to 0^+}\frac{\theta^2(1-2\theta)}{4L}((\theta r)^{1/3}+(\theta r)^3)/(r(2+2r^2)) = \infty$$

$$\limsup_{r\to\infty}\frac{g(r)}{r} = \limsup_{r\to\infty}\frac{r^{1/2}}{r} = 0$$

即知,条件(H6)也满足。

2. 定理(4.2)的一个例子

令

$$q=2, \quad h(t)=t, \quad \Phi(s)=2+s, \quad \varphi(t)=2t, \quad f(u)=\frac{2u^2}{l\cdot\theta^3}, \quad g(s)=s^2$$

代入式(4.1),可以确定系统有一个正解的存在。

3. 定理(4.3)的一个例子

令

$$q=2, \quad h(t)=t, \quad \Phi(s)=2+s, \quad \varphi(t)=2t,$$

$$f(u)=\frac{1+\theta^2}{L\cdot\theta^2}u^2, \quad g(s)=\frac{\rho s^2}{16(\beta+\alpha)(2+s)}$$

代入式(4.1),得到如下形式:

$$\begin{cases} -\left(2+\int_0^1 |u(s)|^2\mathrm{d}(2s)\right)u''(t) = 4\cdot\dfrac{\theta^2(1+\theta^2)}{L\theta^2}u^2, \quad 0<t<1 \\[4mm] \alpha u(0)-\beta u'(0)=0, \quad \gamma u(1)+\delta u'(1) = \dfrac{\rho\cdot\left(\int_0^1 u(s)\mathrm{d}(2s)\right)^2}{16\cdot(\beta+\alpha)\cdot\left(2+\int_0^1 u(s)\mathrm{d}(2s)\right)} \end{cases}$$

通过简单的计算之后,得到如下信息:

$$\limsup_{r\to\infty}\frac{f(r)}{r\Phi(r^2\theta^2(\varphi(1-\theta)-\varphi(\theta)))} = \limsup_{r\to\infty}\frac{4\cdot r^2\cdot(1+\theta^2)/(L\cdot\theta^2)}{r\cdot(2+2(1-2\theta)\theta^2 r^2)} = 0$$

$$\limsup_{r\to\infty}\frac{g(r)}{r} = \limsup_{r\to\infty}\frac{\rho\cdot r^2}{16\cdot r\cdot(2+r)\cdot(\beta+\alpha)}$$

$$= \frac{\rho}{16 \cdot (\beta + \alpha)} < \frac{\rho}{4 \cdot (\beta + \alpha)\varphi(1)}$$

$$\limsup_{r \to 0} \frac{f(r)}{r\Phi(r^2\theta^2(\varphi(1-\theta) - \varphi(\theta)))} = \limsup_{r \to 0} \frac{4 \cdot r^2 \cdot (1+\theta^2)/(L \cdot \theta^2)}{r \cdot (2 + 2(1-2\theta)\theta^2 r^2)} = 0$$

$$\limsup_{r \to 0} \frac{g(r)}{r} = \limsup_{r \to 0} \frac{\rho \cdot r^2}{16 \cdot r \cdot (2+r) \cdot (\beta + \alpha)} = 0$$

于是,就容易地看出定理中所需要的条件(H1)、(H2)、(H3)、(H10)以及(H11)都被满足。

特别地,取 $a = 1$,那么

$$f(a) = f(1) = \frac{4 \cdot (1+\theta^2)}{L \cdot \theta^2} > \frac{2 \cdot (1+\theta^2)}{L \cdot \theta^2} = \frac{\Phi((a/\theta)^q \cdot \varphi(1)) \cdot a}{L}$$

再结合条件(H1),推出条件(H12)也被满足。

4.3　二元翼段的稳定性分析

飞行器结构在运动过程中达到"颤振临界速度"附近时,会出现各种丰富的气动弹性现象,诸如单自由度扭转颤振、弯扭模态耦合颤振、小振幅极限环等。颤振分析的任务是寻找颤振发生的条件,即求出颤振临界速度。我们说气动弹性系统是非线性的,是指结构子系统的非线性、气动力子系统的非线性,或二者皆是非线性的。亚声速不可压流和超声速流场环境下,颤振计算通常考虑的是线性气动力与非线性结构相互耦合的情形。跨声速段颤振计算中的非线性气动力,除了直接的 CFD 计算手段之外,基于节省时间成本的考虑,借助气动力降阶技术是非常好的选择。对于离散型输入/输出差分模型建立的气动力系统而言,模型系数的确定是关键。为此,首先借助 CFD 方法训练信号,然后使用最小二乘法进行参数辨识,最终得到一种简单的降阶气动力表达形式。在气动弹性分析中,降阶气动力的形式建议采取状态空间方程的形式,即可运用特征值分析方法进行气动弹性系统的稳定性分析。二元翼段数学模型示意图如图 4.1 所示。

本节首先介绍跨声速区非定常降阶气动力的辨识技术,其核心思想是基于自有 CFD 程序和 Volterra 理论,通过 CFD 技术获取系统辨识所需数据,接着辨识出 Volterra 气动力的核函数。由于 Volterra 气动力模型的形式是卷积分形式的,因此,降阶气动力模型离散化之后形式上含有时滞项。针对具有时滞项的非线性气动力,提出一种全新的处理方式,一种基于泰勒展开式的线性化处理技术,可以高效地用于气动弹性系统的稳定性。

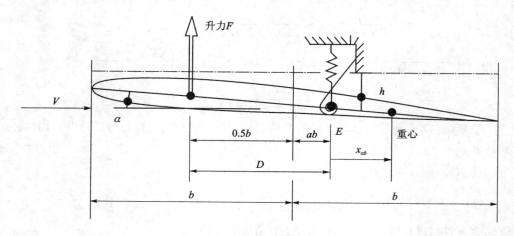

图 4.1 二元翼段数学模型示意图

4.3.1 二元翼型的结构运动方程

应用拉格朗日方程,机翼结构运动方程具有如下的矩阵形式

$$M\ddot{\xi} + C\dot{\xi} + K\xi = q \cdot f_a \tag{4.55}$$

式中,M,C,K 分别是广义质量、广义阻尼、广义刚度;q,f_a 分别是来流动压、广义气动力系数向量;ξ 是结构运动广义位移。

为了便于分析,结构运动方程可写成状态方程的形式

$$\dot{x} = F(x,t) = \begin{pmatrix} 0 & I \\ -M^{-1}K & -M^{-1}C \end{pmatrix} x + \begin{pmatrix} 0 \\ M^{-1} \end{pmatrix} Q(x,t) \tag{4.56}$$

式中,$x = (\xi_1, \xi_2, \cdots, \xi_n, \dot{\xi}_1, \dot{\xi}_2, \cdots, \dot{\xi}_n)^{\mathrm{T}}$;$Q$ 是 x,t 的函数。

对于二元机翼模型,忽略阻尼矩阵,图 4.1 中的二元机翼模型的运动方程形式为

$$\begin{cases} m\ddot{h} + S_a\ddot{\alpha} + K_h h = -L_a \\ S_a\ddot{h} + I_a\ddot{\alpha} + K_\alpha \alpha = M_a \end{cases} \tag{4.57}$$

式中,m,S_a,I_a 分别是质量、静扭矩和转动惯量;K_h 和 K_α 分别是线性弹簧和扭转弹簧的刚度;$\alpha(\alpha > 0$ 代表翼型抬头向上)和 $h(h > 0$ 代表向下的沉浮运动)分别是绕弹性轴的俯仰和沉浮位移;L_a 和 M_a 分别代表翼型受到的升力和力矩。

式(4.57)中 S_a、I_a、K_h 和 K_α 的含义,由如下定义给出:

$$\begin{cases} S_\alpha = mx_\alpha b \\ I_a = mr_\alpha^2 b^2 \\ K_h = m\omega_h^2 \\ K_\alpha = I_a\omega_\alpha^2 \end{cases} \tag{4.58}$$

在气动弹性分析中,常使用无量纲处理方式,这里采用无因次时间变量 $\tau = \omega_a t$。

于是,式(4.57)可改写成下面的形式:

$$M\xi'' + K\xi = Q \tag{4.59}$$

或

$$x' = \begin{bmatrix} 0 & I \\ -M^{-1}K & 0 \end{bmatrix} x + \begin{bmatrix} 0 \\ M^{-1} \end{bmatrix} Q \tag{4.60}$$

式中,撇运算符 $()'$ 代表求导运算 $\dfrac{\mathrm{d}}{\mathrm{d}\tau}()$;方程中的其他变量的定义分别是

$$\xi = \begin{pmatrix} \dfrac{h}{b} \\ \alpha \end{pmatrix} \tag{4.61}$$

$$x = \begin{pmatrix} \dfrac{h}{b} \\ \alpha \\ \left(\dfrac{h}{b}\right)' \\ \alpha' \end{pmatrix} \tag{4.62}$$

$$M = \begin{bmatrix} 1 & x_\alpha \\ x_\alpha & r_\alpha^2 \end{bmatrix} \tag{4.63}$$

$$K = \begin{bmatrix} \left(\dfrac{\omega_h}{\omega_\alpha}\right)^2 & 0 \\ 0 & r_\alpha^2 \end{bmatrix} \tag{4.64}$$

$$Q = \begin{bmatrix} -\dfrac{L_a}{mb\omega_\alpha^2} \\ \dfrac{M_a}{mb^2\omega_\alpha^2} \end{bmatrix} = \frac{1}{\pi k_c^2 \mu}\begin{bmatrix} -C_1 \\ 2C_{\mathrm{m}} \end{bmatrix} = \frac{V_f^{*2}}{\pi}\begin{bmatrix} -C_1 \\ 2C_{\mathrm{m}} \end{bmatrix} \tag{4.65}$$

式中,$L_a = \dfrac{1}{2}\rho V_\infty^2(2b \cdot 1)C_1$;$M_a = \dfrac{1}{2}\rho V_\infty^2(2b \cdot 1)(2b)C_{\mathrm{m}}$;$V_f^* = \dfrac{V_\infty}{\omega_a b\sqrt{\mu}}$;$\mu = \dfrac{m}{\pi\rho b^2}$;

$k_c = \dfrac{\omega_a b}{V_\infty}$;$C_1$ 和 C_{m} 分别是升力系数和力矩系数;b 是半弦长;$x_\alpha b$ 是质量中心和刚度中心之间的无量纲距离(重心在后,取正值);r_α 是对于刚心的回转半径;ω_h 和 ω_α 分别是沉浮和俯仰方向上的振动频率;μ、ρ、V_∞ 和 V_f^* 分别是质量比、密度、无穷远处自由来流速度和无量纲颤振速度。结构参数如表4.1所列。

表 4.1 结构参数表

参　数	值	参　数	值	参　数	值
x_a	0.25	ω_h	0.5	μ	125
r_a	0.5	ω_a	1	b	1 m

4.3.2　一种简单的跨声速气动力表达方式

跨声速气动力与亚声速、超声速气动力的区别在于：其流场控制方程是本质非线性的，其主要特征是激波现象的出现。非线性的程度一般取决于激波的强度、激波运动的位移、激波与结构边界层之间强烈的相互作用等因素。基于 Volterra 理论，跨声速气动力可通过 Volterra 级数进行表征，特别地，基于跨声速小扰动理论，线性化气动力模型具有如下的特征形式：

$$Q(t) = h_0 + \int_0^t h_1(t-\tau)u(\tau)\mathrm{d}\tau + \int_0^t \int_0^t h_2(t-\tau_1,t-\tau_2)u(\tau_1)u(\tau_2)\mathrm{d}\tau_1\mathrm{d}\tau_2 + \cdots =$$

$$h_0 + \sum_{i=p}^{k} h[k-i]u[i] \tag{4.66}$$

式中，h_0 是气动力稳态解，它是一个常数；h_1，h_2，… 代表非线性气动力系统的各阶核函数；h 被称作降阶核函数，即等效的线性核函数；k 为当前离散时间变量；$k-p+1$ 表示系统的记忆长度。

对于弱非线性系统来说，基于 CFD 技术，有一种快速辨识降阶核函数的方法，其计算公式如下：

$$h[k] = \begin{cases} s[0] & k=0 \\ s[k]-s[k-1] & k>0 \end{cases} \tag{4.67}$$

式中，$s[k]$ 是系统的阶跃响应；连续系统的时间 $t=k \cdot \Delta T$，ΔT 是采样时间。

图 4.2～图 4.5 是基于流场马赫数 0.755 环境下的俯仰运动方向的降阶核函数计算结果，以及 CFD 计算与卷积辨识结果的对比分析。其中，正弦运动的频率是 41.5 Hz，最大运动幅值 0.5°。图像显示，阶跃响应曲线快速衰减到零，可以选取 10～20 个时间步的核函数值作为辨识记忆长度，可以得到不错的近似。

同样，可以针对沉浮运动方向的升力和力矩做出 CFD 计算和卷积辨识结果的对比图。当然，首先要通过 CFD 程序获得沉浮方向的阶跃响应输出 $s[k]$。沉浮运动的幅值可取为 0.005 或 0.01，图像输出精度类似于图 4.4 和图 4.5。

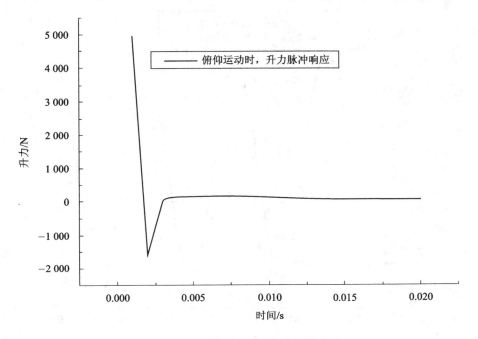

图 4.2　俯仰运动时,升力降阶核函数曲线图

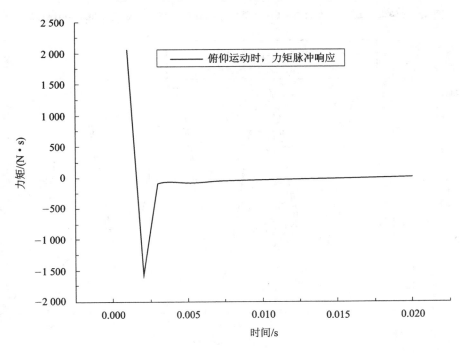

图 4.3　俯仰运动时,力矩降阶核函数曲线图

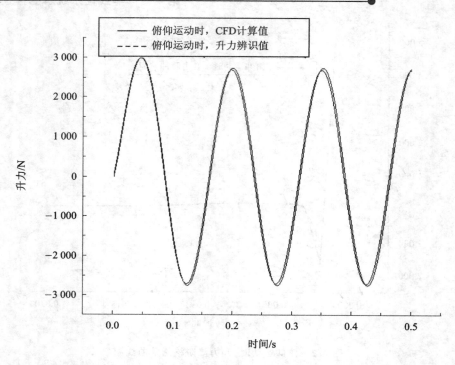

图 4.4　俯仰运动升力辨识与 CFD 计算结果的比较，基于正弦运动 $0.5\sin(41.5t)$

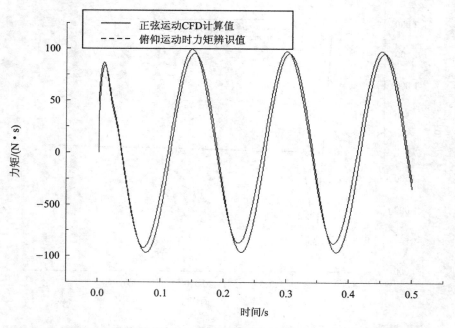

图 4.5　俯仰运动力矩辨识与 CFD 计算结果的比较，基于正弦运动 $0.5\sin(41.5t)$

4.3.3　跨声速时滞气动力的处理方法

由式(4.66)可知，跨声速气动力表达式中含有时滞项。假设系统是弱非线性的，这里不妨选取记忆长度数为 20，重新写作

$$Q(k) = h_0 + h[0] \cdot u[k] + h[1] \cdot u[k-1] + h[2] \cdot u[k-2] + \cdots + \\ h[20] \cdot u[k-20] \tag{4.68}$$

CFD 计算的时间步长选取 0.001 s，将式(4.68)中的时滞项依据泰勒展开式定理进行处理，具体操作如下：

$$u(k - i \cdot 0.001) = u(k) + u'(k) \cdot (-0.001) \cdot i + \frac{u''(k) \cdot (-0.001)^2 \cdot i^2}{2} + o(\cdot) \tag{4.69}$$

式中，$o(\cdot)$ 是关于 $[(-0.001) \cdot i]^2$ 的高阶无穷小量，求导运算可由差分形式的数值计算公式替代。

基于工程实践的考量，无穷小量可以忽略不计。至此，二元机翼运动方程中气动力部分的时滞项得以消除。

基于这样的认识，二元机翼的气动弹性的颤振方程式可以类似地进行处理，具体过程如下：

$$\begin{bmatrix} \xi \\ \xi' \end{bmatrix}' = \begin{bmatrix} 0 & I \\ -M^{-1}K & 0 \end{bmatrix} \begin{bmatrix} \xi \\ \xi' \end{bmatrix} + \frac{V_f^{*2}}{\pi} \begin{bmatrix} 0 \\ M^{-1} \end{bmatrix} \begin{bmatrix} -C_l \\ 2C_m \end{bmatrix} \tag{4.70}$$

对于任意的运动位移变量 $\xi = \begin{bmatrix} \dfrac{h}{b} & \alpha \end{bmatrix}^T$，升力系数 C_l 及力矩系数 C_m 可替换成下面的形式

$$\begin{bmatrix} -C_l \\ 2C_m \end{bmatrix} = \begin{bmatrix} h_{11}^{(1)} & h_{12}^{(1)} & h_{13}^{(1)} & h_{14}^{(1)} \\ h_{21}^{(1)} & h_{22}^{(1)} & h_{23}^{(1)} & h_{24}^{(1)} \end{bmatrix} \begin{bmatrix} \xi(k) \\ \dot{\xi}(k) \end{bmatrix} + \begin{bmatrix} h_{11}^{(2)} & h_{12}^{(2)} & h_{13}^{(2)} & h_{14}^{(2)} \\ h_{21}^{(2)} & h_{22}^{(2)} & h_{23}^{(2)} & h_{24}^{(2)} \end{bmatrix} \begin{bmatrix} \xi(k-\tau_1) \\ \dot{\xi}(k-\tau_1) \end{bmatrix} + \cdots \tag{4.71}$$

基于式(4.69)，消除时滞项后，得到如下的标准形式：

$$\begin{bmatrix} -C_l \\ 2C_m \end{bmatrix} = \begin{bmatrix} h_{11}^* & h_{12}^* & h_{13}^* & h_{14}^* \\ h_{21}^* & h_{22}^* & h_{23}^* & h_{24}^* \end{bmatrix} \begin{bmatrix} \xi(k) \\ \dot{\xi}(k) \end{bmatrix} = \begin{bmatrix} h_{11}^* & h_{12}^* & h_{13}^* & h_{14}^* \\ h_{21}^* & h_{22}^* & h_{23}^* & h_{24}^* \end{bmatrix} \begin{bmatrix} \xi(k) \\ \omega_a \xi'(k) \end{bmatrix} \tag{4.72}$$

综合以上分析，得到如下的联立方程式：

$$
\begin{cases}
\begin{bmatrix} \xi \\ \xi' \end{bmatrix}' = \begin{bmatrix} 0 & I \\ -M^{-1}K & -M^{-1}C \end{bmatrix} \begin{bmatrix} \xi \\ \xi' \end{bmatrix} + \frac{V^{*2}}{\pi} \begin{bmatrix} 0 \\ M^{-1} \end{bmatrix} \begin{bmatrix} -C_1 \\ 2C_m \end{bmatrix} \\[4mm]
\begin{bmatrix} -C_1 \\ 2C_m \end{bmatrix} = \begin{bmatrix} h_{11}^* & h_{12}^* & h_{13}^* & h_{14}^* \\ h_{21}^* & h_{22}^* & h_{23}^* & h_{24}^* \end{bmatrix} \cdot \begin{bmatrix} \xi(t) \\ \omega_\alpha \xi'(t) \end{bmatrix}
\end{cases}
\tag{4.73}
$$

小　结

跨声速二元机翼气动弹性颤振方程中包含着非线性气动力项,Volterra 级数形式的气动力表达式中具有时滞项,不利于定性分析。为此提出了一种全新的解决思路:① 降阶气动力模型中的核函数通过线性化处理,再经过阶跃响应法进行辨识;② 时滞项的处理,可以基于泰勒展开式定理进行处理。于是,经典的分岔理论可以突破传统的亚声速或超声速流场的限制,也可以针对跨声速流场环境下的气动弹性系统给予理论上的定性分析。

值得注意的是,跨声速流场中的气动力非线性程度越弱,线性化辨识策略越成功。反之,线性核函数的辨识工作必须拓展到非线性高阶核函数辨识范围。气动力辨识中外激励的振幅必须格外小心,过大则可能激起系统的强非线性效应,过小则淹没了本该出现的非线性效应。

第 5 章

基于 Volterra 理论的核函数解析表达式

5.1 Volterra 理论

Volterra 级数的概念最早出自意大利数学家伏特拉 1880 年出版的《泛函理论》一书，Volterra 理论于 1930 年得到了发展，线性卷积分方法被推广到基于泛函理论的无限级数表示形式。因此，该理论突破了传统的线性理论，能够处理非线性系统问题。如果 F 是一个连续泛函系统，具备时不变特性且满足衰减记忆条件，根据 Fréchet 理论，该系统可以被一个有限阶的 Volterra 级数一致地、任意程度地逼近。Volterra 级数表达式中的输入函数只需满足等度连续、一致有界条件（见《泛函分析》等教材）。物理现实中，这样的条件通常是自然满足的。Volterra 级数特别适合于具有因果性、时不变的弱非线性系统的建模。虽然基于时变的系统也有对应的 Volterra 级数表达的形式，然而，时变系统的时间相关性使得核函数的辨识规模非常巨大。特别地，线性时变系统核参数的辨识规模并不小。

定义（5.1） 我们说系统是因果的，若系统 t_0 时刻的输出只取决于当前或之前时刻的输入，则与之后时刻的输入无关。

一般地，设 $t_0 = 0$，若系统的输入信号 u 满足

$$\begin{cases} u(t) = 0, & t < 0 \\ u(t) \neq 0, & t > 0 \end{cases} \tag{5.1}$$

则称信号 u 是因果的。

定义（5.2） 我们说系统是时不变的，若输入信号 $u(\tau)$ 产生输出 $y(t)$，则对于任意时间延迟的输入信号 $u(\tau+s)$ 必将得到相同时间延迟的输出 $y(t+s)$。

定义（5.3） 我们说信号 $\delta(k)$ 是离散的脉冲信号，指的是：

$$\delta(k) = \begin{cases} 1 & k = 0 \\ 0 & k \neq 0 \end{cases} \tag{5.2}$$

式中，k 是离散时间整数变量。

对于连续型的脉冲输入信号，其脉冲强度是一个面积。离散型的脉冲输入信号则体现在某一时刻瞬间的幅值，相当于连续型脉冲信号的积分效应。

定义(5.4) 我们说 $\| \cdot \|$ 为线性空间 X（数域 K 上的）的一个范数，若映射 $\| \cdot \| : X \to R$ 则满足下列条件：

① 正定性：

$$\| x \| \geqslant 0, \quad \forall x \in X \tag{5.3}$$

等号情况为当且仅当 $x = \theta$ 时成立。

② 正齐次性：

$$\| \alpha x \| = | \alpha | \cdot \| x \|, \quad \forall x \in X, \quad \alpha \in K \tag{5.4}$$

③ 三角不等式：

$$\| x + y \| \leqslant \| x \| + \| y \|, \quad \forall x, y \in X \tag{5.5}$$

线性空间 X 和它的一个范数 $\| \cdot \|$ 一起，称为赋范线性空间，记为 $(X, \| \cdot \|)$。在不至于混淆的时候，仍旧简记为 X。完备的赋范空间称为 Banach 空间。完备性的定义请参考线性系统等相关教材和文献。

定义(5.5) 我们说输入信号 $u(t)$ 是能量有限的，是指它的二范数有界

$$\| u(t) \|_2 = \left[\int_{-\infty}^{0} u(t)^2 \, \mathrm{d}t \right]^{1/2} < \infty \tag{5.6}$$

定义(5.6) 我们说 F 是一个数域 K 上的线性空间 X 到线性空间 Y 的线性算子，若 $F : X \to Y$ 是映射，则满足如下的条件：

$$F(\alpha x + \beta y) = \alpha \cdot F(x) + \beta \cdot F(y), \quad \forall x, y \in X, \quad \alpha, \beta \in K \tag{5.7}$$

线性算子记为：$F \in L(X, Y)$，其中 $L(X, Y)$ 表示满足式(5.7)的所有线性算子做成的集合。不满足式(5.7)的算子 F，称为非线性算子。特别地，若线性空间 $Y = R$（R 实数域）或 $Y = C$（C 复数域），则称为泛函算子。

当我们讨论非线性时不变、因果的连续系统时，Volterra 级数的表达形式如下：

$$y(t) = h_0 + \int_0^\infty h_1(t - \tau) u(\tau) \mathrm{d}\tau + \int_0^\infty \int_0^\infty h_2(t - \tau_1, t - \tau_2) u(\tau_1) u(\tau_2) \mathrm{d}\tau_1 \mathrm{d}\tau_2 + \cdots +$$

$$\int_0^\infty \cdots \int_0^\infty h_n(t - \tau_1, \cdots, t - \tau_n) u(\tau_1) \cdots u(\tau_n) \mathrm{d}\tau_1 \cdots \mathrm{d}\tau_n + \cdots \tag{5.8a}$$

为了便于计算机程序的使用，给出相应的离散型 Volterra 级数的表达形式如下：

$$y[k] = h_0 + \sum_{i=0}^\infty h_1[k - i] u[i] + \sum_{j=0}^\infty \sum_{i=0}^\infty h_2[k - i, k - j] u[i] u[j] + \cdots \tag{5.8b}$$

式中,h_0 是系统的初始状态值,是一个常数;$h_1(t)$ 代表系统零时刻单位脉冲输入信号的响应,又称为非线性系统的一阶 Volterra 核函数;$u(t)$ 代表系统的输入函数,即时间函数曲线。

离散 Volterra 级数的采样周期记作 T,t 时刻的系统响应值对应于 kT 时刻的函数值。通常为了书写的简捷性,不失一般性地假设 $T=1$。高阶核函数 $h_n(t-t_1,\cdots,t-t_n)$,$n=1,2,3\cdots$ 的出现,意味着系统呈现非线性的特征,它们分别代表着多个单位脉冲输入乘积作用下的系统响应。对于仅含二阶核函数的系统,$h_2(t-t_1,t-t_2)$,$t\geqslant t_2>t_1$ 代表 t_1,t_2 时刻分别作用一次单位脉冲信号之后的系统响应。若有 $t_2=t_1$,则认为系统在该时刻作用了一次脉冲信号,幅值为单位脉冲信号的 2 倍。

值得说明的是:离散形式的 Volterra 级数并不是对积分形式的 Volterra 级数的近似,而是一种等效表达。离散形式的 Volterra 级数,样本点的数目根据需要选择,采样间隔不需要相等,但需要足够小。习惯上,离散型 Volterra 级数的核函数仍然使用字母 $h[\cdot]$ 的形式来表达,它不等于连续情况下的 $h(\cdot)$。

如果一个非线性系统是因果的、时不变的,那么系统的输入/输出关系就可以通过一个非线性算子 F 的形式进行表达:

$$y(0) = F\left[u(t)\Big|_{-\infty}^{0}\right] \tag{5.9}$$

式中,$u(t)$ 是系统的外激励输入信号,其作用时间域为 $(-\infty,0]$;$y(0)$ 是系统零时刻的输出观测值。这里要求输入信号是能量有限的,同时,非线性算子 F 是连续的。

在实际的工程问题中,输入信号的发生往往被假定从零时刻开始。为了推导出符合工程实践的 Volterra 级数的公式表达,需要引入如下的引理。

引理(5.1) 输入函数 $u(t)$ 可以在 $L_2(R^-)$ 空间中被一组标准正交基底函数线性表出,而且这种表达形式还是唯一的

$$u(t) = \sum_{n=1}^{\infty} a_n O_n(t) \tag{5.10}$$

式中,系数(对应于此正交基底函数的傅里叶系数)满足

$$a_n = \int_{-\infty}^{0} u(t)O_n(t)\mathrm{d}t, \quad n = 1,2,\cdots \tag{5.11}$$

引理(5.2) 假如关于一组标准正交基 $\{O_n(t),n\in N\}$ 的傅里叶系数满足条件:$\lim\limits_{n\to\infty} a_n=0$,那么对于任意的 $\varepsilon>0$,一定存在某个正整数 N,使得

$$\left| F[u(t)] - F\left[\sum_{n=1}^{N} a_n O_n(t)\right] \right| < \varepsilon \tag{5.12}$$

定义非线性泛函 $\qquad\qquad F_N:R^N\to R$

规定 $\qquad\qquad F_N(a_1,a_2,\cdots,a_N)=F\left[\sum_{n=1}^{N} a_n O_n(t)\right]$

特别地,当 $t=0$ 时,根据式(5.9),有:

$$y(0) = F(u(t)) = F\Big[\sum_{n=1}^{\infty} a_n O_n(t)\Big] = \lim_{N\to\infty} F_N(a_1, a_2, \cdots, a_N) \quad (5.13)$$

引理(5.3) 假如输入信号 $u(s)$ 的作用域为 $(-\infty, \bar{t})$, $\bar{t} < 0$, 则关于一组标准正交基 $\{O_n(t), n\in N\}$ 的傅里叶系数可以表达如下:

$$a_n = \int_0^{\infty} u(\bar{t}-\tau) O_n(-\tau)d\tau, \quad n = 1, 2, \cdots \quad (5.14)$$

证明:令 $t = s - \bar{t}$, $t \in (-\infty, 0)$, 考虑式(5.10)有:

$$u(s) = u(t+\bar{t}) = \sum_{n=1}^{\infty} a_n O_n(t) \quad (5.15)$$

于是,再由式(5.11)得

$$a_n = \int_{-\infty}^{0} u(t+\bar{t}) O_n(t)dt, \quad n = 1, 2, \cdots \quad (5.16)$$

最后,令 $t = -\tau$, 得到结论式(5.14)。定理证明完毕。

于是,我们得到了如下定理:

定理(5.1) 任何一个连续泛函所决定的非线性动态系统都可以分解表示成一个线性动态系统与一个非线性即时系统的复合。

定理(5.2) 任何一个连续泛函所决定的非线性时不变的动态系统都可以表述成 Volterra 级数的形式。

证明:假设系统输入信号 $u(s)$ 的作用域为 (t_1, t_2), $0 \leqslant t_1 \leqslant t_2$, 令 $t = s - t_2$。由式(5.10)知:

$$u(s-t_2) = u(t)\sum_{n=1}^{\infty} a_n O_n(t) \quad (5.17)$$

再由式(5.11)知:

$$a_n = \int_{t_1-t_2}^{0} u(t) O_n(t)dt \quad n = 1, 2, \cdots \quad (5.18)$$

由定理(5.1),得到

$$y(0) = F(u(t)) = F\Big[\sum_{n=1}^{\infty} a_n O_n(t)\Big] = \lim_{N\to\infty} F_N[a_1, a_2, \cdots, a_N] \quad (5.19)$$

将此泛函关于傅里叶系数 $\{a_n\}$ 进行泰勒展开,得

$$\begin{aligned}
F_N[a_1, a_2, \cdots, a_N] &= \alpha + (\beta_1 a_1 + \cdots + \beta_N a_N) + (\gamma_{11} a_1^2 + \gamma_{12} a_1 a_2 \cdots + \gamma_{NN} a_N^2) + \cdots \\
&= \alpha + \beta_1 \int_0^{t_2-t_1} u(-t) O_1(-t)dt + \cdots + \beta_N \int_0^{t_2-t_1} u(-t) O_N(-t)dt + \cdots \\
&= \alpha + \int_0^{t_2-t_1} u(-t)[\beta_1 O_1(-t) + \cdots + \beta_N O_N(-t)]dt + \cdots \\
&= \alpha + \int_0^{t_2-t_1} u(-\tau)h(\tau)d\tau + \cdots
\end{aligned} \quad (5.20)$$

式中,常数 α 称为零阶核函数,第一个积分项内输入函数后面的乘积部分称为一阶核函数,其余的类推依次称为二阶、三阶等高阶核函数。

最后,根据时不变系统的定义,输入信号替换成 $u(t-\tau)$,输出由 $y(0)$ 变成 $y(t)$,于是得到

$$y(t_2) = \alpha + \int_0^{t_2-t_1} u(t_2 - \tau)h(\tau)\mathrm{d}\tau + \cdots \tag{5.21}$$

或者,

$$y(t_2) = \alpha + \int_{t_1}^{t_2} u(\tau)h(t_2 - \tau)\mathrm{d}\tau + \cdots \tag{5.22}$$

证毕。

综上,经典的 Volterra 理论中,输入信号的时间作用域是 $(-\infty, 0)$,而真实的物理系统显然不是这样的。我们提出的定理(5.2)将纯理论的 Volterra 卷积分上下限(数值),变换到工程实践中可实现的卷积分形式,为今后的直接使用奠定了理论基础。

5.2 低阶 Volterra 模型核函数的解析表达式

物理上的信号从数学的角度看,就是一条自变量为实数的空间曲线。通常,信号可以是连续的,也可以是不连续的。常见的信号 $u(t)$ 一般满足平方可积(离散情况下满足平方可和)的数学性质,在物理上看,相当于能量有限的信号,见定义(5.5)。Volterra 级数展开式成立的理论依据是威尔斯特拉斯定理。理论上,函数的展开式成立的区间必须是一个紧集(有限维时间轴上的任意闭区间)。从数学的角度上看,如果要推广到任意开区间范围内成立,必须额外增设条件。一个合理的假设:系统具有衰减记忆性。这个条件并不苛刻,现实物理中满足这个条件的系统比比皆是。

本节考察二阶 Volterra 低阶模型及其核函数辨识问题,例如现实中很多弱非线性系统的建模问题,通常仅需考虑其一阶或一、二阶核函数的辨识,称为"截断形式的二阶 Volterra 级数模型",简称 2 - ROM。

一般形式的 Volterra 模型,连续型和离散型的标准形式如下:

$$y(t) = h_0 + \int_o^\infty h_1(t-\tau)u(\tau)\mathrm{d}\tau + \int_0^\infty \int_0^\infty h_2(t-\tau_1, t-\tau_2)u(\tau_1)u(\tau_2)\mathrm{d}\tau_1\mathrm{d}\tau_2$$

$$\tag{5.23a}$$

$$y[k] = h_0 + \sum_{i=1}^k h_1[k-i+1]u[i] + \sum_{j=1}^k \sum_{i=1}^k h_2[k-i+1, k-j+1]u[i]u[j]$$

$$\tag{5.23b}$$

引入记号：

$$\begin{cases} y_{01}(s_1,t) = h_1(t-s_1) + h_2(t-s_1,t-s_1) \\ y_{02}(s_1,t) = 2h_1(t-s_1) + 4h_2(t-s_1,t-s_1) \end{cases} \tag{5.24}$$

式中，y_{01} 是非线性系统对 s_1 时刻单位脉冲输入信号的响应输出；y_{02} 是该系统在 s_1 时刻受到幅值双倍的脉冲输入信号时的响应输出。

这样，我们立即得到了一阶核函数的表达形式：

$$h_1(t-s_1) = 2y_{01}(s_1,t) - (1/2)y_{02}(s_1,t) \tag{5.25}$$

再引入记号：

$$y_{11}(s_1,s_2,t) = h_1(t-s_1) + h_1(t-s_2) + h_2(t-s_1,t-s_1) + \\ h_2(t-s_2,t-s_2) + 2h_2(t-s_1,t-s_1) \tag{5.26}$$

式中，y_{11} 是非线性系统在 s_1，s_2 时刻分别接收到单位脉冲输入信号后的响应输出。

如果所研究的非线性系统具有时不变的特性，那么一旦得到了 $h_1(t)$ 系统响应曲线（离散情况下为采样值），式（5.23）中的 $h_1(t-s_1)$、$h_1(t-s_2)$ 也就可以通过坐标平移的方法得到，不需要额外辨识。同样，如果得到了 $h_2(0,t)$ 的函数值或离散采样值，那么式（5.23a）中的 $h_2(t-s_1,t-s_2)$ 也就可以确定下来。

于是，就得到了二阶核函数的表达形式：

$$h_2(t-s_1,t-s_2) = (1/2)\{y_{11}(s_1,s_2,t) - y_{01}(s_1,t) - y_{01}(s_2,t)\} \tag{5.27a}$$

如果，令 $s_1=0$，$s_2=T$，则立即得到美国的 Silva 博士 1997 年论文中的结果：

$$h_2(t,t-T) = (1/2)\{y_{11}(t-T,t) - y_{01}(t) - y_{01}(t-T)\} \tag{5.27b}$$

5.3 算例分析：Riccati 方程

考察如下由 Riccati 方程表征的简单电路系统：

$$\frac{di(t)}{dt} + i(t) + 0.0001 \cdot i(t)^2 = v(t) \tag{5.28}$$

式中，$i(t)$ 是电路中的电流；$v(t)$ 是可以调节的外部输入电压。

将电路系统式（5.28）看作是"黑箱"，利用截断的二阶 Volterra 级数模型重新表征。我们说，通过改变系统的电压信号（系统的输入），测量电路中的电流值（系统的输出），就可以辨识出该模型的一阶、二阶核函数。通常选择脉冲信号或阶跃信号作为系统的输入，有助于简化系统辨识的过程，提升辨识效率。

辨识一阶核函数的过程描述如下。

首先，在零时刻输入一个脉冲电压信号。离散情况下，脉冲信号常采用方波信号来近似，作用间隔这里采用 0.01 s。通过测量系统的输出，这里指求解式（5.28），得到电流数据：

$$y_{01}(0,t) = i(t) = 10\,000 \cdot \frac{i_0 \cdot \exp(-t)}{1 + i_0 - i_0 \cdot \exp(-t)}, \quad t > 0, \quad i_0 = 0.01/10\,000$$

$$(5.29)$$

其次,在零时刻输入一个幅值为双倍的单位脉冲电压信号。

同样的方式,即可求解式(5.28),获得对应的电流(输出)数据:

$$y_{02}(0,t) = i(t) = 10\,000 \cdot \frac{i_0 \cdot \exp(-t)}{1 + i_0 - i_0 \cdot \exp(-t)}, \quad t > 0, \quad i_0 = 0.02/10\,000$$

$$(5.30)$$

根据式(5.25),得到

$$h_1(t) = 2y_{01}(0,t) - (1/2)y_{02}(0,t) \tag{5.31}$$

根据式(5.31),绘制出系统的一阶核函数关于时间的曲线历程(见图5.1),其中,横轴选取 10 s,即 1 000 个时间步长,纵轴为电流输出值。

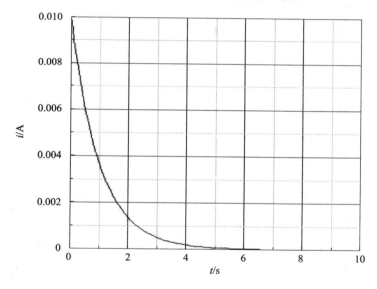

图 5.1 非线性系统的一阶核函数随时间的变化曲线图

辨识系统的二阶核函数的过程描述如下。

对于时不变系统,系统的响应是两次脉冲信号作用时间差值和当前时间 t 的二元函数。不妨假设第一次作用于系统的脉冲输入信号在零时刻,第二次作用于系统的脉冲输入信号在第 3 个时间步长处。

在第二次脉冲信号作用处,对系统按照新的初值问题求解,得到下面的表达式:

$$y_{11}(0,3,t) = i(t) = 10\,000 \frac{i_0 \cdot e^{3-t}}{1 + i_0 - i_0 \cdot e^{3-t}},$$

$$t > 0, \quad i_0 = [0.01 + y_{01}(0,3)]/10\,000 \tag{5.32a}$$

式中，$y_{01}(0,3)$ 的值根据式(5.29)式进行计算；i_0 是第二次脉冲信号结束时的系统输出。

至此，对应于式(5.29)、式(5.30)和式(5.32)的 $y_{01}(t)$，$y_{02}(t)$，$y_{11}(t-T,t)$ 全部得到，将它们代入式(5.25)和式(5.27)，就得到了系统的一、二阶核函数的解析形式解

$$h_1(t) = 100 \cdot \begin{cases} \dfrac{0.02 \cdot e^{-t}}{1+0.01 \cdot \varepsilon - 0.01 \cdot \varepsilon \cdot e^{-t}} - \dfrac{0.01 \cdot e^{-t}}{1+0.02 \cdot \varepsilon - 0.02 \cdot \varepsilon \cdot e^{-t}}, & \varepsilon \neq 0 \\ 0.01 \cdot e^{-t}, & \varepsilon = 0 \end{cases}$$

(5.32b)

$$h_2(t, t-3) = (1/2)\{y_{11}(0,3,t) - y_{01}(0,t) - y_{01}(3,t)\}$$

$$= 0.5\left\{ \frac{10\,000 \cdot (0.01 + y_{01}(0,3)) \cdot e^{3-t}}{10\,000 + 0.01 + y_{01}(0,3) - 0.01 \cdot e^{3-t} - y_{01}(0,3) \cdot e^{3-t}} - y_{01}(0,t) - y_{01}(3,t)\right\}$$

$$= 0.5\left\{ \frac{100 + 10\,000 \cdot e^{3-t} \cdot y_{01}(0,3)}{10\,000.01 - 0.01 \cdot e^{3-t} + (1 - e^{3-t}) \cdot y_{01}(0,3)} - y_{01}(0,t) - y_{01}(3,t)\right\}$$

(5.32c)

式中，

$$y_{01}(0,3) = \frac{100 \cdot e^{-3}}{10\,000.01 - 0.01 \cdot e^{-3}}$$

(5.32d)

$$y_{01}(3,t) = \frac{100 \cdot e^{3-t}}{10\,000.01 - 0.01 \cdot e^{3-t}}, \quad t > 3$$

(5.32e)

二阶核函数随时间的变化历程由图 5.2 给出，将它与图 5.1 进行对比发现：二阶核函数幅值的量级相比一阶核函数幅值的量级微小到可以忽略，因此，可以认为系统的主导因素主要来自一阶核函数。通常，这样的弱非线性系统近似地认为与线性系统相一致。

通过对一阶核函数的表达式进行深入分析，发现非线性系统的核函数与两种因素有关：① 非线性参数；② 外界脉冲激励的幅值。随着非线性参数 ε 的增大，核函数的幅值有降低的趋势。图 5.3 给出了单位脉冲信号激励时，不同参数值对应的一阶辨识核函数的图像。

特别值得关注的是：外激励信号的幅值也参与到核函数的表达，而同样的算例美国的 Silva 采用数值解的形式，未能发现非线性系统 Volterra 截断模型核函数与信号激励幅值之间的相互关系。该结论说明，低阶模型中的核函数对于输入信号的幅值是敏感的，原因归结为截断形式的 Volterra 级数模型与真实模型的差异性。

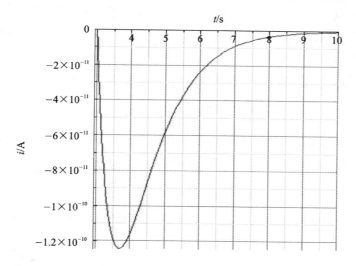

图 5.2　非线性系统的二阶核函数 $h_2(t,t-3)$ 随时间的变化曲线图 $(t>3)$

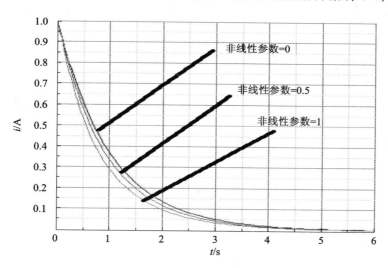

图 5.3　不同的非线性参数与辨识出的一阶核函数之间的对应关系

5.4　三阶 **Volterra** 模型核函数的解析表达式

　　高阶核函数的辨识,辨识规模极其困难,这是因为 Volterra 级数表达式中将会出现三重卷积分形式,意味着离散化后待辨识参数的数目非常之巨大。过去乃至现在,人们通常只愿意使用 Volterra 低阶模型来表征机翼微小迎角状态、非分离空气流动情况下所产生的非定常、弱非线性空气动力特性。尽管如此,降阶模型的阶次越高,越能更加真实地表征非线性的特征。若非线性系统的数学模型采用微分方程(组)的形式,且具有解析解(或数值解)的情况下,则从理论上看,辨识出前三阶核函数的表达式,仍然可行。

考虑带非线性参数的非线性电路系统,其微分方程具有如下的形式:

$$\frac{\mathrm{d}i(t)}{\mathrm{d}t} + i(t) + \varepsilon \cdot i(t)^2 = v(t) \tag{5.33}$$

式中,v, i, ε 分别是输入函数(电压)、输出函数(电流)和非线性参数变量。

截断形式的三阶 Volterra 级数的积分形式(离散形式的 Volterra 核函数)表达式如下:

$$y(t) = h_0 \int_0^\infty h_1(t-\tau)u(\tau)\mathrm{d}\tau + \int_0^\infty \int_0^\infty h_2(t-\tau_1, t-\tau_2)u(\tau_1)u(\tau_2)\mathrm{d}\tau_1\mathrm{d}\tau_2 +$$

$$\int_0^\infty \int_0^\infty \int_0^\infty h_3(t-\tau_1, t-\tau_2, t-\tau_3)u(\tau_1)u(\tau_2)u(\tau_3)\mathrm{d}\tau_1\mathrm{d}\tau_2\mathrm{d}\tau_3 \tag{5.34}$$

$$y[m] = h_0 + \sum_{i=N}^m h_1[m-i]u[i] + \sum_{j=N}^m \sum_{i=N}^m h_2[m-i, m-j]u[i]u[j] +$$

$$\sum_{i=N}^m \sum_{j=N}^m \sum_{k=N}^m h_3[m-i, m-j, m-k]u[i]u[j]u[k] \tag{5.35}$$

式中,N 是离散采样系统的衰减记忆长度。

首先,给定一个发生在零时刻的幅值为 x_0 的脉冲激励,测量其输出为

$$y(t, 0, x_0) = \frac{x_0}{(1+x_0 \cdot \varepsilon)\mathrm{e}^t - x_0 \cdot \varepsilon}, \quad t > 0 \tag{5.36}$$

此时,根据式(5.34),又有

$$y(t) = h_0 + h_1(t) \cdot x_0 + h_2(t, t) \cdot x_0^2 + h_3(t, t, t) \cdot x_0^3 \tag{5.37}$$

其次,选定两个时刻 $t_1 = 0, t_2$,分别作用一个幅值为 x_0 的脉冲激励,测量其输出为

$$y(t, 0, t_2, x_0) = \frac{nx_0}{(1+nx_0 \cdot \varepsilon)\mathrm{e}^{t-t_2} - nx_0 \cdot \varepsilon}, \quad t > t_2 \tag{5.38}$$

式中,记号 $nx_0 = x_0 + y(t_2, 0, x_0)$。

此时,根据式(5.34),又有

$$y(t) = h_0 + h_1(t) \cdot x_0 + h_1(t-t_2) \cdot x_0 + h_2(t, t) \cdot x_0^2 + h_2(t-t_2, t-t_2) \cdot x_0^2 +$$

$$2 \cdot h_2(t, t-t_2) \cdot x_0^2 + h_3(t, t, t) \cdot x_0^3 + h_3(t-t_2, t-t_2, t-t_2) \cdot x_0^3 +$$

$$3 \cdot h_3(t, t-t_2, t-t_2) \cdot x_0^3 + 3 \cdot h_3(t, t, t-t_2) \cdot x_0^3 \tag{5.39}$$

接着,选定三个时刻 $t_1 = 0, t_2, t_3$,分别施加同样振幅的脉冲外激励,测量其输出为

$$y(t,0,t_2,t_3,x_0) = \frac{\ln x_0}{(1+\ln x_0 \cdot \varepsilon)e^{t-t_3} - \ln x_0 \cdot \varepsilon}, \quad t > t_3 \qquad (5.40)$$

式中,记号 $\ln x_0 = x_0 + y(t_3,0,t_2,x_0)$。

此时,根据式(5.34),又有

$$y(t) = h_0 + h_1(t) \cdot x_0 + h_1(t-t_2) \cdot x_0 + h_1(t-t_3) \cdot x_0 +$$
$$h_2(t,t) \cdot x_0^2 + h_2(t-t_2,t-t_2) \cdot x_0^2 + h_2(t-t_3,t-t_3) \cdot x_0^2 +$$
$$2 \cdot h_2(t,t-t_2) \cdot x_0^2 + 2 \cdot h_2(t,t-t_3) \cdot x_0^2 + 2 \cdot h_2(t-t_2,t-t_3) \cdot x_0^2 +$$
$$h_3(t,t,t) \cdot x_0^3 + h_3(t-t_2,t-t_2,t-t_2) \cdot x_0^2 + h_3(t-t_3,t-t_3,t-t_3) \cdot x_0^3 +$$
$$3 \cdot h_3(t,t,t-t_2) \cdot x_0^3 + 3 \cdot h_3(t,t,t-t_3) \cdot x_0^3 +$$
$$3 \cdot h_3(t,t-t_2,t-t_2) \cdot x_0^3 + 3 \cdot h_3(t_3,t-t_2,t-t_2) \cdot x_0^3 +$$
$$3 \cdot h_3(t,t-t_3,t-t_3) \cdot x_0^3 + 3 \cdot h_3(t_2,t-t_3,t-t_3) \cdot x_0^3 +$$
$$6 \cdot h_3(t,t-t_2,t-t_3) \cdot x_0^3 \qquad (5.41)$$

现在,可以根据式(5.36)～式(5.41),给出计算核函数的表达式:

$$h_1(t,0) = -2 \cdot y(t,0,x_0) + \frac{y(t,0,2 \cdot x_0)}{6} + \frac{16 \cdot y(t,0,0.5 \cdot x_0)}{3}$$
$$(5.42)$$

式中,h_1 中的最后一个参数表示脉冲信号的发生时刻,同样 y 函数中的第 2 个参数是单个脉冲发生时刻,第 3 个参数是脉冲函数的幅值。

$$h_2(t,t,0) = 5 \cdot y(t,0,x_0) - \frac{y(t,0,2 \cdot x_0)}{2} - 8 \cdot y(t,0,0.5 \cdot x_0) \quad (5.43)$$

$$h_3(t,t,t,0) = -2 \cdot y(t,0,x_0) + \frac{y(t,0,2 \cdot x_0)}{3} + \frac{8 \cdot y(t,0,0.5 \cdot x_0)}{3}$$
$$(5.44)$$

$$h_2(t-0,t-t_2,0,t_2) = f_1 - \frac{g_1}{2} + \frac{g_3}{8} - f_3 \qquad (5.45)$$

式中,h_2 中的后两个参数分别代表两次脉冲函数发生的时刻;f_1,f_3,g_1,g_3 由下面的式子给出

$$f_1 = y(t,0,t_2,x_0) \qquad (5.46)$$

$$g_1 = y(t,0,t_2,2 \cdot x_0) \qquad (5.47)$$

$$f_3 = [h_1(t,0) + h_1(t-t_2,0)] \cdot x_0 + [h_2(t,t,0) + h_2(t-t_2,t-t_2,0)] \cdot x_0^2 +$$
$$[h_3(t,t,t,0) + h_3(t-t_2,t-t_2,t-t_2,0)] \cdot x_0^3 \qquad (5.48)$$

$$g_3 = [h_1(t,0) + h_1(t-t_2,0)] \cdot 2x_0 + [h_2(t,t,0) + h_2(t-t_2,t-t_2,0)] \cdot 4x_0^2 +$$
$$[h_3(t,t,t,0) + h_3(t-t_2,t-t_2,t-t_2,0)] \cdot 8x_0^3 \qquad (5.49)$$

令

$$yz(t,0,t_2,x_0) = h_3(t-0,t-0,t-t_2,0,t_2) + h_3(t-0,t-t_2,t-t_2,0,t_2)$$

$$= \frac{g_1}{12} + \frac{f_3}{3} - \frac{g_3}{12} - \frac{f_1}{3} \tag{5.50}$$

式中，yz 是脉冲发生时刻($t_1=0,t_2$)及振幅 x_0 的函数；h_3,f_1,f_3,g_1,g_3 见上面的定义。

$$h_3(t-0,t-t_2,t-t_3,0,t_2,t_3) = \frac{(m_1+m_3+m_4+m_5+m_6+m_7+m_8-m_0)}{6} \tag{5.51}$$

式中，h_3 中后三个参数分别代表三次脉冲信号发生的时刻 $t_1=0,t_2,t_3$；脉冲输入信号的振幅是 x_0；$m_0,m_1,m_3,\cdots$的定义由下列式子给出

$$m_0 = y(t,0,t_2,t_3,x_0) \tag{5.52}$$

$$m_1 = h_1(t,0) + h_1(t-t_2,0) + h_1(t-t_3,0) \tag{5.53}$$

$$m_3 = h_3(t,t,t,0) + h_3(t-t_2,t-t_2,t-t_2,0) + h_3(t-t_3,t-t_3,t-t_3,0) \tag{5.54}$$

$$m_4 = 3 \cdot yz(t,t_2,x_0) \tag{5.55}$$

$$m_5 = 3 \cdot yz(t,t_3,x_0) \tag{5.56}$$

$$m_6 = 3 \cdot yz(t-t_2,t_3-t_2,x_0) \tag{5.57}$$

这样，就得到了全部的核函数表达式。

图 5.4 是一阶核函数的图像；图 5.5 是二阶核函数的截面图，$h_2(t-t_1,t-t_2)$，

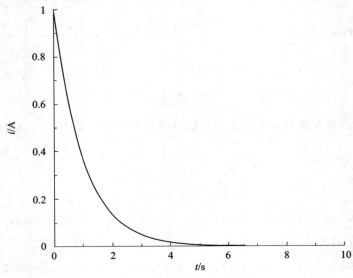

图 5.4　一阶核函数图像 $h_1(t)$

$t > t_2, t_1 = 0, t_2 = 3$；图 5.6 是三阶核函数的截面图，$h_3(t - t_1, t - t_2, t - t_3), t > t_3, t_1 = 0, t_2 = 1, t_3 = 3$。

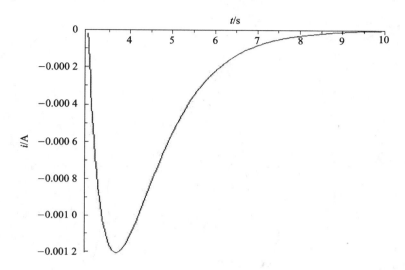

图 5.5　二阶核函数图像 $h_2(t - t_1, t - t_2), t > t_2, t_1 = 0, t_2 = 3$

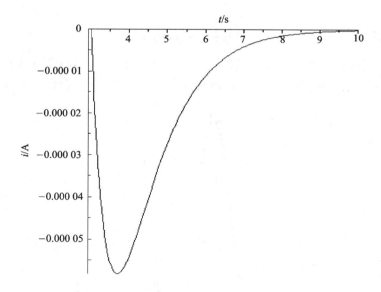

图 5.6　三阶核函数图像 $h_3(t - t_1, t - t_2, t - t_3), t > t_3, t_1 = 0, t_2 = 1, t_3 = 3$

至此，可以断言：假定系统的输入信号已知，系统的实际输出可以通过测量或微分方程数值求解的方式获得；另一方面，可以通过辨识方法得到系统的预测输出值。通过比较辨识输出与实际输出之间的误差率，估计辨识效果的好坏。

根据式(5.33)，构造如下的输入和输出函数，如图 5.7 所示。

$$\text{input} \rightarrow \cos(t) + \sin(t) + 0.1 \cdot \sin^2(t) \tag{5.58}$$

$$\text{output} \rightarrow \sin(t) \tag{5.59}$$

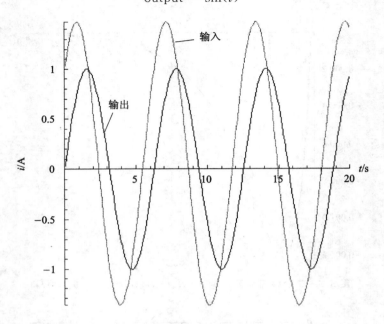

图 5.7 真实系统的输入与输出

若采取截断的二阶 Volterra 级数模型,辨识输出的效果图与实际输出之间的差异,如图 5.8 所示。辨识效果表明,峰值处有明显的区别,原因归结于系统的非线性

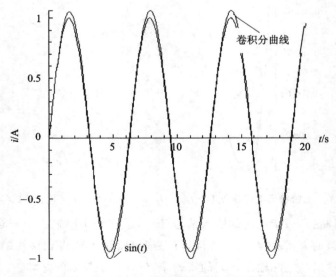

图 5.8 基于二阶 **Volterra** 模型的辨识输出与真实输出的比较

程度较强。若采取截断的三阶 Volterra 级数模型进行辨识,辨识输出的效果图与实际输出之间的差异,如图 5.9 所示。辨识效果表明,高阶 Volterra 级数模型能够更好地逼近真实的非线性系统,表明了我们给出的辨识公式的正确性与有效性。通常,只需辨识出三阶 Volterra 模型中的一、二阶核函数,代入 Volterra 模型中完成卷积分运算,就可获得令人满意的输出结果精度。

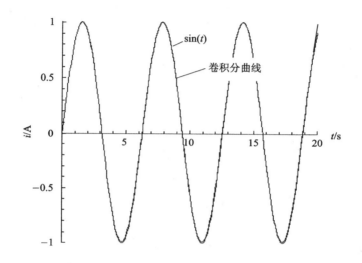

图 5.9　基于三阶 Volterra 模型的辨识输出与真实输出的比较

小　结

本章针对 Riccati 微分方程所表征的弱非线性电路系统,利用 Volterra 级数理论重新建模与辨识,以解析(或数值解)的方式给出了低阶 Volterra 模型的一、二阶核函数的表达式,首次揭示了待辨识的核函数与外激励信号幅值之间的联系,即非线性系统的低阶模型对于外激励信号是敏感的。验证了 Silva 博士论文中所说:"加载外激励时,幅值的选取应该特别小心,应尽可能与实际情况相符合为好"。此外,针对 Riccati 微分方程所表征的非线性电路系统,开展了三阶 Volterra 级数辨识问题的研究,给出了核函数的计算公式。结论表明,基于高阶 Volterra 模型的核函数辨识,能够有效地克服低阶模型精度低,并降低对外激励信号能量(幅值)的敏感性。

在航空领域,特别是跨声速区空气动力系统的非线性问题有时特别突出,经由 CFD 数值计算获得的输出数据,有助于我们辨识出低阶 Volterra 级数的核函数。例如,针对非定常、非线性气动力辨识的研究,国内外的文献多采用截断的二阶 Volterra

级数模型。关于高阶 Volterra 级数核函数的辨识工作,主要面临着两方面的困难:
① 高阶 Volterra 模型的辨识过程需要更多的数值解(由 CFD 数值计算提供);
② 运行CFD程序所需耗费的时间成本巨大,量级以数小时、数天,甚至数周来
计算。

关于高阶 Volterra 模型及其辨识技术的讨论,我们在稍后的章节中给予解答。

第 **6** 章

基于 **CFD** 的跨声速气动力辨识技术

6.1　计算流体力学概述

　　流体力学的研究主要有三种方法：实验研究、理论分析和计算流体动力学（Computational Fluid Dynamics，CFD）。实验研究结果真实可靠，是发现流动规律、检验理论和为流体设计提供数据的基本手段，但是，成本昂贵，还要受测量技术的制约，以及物理大尺寸研究对象的限制。理论分析方法利用简化流动模型假设，给出所研究问题的解析解，只能对简单的流动问题进行求解。理论分析建立了各类型控制方程，奠定了计算流体力学基础。CFD 模拟仿真技术，伴随着计算机技术的发展而建立，能够解决实验测量比较困难时的流动问题，如飞行器全机身绕流（外流）问题。CFD 数值计算中的缺点：① 由于涉及非线性偏微分方程（组），缺乏成熟的数值计算方面的数学理论，缺乏稳定性、误差、收敛性的严格证明；② 偏微分方程的离散化过程中出现数值粘性和数值弥散等虚假物理现象，不仅改变了方程的精度而且改变了其性质。

　　CFD 是流体力学的一个重要分支，针对流体力学的三大控制方程组（连续方程、动量方程和能量方程）进行求解，从而达到对流场特性进行预测和分析的目的。运用 CFD 技术之前，需要将连续流体方程用数值离散的方式进行处理，建立起关于这些离散点上变量关系的代数方程组。将描述系统的偏微分方程进行离散化的方法大致包含三种：有限差分法（Finite Differenee Method，FDM）、有限元法（Finite Element Method，FEM）和有限体积法（Finite Volume Method，FVM）。将描述系统的偏微分方程进行离散化了之后，还有其他很多工作需要准备，例如：网格生成技术、计算区域坐标变换、迭代求解技巧、多重网格计算方法等。

　　采用数值方法求解 Navier‑Stokes（N‑S）方程，离散格式的性能优劣直接决定计算结果的精度。中心差分格式的优点是计算量小、数值稳定性好，在航空领域得到了大量的应用。但是，中心差分格式的基础是泰勒级数展开，要求在展开处连续光滑,对于包含强激波间断的跨声速流动来说,数值计算结果在激波处需要修正。离散格式的一个发展方向是迎风格式,它从欧拉方程的物理特性出发来构造,使得离散格式能够更好地反映物理问题的本质。由于其将流动的上游及下游的不同影响域(波的传播方向)区分开来,因此称为迎风格式。

目前,N-S 方程的湍流计算可分为三个层次:直接数值模拟(DNS)、大涡模拟(LES)、雷诺平均方程(Reynolds – Averaged Navier – Stokes,RANS)。目前工程实际中紊流流场的计算大都采用 RANS 方法,这种方法引入的紊流模型属于经验或半经验,特别是大分离的流动,影响了计算精度。RANS 方法的基本原理:将满足动力学方程的湍流瞬时运动分解为时间平均运动和高频的脉动两部分,然后将脉动部分通过雷诺应力项模化为对平均运动的贡献,这个模化过程也就是湍流模型的建模过程。考虑计算量的原因,RANS 方法是目前唯一能够用于工程计算的方法。目前主流的 RANS 湍流模型有零方程模型(也称代数模型,如 BL 模型、BB 模型)、一方程模型(如 SA 模型)、两方程模型(如 $k-\varepsilon$、$k-\omega$、SST)等。零方程模型可以很好地模拟附着边界层湍流,半方程模型可以扩展到适度分离的流动情况,但它们都不适合自由剪切湍流问题;BB 模型对于壁面边界层湍流的模拟结果很不精确,而 SA 模型对附着边界层的模拟效果同零方程相似,除了射流以外,SA 对自由剪切湍流的计算精度较好,其他一方程的结果则无法接受;$k-\varepsilon$ 模型是历史的遗迹,$k-\omega$ 模型对自由剪切流、附着边界层湍流和适度分离湍流都有较高的计算精度,推荐使用。但是,应当看到不存在普遍适用的湍流模型。

6.2   控制方程

包含网格运动的三维雷诺平均 N-S 方程的积分形式为

$$\frac{\partial}{\partial t}\int_{\Omega} W \mathrm{d}\Omega + \int_{\partial\Omega}(F_c - F_v)\mathrm{d}S = 0 \tag{6.1}$$

式中,W 为守恒变量,F_c 和 F_v 分别为对流矢通量和粘性矢通量,定义如下:

$$W = \begin{bmatrix} \rho \\ \rho u \\ \rho v \\ \rho w \\ \rho E \end{bmatrix}, \quad F_c = \begin{bmatrix} \rho V \\ \rho u V + n_x p \\ \rho v V + n_y p \\ \rho w V + n_z p \\ \rho H V \end{bmatrix}, \quad F_v = \begin{bmatrix} 0 \\ n_x \tau_{xx} + n_y \tau_{xy} + n_z \tau_{xz} \\ n_x \tau_{yx} + n_y \tau_{yy} + n_z \tau_{yz} \\ n_x \tau_{zx} + n_y \tau_{zy} + n_z \tau_{zz} \\ n_x \Theta_x + n_y \Theta_y + n_z \Theta_z \end{bmatrix} \tag{6.2}$$

式中,ρ、p、E 和 H 分别表示流体密度、压强、单位质量总能和单位质量总焓;u、v、w 为流体在 x、y、z 三个坐标轴上的分量;V_t 为流体与网格的相对法向速度。

$$V_r = n_x u + n_y v + n_z w - V_t \tag{6.3}$$

$$V_t = n_x \frac{\partial x}{\partial t} + n_y \frac{\partial y}{\partial t} + n_z \frac{\partial z}{\partial t} = n_x u_b + n_y v_b + n_z w_b \tag{6.4}$$

式中，u_b、v_b、w_b 为网格运动速度沿 x、y、z 方向上的分量；n_x、n_y、n_z 为控制体表面单位外法向量。

在式（6.2）粘性矢通量中，τ 为粘性应力张量，Θ 为粘性应力功和流体热传导的组合项，其表达式分别为

$$\begin{cases}
\tau_{xx} = \lambda\left(\dfrac{\partial u}{\partial x} + \dfrac{\partial v}{\partial y} + \dfrac{\partial w}{\partial z}\right) + 2\mu\dfrac{\partial u}{\partial x} \\[2mm]
\tau_{yy} = \lambda\left(\dfrac{\partial u}{\partial x} + \dfrac{\partial v}{\partial y} + \dfrac{\partial w}{\partial z}\right) + 2\mu\dfrac{\partial v}{\partial y} \\[2mm]
\tau_{zz} = \lambda\left(\dfrac{\partial u}{\partial x} + \dfrac{\partial v}{\partial y} + \dfrac{\partial w}{\partial z}\right) + 2\mu\dfrac{\partial w}{\partial z} \\[2mm]
\tau_{xy} = \tau_{yx} = \mu\left(\dfrac{\partial u}{\partial y} + \dfrac{\partial v}{\partial x}\right) \\[2mm]
\tau_{yz} = \tau_{zy} = \mu\left(\dfrac{\partial v}{\partial z} + \dfrac{\partial w}{\partial y}\right) \\[2mm]
\tau_{zx} = \tau_{xz} = \mu\left(\dfrac{\partial u}{\partial z} + \dfrac{\partial w}{\partial x}\right)
\end{cases} \tag{6.5}$$

$$\begin{cases}
\Theta_x = u\tau_{xx} + v\tau_{xy} + w\tau_{xz} + \kappa\dfrac{\partial T}{\partial x} \\[2mm]
\Theta_y = u\tau_{xy} + v\tau_{yy} + w\tau_{yz} + \kappa\dfrac{\partial T}{\partial y} \\[2mm]
\Theta_z = u\tau_{xz} + v\tau_{yz} + w\tau_{zz} + \kappa\dfrac{\partial T}{\partial z}
\end{cases} \tag{6.6}$$

式中，μ 和 λ 分别为动粘性系数和第二粘性系数；κ 为热传导系数。在 Stokes 假设下粘性系数有如下关系：

$$\lambda + \frac{2}{3}\mu = 0 \tag{6.7}$$

考虑湍流流动时粘性系数由层流和湍流两部分组成，即

$$\mu = \mu_L + \mu_T \tag{6.8}$$

式中，μ_L 为层流粘性系数；μ_T 为湍流粘性系数。μ_L 由 Sutherland 公式给出。

$$\frac{\mu}{\mu_0} = \left(\frac{T}{T_0}\right)^{1.5}\left(\frac{T_0 + T_s}{T + T_s}\right) \tag{6.9}$$

式中，$T_0 = 273.16\ \text{K}$，对于空气有 $\mu_0 = 1.716\,1\times10^{-5}\ \text{Pa}\cdot\text{s}$，$T_s = 124\ \text{K}$。

对于各向同性流体，热传导系数 κ 无方向特性，仅随温度和压力变化，一般通过引入 Pr 数来确定，即

$$\kappa = c_p \left(\frac{\mu_L}{Pr_L} + \frac{\mu_T}{Pr_T} \right) \tag{6.10}$$

式中，c_p 为比定压热容；Pr_L 和 Pr_T 分别为层流和湍流普朗特数，对于空气 $Pr_L = 0.72$，$Pr_T = 0.9$。

为了使 N-S 方程组封闭，还需补充一些物理关系式。对于完全气体，有状态方程

$$p = \rho R T \tag{6.11}$$

$$p = (\gamma - 1) \left[\rho E + \frac{1}{2} \rho (u^2 + v^2 + w^2) \right] \tag{6.12}$$

$$H = E + \frac{p}{\rho} \tag{6.13}$$

6.3 空间离散

N-S 方程的数值计算方法一般分为对流项（无粘项）和粘性项，由于粘性项的线性形式和椭圆形特征，其计算方法较简单，一般采用中心差分方法计算。因此，N-S 方程的数值算法归结于对流项的计算。对于高速可压缩流，对流项使 N-S 方程具有明显的双曲特性，在仅考虑对流项时，N-S 方程为双曲形方程。双曲形方程的一个重要特性是无论初始值是否光滑，其解都可能产生间断，例如激波、接触间断等。这种间断问题可归结为黎曼问题：求解欧拉方程在间断初始条件下的解。黎曼问题的解不但包括了古典的光滑解，还包括了各种间断解，因此求解黎曼问题成为现代 CFD 的核心问题之一，几乎所有的高分辨率 CFD 方法都是建立在求解黎曼问题的基础之上。

采用有限体积方法求解 N-S 方程的基本原理：将求解域离散为若干个微小控制体，在每一个控制体的交界面上构成了一个黎曼问题，将原问题求解转换为求解若干个局部黎曼问题，如图 6.1 所示。

由于双曲形方程存在特征线，且信息或扰动以特征线传播，方程影响域为由特征线所界出的下游区域，考虑波传播的单方向特性，相对于无方向性的中心差分格式，迎风格式体现了传播方向的物理特性，具有表现物理特性的天然优势，因此更加适用。

采用有限体积方法对空间进行离散，对其中任意一个控制体 Ω，如图 6.2 所示，式（6.1）的离散形式可写成

$$\frac{dW_{I,J,K}}{dt} = -\frac{1}{\Omega_{I,J,K}} \left[\sum_{m=1}^{N_F} (F_c - F_v)_m \Delta S_m \right] = -\frac{1}{\Omega_{I,J,K}} R_{I,J,K} \tag{6.14}$$

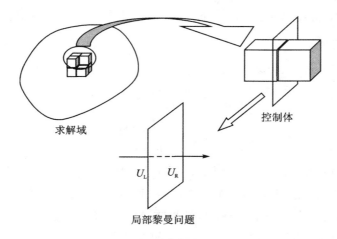

图 6.1　有限体积法示意图

式中，N_F 为组成控制体的面的个数（对于结构网格，二维 $N_F = 4$，三维 $N_F = 6$）；ΔS_m 为第 m 个面的外法向量；$\Omega_{I,J,K}$ 为控制体体积。

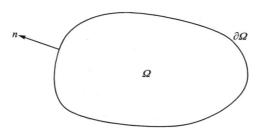

图 6.2　控制体示意图

6.3.1　对流通量项的离散

目前在可压缩 N - S 方程计算中广泛采用的格式有：① 基于中心差分的 Jameson 格式；② 矢通量分裂（FVS）格式，如 Steger - Warming 格式、van Leer 格式；③ 基于 Riemann 近似解的通量差分分裂（FDS）格式，如 Roe 格式等；④ AUSM 类混合格式，如 AUSM＋、AUSM＋ - up 等。传统的 Jameson 格式在跨声速流动及翼型设计中被广泛应用，其本质上是一种泰勒级数展开的离散格式，由于展开前提是要求一定阶次导数存在，因此对于激波间断并不适用，且中心差分格式不能反映波的单方向传播特性，这大大限制了其在高速计算中的应用。FVS 根据波传播速度的正负号对通量进行分裂和定向离散，具有较强的强激波捕捉能力，但由于在马赫数接近零时其质量通量并不逼近于零，因此对于粘性流动会产生较大的数值耗散。

若选用 Roe 格式和 AUSM＋－up 格式进行计算,则二者的计算公式如下:

1. Roe 格式

针对如下 Riemann 问题:

$$\begin{cases} \dfrac{\partial U}{\partial t} + \dfrac{\partial F(U)}{\partial x} = 0 \\[2mm] U(x,0) = \begin{cases} U_1(x < 0) \\ U_r(x > 0) \end{cases} \end{cases} \tag{6.15}$$

式中,F 为 U 的非线性函数,直接对上式进行求解是非常困难的,主要是因为雅可比矩阵 $A(U)$ 是非线性的,Roe 方法的基本原理:利用左右的 U_1、U_r 构造一个合理的常数矩阵 $A^{Roe}(U_1,U_r)$ 来代替原始的非线性矩阵 $A(U)$,将原始复杂的非线性问题转换为线性问题来求解,也即将式(6.15)转换为如下形式:

$$\frac{\partial U}{\partial t} + A^{Roe}(U_1,U_r) \frac{\partial U}{\partial x} = 0 \tag{6.16}$$

在此基础上,可得到 Roe 格式的数值通量如下:

$$F_{i+\frac{1}{2}} = \frac{1}{2}[F(U_1) + F(U_r)] - \frac{1}{2}|A^{Roe}|(U_r - U_1) \tag{6.17}$$

矩阵 $A^{Roe}(U_1,U_r)$ 具有以下特性:

① 相容性,即当 $U_1,U_r \rightarrow U$ 时,$A^{Roe}(U_1,U_r) \rightarrow A(U)$;

② 守恒性,即 $A^{Roe}(U_1,U_r)(U_r - U_1) = F_r - F_1$;

③ 双曲性,即 $A^{Roe}(U_1,U_r)$ 的特征向量线性无关。

矩阵 $A^{Roe}(U_1,U_r)$ 的具体推导过程详见相关文献,这里针对三维情况,整理后得到如下公式:

$$|A^{Roe}|(U_r - U_1) = |\widetilde{V} - \widetilde{c}| \frac{\Delta p - \widetilde{\rho}\widetilde{c}\Delta V}{2\widetilde{c}^2} \begin{bmatrix} 1 \\ \widetilde{u} - \widetilde{c}n_x \\ \widetilde{v} - \widetilde{c}n_y \\ \widetilde{w} - \widetilde{c}n_z \\ \widetilde{H} - \widetilde{c}\widetilde{V} \\ \widetilde{T}_1 \\ \widetilde{T}_2 \end{bmatrix} + |\widetilde{V}|\left(\Delta\rho - \frac{\Delta p}{\widetilde{c}^2}\right) \begin{bmatrix} 1 \\ \widetilde{u} \\ \widetilde{v} \\ \widetilde{w} \\ \widetilde{q}^2/2 \\ \widetilde{T}_1 \\ \widetilde{T}_2 \end{bmatrix} +$$

$$
|\tilde{V}|\tilde{\rho}
\begin{bmatrix}
0 \\
\Delta u - \Delta V n_x \\
\Delta v - \Delta V n_y \\
\Delta w - \Delta V n_z \\
\tilde{u}\Delta u + \tilde{v}\Delta v + \tilde{w}\Delta w - \tilde{V}\Delta V \\
\Delta T_1 \\
\Delta T_2
\end{bmatrix}
+ |\tilde{V}+\tilde{c}|\frac{\Delta p + \tilde{\rho}\tilde{c}\Delta V}{2\tilde{c}^2}
\begin{bmatrix}
1 \\
\tilde{u}+\tilde{c}\,n_x \\
\tilde{v}+\tilde{c}\,n_y \\
\tilde{w}+\tilde{c}\,n_z \\
\tilde{H}+\tilde{c}\tilde{V} \\
\tilde{T}_1 \\
\tilde{T}_2
\end{bmatrix}
\tag{6.18}
$$

式中,上标～表示 Roe 平均变量,可由下式计算得到

$$
\tilde{\rho} = \sqrt{\rho_l \rho_r}
$$

$$
\tilde{u} = \frac{u_l\sqrt{\rho_l}+u_r\sqrt{\rho_r}}{\sqrt{\rho_l}+\sqrt{\rho_r}}, \quad
\tilde{v} = \frac{v_l\sqrt{\rho_l}+v_r\sqrt{\rho_r}}{\sqrt{\rho_l}+\sqrt{\rho_r}}, \quad
\tilde{w} = \frac{w_l\sqrt{\rho_l}+w_r\sqrt{\rho_r}}{\sqrt{\rho_l}+\sqrt{\rho_r}}
$$

$$
\tilde{H} = \frac{H_l\sqrt{\rho_l}+H_r\sqrt{\rho_r}}{\sqrt{\rho_l}+\sqrt{\rho_r}}, \quad
\tilde{V}_n = \tilde{u}n_x + \tilde{v}n_y + \tilde{w}n_z
$$

$$
\tilde{q}^2 = \tilde{u}^2 + \tilde{v}^2 + \tilde{w}^2, \quad
\tilde{c} = \sqrt{(\gamma-1)\left(\tilde{H}-\frac{\tilde{q}^2}{2}\right)}
$$

$$
\tilde{T}_1 = \frac{T_{1,l}\sqrt{\rho_l}+T_{1,r}\sqrt{\rho_r}}{\sqrt{\rho_l}+\sqrt{\rho_r}}, \quad
\tilde{T}_2 = \frac{T_{2,l}\sqrt{\rho_l}+T_{2,r}\sqrt{\rho_r}}{\sqrt{\rho_l}+\sqrt{\rho_r}}
$$

式(6.18)中的绝对值部分为雅可比矩阵的特征值,当其值很小时,会违反熵条件,从而产生非物理解,需要采用熵修正加以限制,这里采用 Harten – Yee 熵修正方法。

2. AUSM＋–up 格式

1993 年,Liou 首次提出了 AUSM(Advection Upstream Splitting Method)格式,随后又对其进行改进并命名为 AUSM＋格式。该格式的基本原理是将流场中的对流特征的线性场和特征速度相关的非线性场加以区别对待,并将压力项与对流项分别进行分裂处理,将 FVS 在非线性波捕捉上的鲁棒性和 FDS 方法在线性波分辨率上的高精度相结合,因此,具有数值耗散小、稳定性好等性能。与 Roe 格式相比,不存在粉刺现象,无须熵修正,同时易于推广到真实气体。随着 AUSM＋格式的广泛应用,一些缺点逐渐暴露出来:强激波后的压力过冲,对流速度很小时出现压力数值振荡等问题。Liou 等认为产生此问题的主要原因:流场速度很小时,AUSM＋格式中的界面压力接近于中心差分,因此缺乏足够的耗散来限制压力场的数值振荡。为改进上述问题,2006 年 Liou 提出了最新的版本 AUSM＋–up 格式,该格式通过采用数值声速对数值耗散进行适当缩放,并在对流通量中引入压力耗散机制,在压

力通量部分引入速度耗散机制,从而消除了原有格式的缺陷。

AUSM+ -up 格式的对流通量计算公式如下:

$$F = \dot{m}\Phi + P \tag{6.19}$$

$$\dot{m} = \begin{cases} aM\rho_1 & M > 0 \\ aM\rho_r & M \leqslant 0 \end{cases}, \quad \Phi = \begin{cases} U_1 & \dot{m} > 0 \\ U_r & \dot{m} \leqslant 0 \end{cases}, \quad P = [0, pn_x, pn_y, pn_z, 0, 0, 0]^T$$

式中,a 为界面声速,计算公式如下:

$$a = \min\left(\frac{a_1^{*2}}{\max(a_1^*, |V_1|_2)}, \frac{a_r^{*2}}{\max(a_r^*, |V_r|_2)}\right), \quad a^* = \frac{2(\gamma - 1)}{\gamma + 1}H$$

M 为界面马赫数,计算公式如下:

$$M = \mathcal{M}^+(M_1) + \mathcal{M}^-(M_r) - \frac{K_p}{f_a}\max(1 - \sigma\overline{M}^2, 0)\frac{\Delta p}{\overline{\rho}a^2}$$

$$\Delta p = p_r - p_1, \quad \overline{\rho} = \frac{1}{2}(\rho_1 + \rho_r)$$

$$\mathcal{M}^{\pm}(x) = \begin{cases} \frac{1}{2}(x \pm |x|) & |x| \geqslant 1 \\ \pm (x \pm 1)^2[1 + 16\beta(x \mp 1)^2] & |x| < 1 \end{cases}$$

$$\overline{M} = \frac{|V_1|_2^2 + |V_r|_2^2}{2a}, \quad f_a = M_o(2 - M_o), \quad M_o = \min(1, \max(\overline{M}^2, M_\infty^2))$$

p 为界面压力,计算公式如下:

$$p = \mathcal{P}^+(M_1)p_1 + \mathcal{P}^-(M_r)p_r - K_u\mathcal{P}^+(M_1)\mathcal{P}^-(M_r)(\rho_1 + \rho_r)(f_a a)(V_r \cdot n - V_1 \cdot n)$$

$$\mathcal{P}^{\pm}(x) = \frac{1}{2x}(x \pm |x|),$$

$$\mathcal{P}^{\pm}(x) = \begin{cases} \frac{1}{2x}(x \pm |x|) & |x| \geqslant 1 \\ \pm \frac{1}{4}(x \pm 1)^2\left[(\pm 2 - x) + 16\alpha x \frac{1}{4}(x \mp 1)^2\right] & |x| < 1 \end{cases}$$

$$\alpha = \frac{3}{16}(5f_a^2 - 4)$$

式中,$K_p = 0.25, K_u = 0.75, \sigma = 1.0, \beta = 0.125$。

3. 高精度插值

注意到 Roe 和 AUSM+ -up 格式中的对流通量计算都用到了面两侧的变量值 U_1 和 U_r,如果 U_1、U_r 分别取界面两侧控制体内的值,则通量的计算精度仅为一阶。要达到高阶,需要构造高精度的 U_1 和 U_r。一般的插值方法要求数据光滑连续,对于 U_1 和 U_r 可能存在间断的问题,会出现振荡。实际上由于迎风格式引入了物理传播特性,但无法避免非物理解产生,线性二阶迎风格式在激波附近总会产生振荡且在理论上已经被证明。如何构造无振荡的二阶或更高阶格式一直是 CFD 方法的研究热点。Godnuov 首先提出了单调性的概念,分析了保证单调性格式所必须满足的条件。在此基础上,van Leer 提出了最具代表性的 MUSCL(Monotone Upstream - centered Schemes for Conservation Laws)插值方法。其基本思想是采用控制体交界面两侧若干个控制体的变量值构造二阶的面两侧变量值,并采用限制器限制变量梯度,从而防止振荡产生,以满足保持单调性条件。MUSCL 方法的缺点是在梯度最大处插值精度降为一阶。如图 6.3 所示为限制器作用原理图。

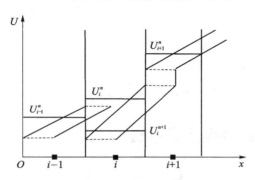

图 6.3　限制器示意图

在第 n 时间步,有 $U_i^n \geqslant U_{i-1}^n$,如果单元 i 的梯度选择太大,以至于其值大于相邻单元平均值之差,则 U 经过一个时间步的传播后,方程在 $n+1$ 时间步的解可能出现 $U_i^{n+1} \leqslant U_{i-1}^{n+1}$ 的情况,也即解在 $n+1$ 时间步出现振荡;反之,如果选取的梯度较小,单调性是保证了,但限制器耗散变大了,因为梯度越小越接近于一阶精度,此时计算精度降低了。

研究表明,对原始变量采用限制器要比守恒变量好,本文采用原始变量限制器。采用限制器约束后界面 $i+\dfrac{1}{2}$ 两侧的原始变量 $Q(Q=[\rho,u,v,w,p,T_1,T_2]^{\mathrm{T}})$ 可写为如下形式:

$$
\begin{cases}
Q_{\mathrm{l}} = Q_i + \dfrac{1}{2}\varphi_{\mathrm{l}}\Delta Q_i \\[2mm]
Q_{\mathrm{r}} = Q_{i+1} - \dfrac{1}{2}\varphi_{\mathrm{r}}\Delta Q_{i+2}
\end{cases}
\tag{6.20}
$$

式中,$\Delta Q_i = Q_i - Q_{i-1}$;$\Delta Q_{i+2} = Q_{i+2} - Q_{i+1}$;$\varphi$ 为限制器函数,其一般形式如下:

$$
\varphi_{\mathrm{l}} = \frac{1}{2}\left[(1-\kappa)\phi\left(\frac{M}{L}\right) + (1+\kappa)\frac{M}{L}\phi\left(\frac{L}{M}\right)\right]
$$

$$
\varphi_{\mathrm{r}} = \frac{1}{2}\left[(1-\kappa)\frac{M}{R}\phi\left(\frac{R}{M}\right) + (1+\kappa)\phi\left(\frac{M}{R}\right)\right]
$$

$$L = \Delta Q_i, \quad M = \Delta Q_{i+1}, \quad R = \Delta Q_{i+2}$$

通常 κ 取 $1/3$ 可得到三阶偏上风插值精度，其中 ϕ 为限制器，常用的限制如下：

① van Leer 限制器：

$$\phi(x) = \frac{x + |x|}{1 + x}$$

② van Albada 限制器：

$$\phi(x) = \frac{x^2 + x}{1 + x^2}$$

③ minmod 限制器：

$$\phi(x) = \max(0, \min(x, 1))$$

④ superbee 限制器：

$$\phi(x) = \max(\min(2x, 1), \min(x, 2))$$

6.3.2 粘性通量项的计算方法

为计算式(6.14)中的粘性通量，控制体边界面上的变量及其一阶偏导数必须是已知的。由于粘性通量的椭圆形特性，面上的速度分量、粘性系数以及导热系数可简单采用面两侧控制体的平均值来计算。下面仅给出面上梯度的计算方法。

首先，计算单元梯度。对任意控制体 i，其原始变量梯度可由 Gauss – Green 公式计算：

$$\nabla U_i = \frac{1}{\Omega} \sum_{j=1}^{n} \frac{1}{2}(U_i + U_j)\, n_{ij} S_{ij} \tag{6.21}$$

式中，Ω 为控制体 i 的体积；U_i 为控制体 i 的原始变量；U_j 为与控制体 i 的第 j 个面相邻的控制体的原始变量；n 为控制体 i 的面的个数；n_{ij} 和 S_{ij} 分别为控制体 i 的第 j 个面的外法线矢量和面积。

其次，计算面上的梯度。面上梯度的计算方法有很多种：构造包围面心的额外控制体方法，基于 Galerkin 有限元的近似方法，平均梯度方法等。这里采用平均梯度方法，可以在不改变原有数据结构情况下实现快速计算。

计算公式如下：

$$\begin{cases} \nabla U_{ij} = \overline{\nabla U_{ij}} - \left[\overline{\nabla U_{ij}} - \left(\dfrac{\partial U}{\partial l} \right)_{ij} \right] t_{ij} \\[2mm] \overline{\nabla U_{ij}} = \dfrac{1}{2}(\nabla U_i + \nabla U_j) \\[2mm] \left(\dfrac{\partial U}{\partial l} \right)_{ij} \approx \dfrac{U_j - U_i}{l_{ij}} \end{cases} \tag{6.22}$$

式中，t_{ij} 和 l_{ij} 分别为控制体 i 到与其第 j 个面相邻的控制体体心的单位方向矢量和距离。

6.4　时间离散

式(6.1)可写为如下半离散形式：

$$\frac{\mathrm{d}}{\mathrm{d}t}(\Omega_i^{n+1} W_i^{n+1}) = -R_i(W^{n+1}) \tag{6.23}$$

这里采用 LU‑SGS 隐式格式进行时间离散。LU‑SGS 格式因其良好的稳定性和低内存需求而得到广泛的应用，目前已成为 CFD 的主要隐式计算方法。

对式(6.23)隐式离散后，采用 LU‑SGS 格式，有：

$$(D+L)D^{-1}(D+U)\Delta W_n = -R_l^n \tag{6.24}$$

式中，L 和 U 为严格下三角矩阵和上三角矩阵；D 为对角矩阵。上式又可分为两步进行，即正向扫描和逆向扫描

$$\begin{cases} (D+L)\Delta W^{(1)} = -R_l^n \\ (D+U)\Delta W^n = D\Delta W^{(1)} \end{cases} \tag{6.25}$$

结构网格中算子 L、U 和 D 由下式给出：

$$L = (\bar{A}^+ + \bar{A}_v)_{i-1}\Delta S_{i-1/2}^I + (\bar{A}^+ + \bar{A}_v)_{j-1}\Delta S_{j-1/2}^J + (\bar{A}^+ + \bar{A}_v)_{k-1}\Delta S_{k-1/2}^K$$

$$U = (\bar{A}^- - \bar{A}_v)_{i+1}\Delta S_{i+1/2}^I + (\bar{A}^- - \bar{A}_v)_{j+1}\Delta S_{j+1/2}^J + (\bar{A}^- - \bar{A}_v)_{k+1}\Delta S_{k+1/2}^K$$

$$D = \frac{\Omega}{\Delta t}\bar{I} + (\bar{A}^- - \bar{A}_v)\Delta S_{i-1/2}^I + (\bar{A}^- - \bar{A}_v)\Delta S_{j-1/2}^J + (\bar{A}^- - \bar{A}_v)\Delta S_{k-1/2}^K +$$

$$(\bar{A}^+ + \bar{A}_v)\Delta S_{i+1/2}^I + (\bar{A}^+ + \bar{A}_v)\Delta S_{j+1/2}^J + (\bar{A}^+ + \bar{A}_v)\Delta S_{k+1/2}^K - \frac{\partial(\Omega Q)}{\partial W}$$

$$\tag{6.26}$$

式中，$\bar{A}_v$ 为粘性雅可比矩阵，可简单地由其特征值组成的对角矩阵代替。$\bar{A}^\pm$ 由对流通量雅可比矩阵分裂得到，$\bar{A}^\pm$ 定义为

$$\bar{A}^\pm \Delta S = \frac{1}{2}(\bar{A}_c \Delta S + r_A \bar{I}), \quad r_A = \omega \hat{\Lambda}_c \tag{6.27}$$

式中，$\bar{A}_c$ 为对流雅可比矩阵；$\hat{\Lambda}_c$ 为其特征值组成的对角矩阵。

在非定常计算中，双时间步法最常用的是非定常时间离散方法，该方法最早由 Jameson 提出。对式(6.23)采用时间二阶精度的隐式三点后差离散，得到二阶精度的离散方程为

$$\frac{3\Omega_l^{n+1} W_l^{n+1} - 4\Omega_l^n W_l^n + \Omega_l^{n-1} W_l^{n-1}}{2\Delta t} = -R_l(W^{n+1}) \tag{6.28}$$

式中,Δt 为全局物理时间步长,将上式改写成如下形式:

$$\frac{\partial}{\partial t^*}(\Omega_I^{n+1} W_I^*) = -R_I^*(W^*)$$ (6.29)

式中:W^* 是 W^{n+1} 的近似;t^* 为伪时间步长;$R_I^*(W^*)$ 为非定常残值。

$$R_I^*(W^*) = R_I(W^*) + \frac{3}{2\Delta t}\Omega_I^{n+1} W_I^* - \frac{2}{\Delta t}\Omega_I^n W_I^n + \frac{1}{2\Delta t}\Omega_I^{n-1} W_I^{n-1}$$ (6.30)

这样,式(6.28)中每一个物理时间步的求解等价于对式(6.29)的定常求解。式(6.29)同样采用隐式求解,在虚拟时间步上线性化得到

$$(R^*)^{l+1} \approx (R^*)^l + \frac{\partial R^*}{\partial W^*}\Delta W^*$$ (6.31)

式中,l 为虚拟时间步;$\Delta W^* = (W^*)^{l+1} - (W^*)^l$,通量雅可比矩阵为

$$\frac{\partial R^*}{\partial W^*} = \frac{\partial R}{\partial W} + \frac{3}{2\Delta t}\Omega^{n+1}$$ (6.32)

代入式(6.29)得到

$$\left[\left(\frac{1}{\Delta t_i^*} + \frac{3}{2\Delta t}\right)\Omega^{n+1} + \frac{\partial R}{\partial W}\right]\Delta W^* = -(R^*)^l$$ (6.33)

上式可通过 LU-SGS 格式求解。

6.5 边界条件

通常为了获得一致的计算方法,在 CFD 计算中一般采用虚拟控制体来处理边界条件。通过设置虚拟控制体上的变量值,确保边界值满足边界条件,进而可以像处理内部界面一样处理边界面。本文采用两层虚拟控制体,以保证二阶空间离散精度。

1. 壁面边界

对于无粘壁面边界,如图 6.4 所示,边界速度应满足法向无穿透及自由滑移条件,也即速度沿壁面法向分量为 0。

$$V \cdot n = 0$$ (6.34)

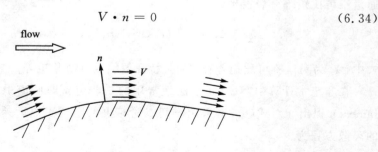

图 6.4 无粘壁面边界示意图

同时,通过设置虚拟控制体温度为内部第一层控制体温度值,来确保法向温度梯度为零。此外,边界压力可简单取内部控制体值。

对粘性壁面,如图 6.5 所示,边界速度应满足法向无穿透及无滑移条件。

$$V = 0 \tag{6.35}$$

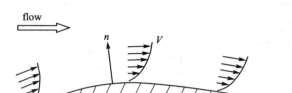

图 6.5　粘性壁面边界示意图

对于绝热壁面,虚拟控制体的压力和温度取内部第一层控制体值。对等温边界,温度直接设置为给定值。

2. 远场边界

对于超声速入口和出口条件,由于方程具有明显的双曲特性,其下游流场不影响上游,因此边界上的场变量采用来流值及外插计算。对于亚声速、跨声速远场,方程呈现椭圆特性,远场边界上的变量值需要采用特征变量方法确定。本文采用 Whitfield 和 Janus 的特征变量方法。

图 6.6 为亚声速入口和出口边界示意图,其中虚线表示虚拟单元。对于入口边界,边界上的变量值按以下公式计算:

$$\begin{cases} p_b = \dfrac{1}{2} \left[p_a + p_d - \rho_d c_d (V_a \cdot n - V_d \cdot n) \right] \\[2mm] \rho_b = \rho_a + \dfrac{p_b - p_a}{c_d^2} \\[2mm] V_b = V_a + \dfrac{p_b - p_a}{\rho_d c_d} n \end{cases} \tag{6.36}$$

式中,下标 a、b、c 表示变量的取值位置分别为来流、边界、边界内侧;c 为当地声速。

对出口边界,边界变量值计算公式如下:

$$\begin{cases} p_b = p_a \\[2mm] \rho_b = \rho_d + \dfrac{p_b - p_d}{c_d^2} \\[2mm] V_b = V_d - \dfrac{p_b - p_d}{\rho_d c_d} n \end{cases} \tag{6.37}$$

出口边界上的湍流动能、涡粘系数、比耗散率按照零梯度方式由内部值外插。

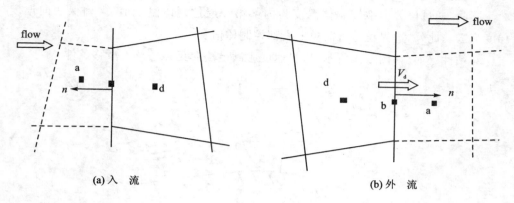

(a) 入　流　　　　　　　　　　　　　　**(b) 外　流**

图 6.6　亚声速远场边界示意图

3. 对称边界

对称边界的处理方式和无粘壁面类似，不做详述。

4. 网格块对接边界

网格块之间的对接边界属于人为划分网格时产生的内部边界，采用虚拟控制体后，仅需复制虚拟控制体值为相邻网格块控制体值即可。

6.6　湍流方程

6.6.1　Spalart - Allmaras 一方程湍流模型

Spalart - Allmaras(SA)湍流模型是在经验和量纲分析，以及伽利略不变性的基础上，导出的涡粘变量 υ 的输运方程，并由二维混合层、尾流和平板边界层的实验结果来标定。SA 湍流模型能应用到具有逆压梯度的湍流流动，并且具有从层流到湍流的光滑过渡能力。另外，SA 湍流模型还具有较强的鲁棒性和较低的物面网格依赖性。目前，SA 湍流模型在机翼和翼型等领域得到了广泛的认可。

1. SA 湍流模型控制方程

方程形式如下：

$$\frac{\partial \upsilon}{\partial t} + \frac{\partial (\upsilon \upsilon_j)}{\partial x_j} = C_{b1}(1 - f_{t2})\tilde{S}\upsilon + \frac{1}{\sigma}\left\{ \frac{\partial}{\partial x_j}\left[(\upsilon_L + \upsilon)\frac{\partial \upsilon}{\partial x_j} \right] + C_{b2}\frac{\partial \upsilon}{\partial x_j}\frac{\partial \upsilon}{\partial x_j} \right\} -$$

$$\left[C_{w1}f_w - \frac{C_{b1}}{\kappa^2}f_{t2} \right]\left(\frac{\upsilon}{d} \right)^2 \tag{6.38}$$

式中, $\upsilon_{\mathrm{L}} = \dfrac{\mu_{\mathrm{L}}}{\rho}$ 表示层流运动粘性系数; d 为到物面的最近距离。

湍流粘性系数和变量 υ 有如下关系:

$$\mu_{\mathrm{T}} = f_{\mathrm{v1}} \rho \upsilon \tag{6.39}$$

式中,

$$f_{\mathrm{v1}} = \frac{\chi^3}{\chi^3 + C_{\mathrm{v1}}^3}, \quad \chi = \frac{\upsilon}{\upsilon_{\mathrm{L}}} \tag{6.40}$$

式(6.38)右端 $\widetilde{S}$、f_{w} 和 f_{t2} 的形式如下:

$$\widetilde{S} = S + \frac{\upsilon}{\kappa^2 d^2} f_{\mathrm{v2}} \tag{6.41}$$

$$f_{\mathrm{w}} = g \left(\frac{1 + C_{\mathrm{w3}}^6}{g^6 + C_{\mathrm{w3}}^6} \right)^{\frac{1}{6}} \tag{6.42}$$

$$f_{\mathrm{t2}} = C_{\mathrm{t3}} \exp(-C_{\mathrm{t4}} \chi^2) \tag{6.43}$$

式中,

$$S = |\nabla \times (ui + vj + wk)| \tag{6.44}$$

$$f_{\mathrm{v2}} = \left(1 + \frac{\chi}{C_{\mathrm{v2}}} \right)^{-3} \tag{6.45}$$

$$g = r + C_{\mathrm{w2}}(r^6 - r) \tag{6.46}$$

$$r = \frac{\upsilon}{S \kappa^2 d^2} \tag{6.47}$$

SA 模型中的常数定义如下:

$$\begin{cases} C_{\mathrm{b1}} = 0.135\ 5, \quad C_{\mathrm{b2}} = 0.622, \quad C_{\mathrm{v1}} = 7.1, \quad C_{\mathrm{v2}} = 5, \\[2mm] \sigma = \dfrac{2}{3}, \quad \kappa = 0.41, \quad C_{\mathrm{w1}} = \dfrac{C_{\mathrm{b1}}}{\kappa^2} + \dfrac{(1 + C_{\mathrm{b2}})}{\sigma} = 3.239\ 1 \\[2mm] C_{\mathrm{w2}} = 0.3, \quad C_{\mathrm{w3}} = 2, \quad C_{\mathrm{t3}} = 1.3, \quad C_{\mathrm{t4}} = 0.5 \end{cases} \tag{6.48}$$

2. 控制方程的求解

SA 湍流模型控制式(6.38)的积分形式为

$$\frac{\partial}{\partial t} \int_{\Omega} \upsilon \, \mathrm{d}\Omega + \int_{\Omega} (F_{\mathrm{c,T}} - F_{\mathrm{v,T}}) \, \mathrm{d}S = \int_{\Omega} Q_{\mathrm{T}} \, \mathrm{d}\Omega \tag{6.49}$$

式中, $F_{\mathrm{c,T}}$、$F_{\mathrm{v,T}}$ 和 Q_{T} 分别表示对流通量、粘性通量和源项,表达式分别为

$$\begin{cases} F_{\mathrm{c,T}} = \upsilon V \\[2mm] F_{\mathrm{v,T}} = n_x \tau_{xx}^{\mathrm{T}} + n_y \tau_{yy}^{\mathrm{T}} + n_z \tau_{zz}^{\mathrm{T}} \\[2mm] Q_{\mathrm{T}} = C_{\mathrm{b1}}(1 - f_{\mathrm{t2}}) S \upsilon + \dfrac{C_{\mathrm{b2}}}{\sigma} \left[\left(\dfrac{\partial \upsilon}{\partial x} \right)^2 + \left(\dfrac{\partial \upsilon}{\partial y} \right)^2 + \left(\dfrac{\partial \upsilon}{\partial z} \right)^2 \right] - \\[4mm] \qquad\quad \left[C_{\mathrm{w1}} f_{\mathrm{w}} - \dfrac{C_{b1}}{\kappa^2} f_{\mathrm{t2}} \right] \left(\dfrac{\upsilon}{d} \right)^2 \end{cases} \tag{6.50}$$

式中，τ_{xx}^{T}、τ_{yy}^{T}、τ_{zz}^{T} 代表湍流粘性应力，分别定义为

$$\begin{cases} \tau_{xx}^{T} = \dfrac{1}{\sigma}(\upsilon_{L}+\upsilon)\,\dfrac{\partial \upsilon}{\partial x} \\[2mm] \tau_{yy}^{T} = \dfrac{1}{\sigma}(\upsilon_{L}+\upsilon)\,\dfrac{\partial \upsilon}{\partial y} \\[2mm] \tau_{zz}^{T} = \dfrac{1}{\sigma}(\upsilon_{L}+\upsilon)\,\dfrac{\partial \upsilon}{\partial z} \end{cases} \tag{6.51}$$

有限体积法离散过程中，$F_{c,T}$ 采用迎风格式离散，$F_{v,T}$ 采用中心格式离散，本文求解过程中将湍流方程与 N-S 方程组耦合求解。

初始条件通常采用 $\upsilon=0.1\upsilon_{L}$；远场边界入流取初始值，出流则通过内场外插得到；物面边界处有 $\upsilon=0$。

6.6.2 Menter's SST 两方程湍流模型

Menter's SST（Shear Stress Transport）湍流模型是由 Menter 于 1994 年首次提出的两方程湍流模型，通过混合函数在近壁面处采用 Wilcox $\kappa-\omega$ 模型，在边界层外缘和自由剪切层采用 $\kappa-\varepsilon$ 模型，并结合了二者的优点使其对于附着流和分离流都具有较好的计算结果。2003 年，Menter 对其模型进行了改进，本文采用改进后的模型。

1. 控制方程

方程形式如下：

$$\frac{\partial(\rho k)}{\partial t}+\frac{\partial(\rho u_{j}k)}{\partial x_{j}}-\frac{\partial}{\partial x_{j}}\left[(\mu_{L}+\sigma_{k}\mu_{T})\,\frac{\partial k}{\partial x_{j}}\right]=P_{k}-\beta^{*}\rho\omega k \tag{6.52}$$

$$\frac{\partial(\rho \omega)}{\partial t}+\frac{\partial(\rho u_{j}\omega)}{\partial x_{j}}-\frac{\partial}{\partial x_{j}}\left[(\mu_{L}+\sigma_{\omega}\mu_{T})\,\frac{\partial \omega}{\partial x_{j}}\right]=\frac{C_{\omega}\rho}{\mu_{T}}P_{k}-\beta\rho\omega^{2}+(1-f_{1})CD_{\omega}$$
$$\tag{6.53}$$

式中，P_{k} 为湍流动能产生项；CD_{ω} 为比耗散率的交叉扩散项；f_{1} 为混合函数，其计算公式如下：

$$\begin{cases} P_{k}=\tau_{ij}^{F}S_{ij}=2\mu_{T}\bar{S}_{ij}\bar{S}_{ij}-\dfrac{2}{3}\rho k\,\dfrac{\partial u_{k}}{\partial x_{k}} \\[2mm] CD_{\omega}=2\,\dfrac{\rho\sigma_{\omega2}}{\omega}\,\dfrac{\partial k}{\partial x_{j}}\,\dfrac{\partial \omega}{\partial x_{j}} \\[2mm] f_{1}=\tanh(\mathrm{arg}_{1}^{4}) \end{cases} \tag{6.54}$$

$$\begin{cases} \mathrm{arg}_{1}=\min\left(\max\left(\dfrac{\sqrt{k}}{0.09\omega d},\dfrac{500\mu_{L}}{\rho\omega d^{2}}\right),\dfrac{4\rho\sigma_{\omega2}k}{CD_{k\omega}d^{2}}\right) \\[2mm] CD_{k\omega}=\max(2CD_{\omega},10^{-10}) \end{cases} \tag{6.55}$$

式中，$\bar{S}_{ij}$ 为应变率张量的无迹形式：

$$\bar{S}_{ij} = \frac{1}{2}\left(\frac{\partial u_i}{\partial x_j} + \frac{\partial u_j}{\partial x_i}\right) - \frac{1}{3}\frac{\partial u_k}{\partial x_k}\delta_{ij}$$

式(6.52)和式(6.53)中的系数 σ_k、σ_ω、β 和 C_ω 需要采用混合函数来计算，计算公式如下：

$$\phi = f_1\phi_1 + (1-\phi_1)\phi_2, \quad \phi = \{\sigma_k, \sigma_\omega, \beta, C_\omega\} \tag{6.56}$$

式中的模型常数如下：

$$\sigma_{k1} = 0.85, \quad \sigma_{\omega 1} = 0.85, \quad \beta_1 = 0.075, \quad C_{\omega 1} = \frac{5}{9}$$

$$\sigma_{k2} = 1.0, \quad \sigma_{\omega 2} = 0.856, \quad \beta_2 = 0.0828, \quad C_{\omega 2} = 0.44$$

$$\beta^* = 0.09$$

通过求解式(6.52)和式(6.53)后，涡粘系数通过下述公式计算：

$$\mu_T = \frac{\rho a_1 k}{\max(a_1\omega, Sf_2)} \tag{6.57}$$

式中，$a_1 = 0.31$；S 为应力张量不变量；f_2 为辅助函数，二者的计算公式如下：

$$S = \sqrt{2S_{ij}S_{ij}}$$

$$f_2 = \tanh(\arg_2^2)$$

$$\arg_2 = \max\left(\frac{2\sqrt{k}}{0.09\omega d}, \frac{500\mu_L}{\rho\omega d^2}\right)$$

式中，d 为控制体的体心到壁面的最短距离。

2. 产生项限制器

两方程湍流模型的一个缺点：在驻点区域会产生过大的湍流动能产生项 P_k，造成驻点位置湍流动能过大。避免这一问题的方法是对湍流动能产生项进行如下的限制：

$$P_k = \min(P_k, C_{\lim}\beta^*\rho k\omega) \tag{6.58}$$

式中，$C_{\lim}$ 通常取 10。

Kato 和 Lander 曾指出，当驻点区域存在较大的剪切应变率时，式(6.54)中的湍流动能产生项的值会过大。考虑驻点区域的流动是接近无旋的，也即此时的涡量很小，因此建议采用如下形式来计算产生项：

$$P_k = \mu_T\sqrt{2\bar{S}_{ij}\Omega_{ij}} - \frac{2}{3}\rho k\frac{\partial u_k}{\partial x_k} \tag{6.59}$$

式中，$\Omega_{ij} = \frac{1}{2}\left(\frac{\partial u_i}{\partial x_j} - \frac{\partial u_j}{\partial x_i}\right)$ 为涡量。

3. 控制方程的求解

采用有限体积法求解 SST 湍流模型控制方程(6.52)。

$$\begin{cases} \omega_\infty = C_1 \dfrac{\|v_\infty\|_2}{L} \\ (\mu_T)_\infty = (\mu_L)_\infty 10^{-C_2} \\ k_\infty = \dfrac{(\mu_T)_\infty}{\rho_\infty} \omega_\infty \end{cases} \tag{6.60}$$

式中,L 表示物理域的大小,$1 \leqslant C_1 \leqslant 10$,$2 \leqslant C_2 \leqslant 5$。

物面边界条件为

$$\begin{cases} k = 0 \\ \omega = 10 \dfrac{6\mu_L}{\rho \beta_1 d^2} \end{cases} \tag{6.61}$$

式中,d 为无物面上第一层网格单元中心点到物面距离。

6.7　动网格方法

　　主流的 CFD 计算一般采用有限体积方法进行空间离散,通过求解基于欧拉描述的 Navier - Stokes 方程实现。基于此,存在动边界的非定常计算中,需要运用动网格技术来实现求解域的变形。良好的动网格能力是开展流固耦合研究的关键因素。目前,寻求一种兼具变形能力强和计算效率高的动网格技术仍然是 CFD 领域的研究热点之一。

　　借助于网格生成思路,大多数网格生成方法,如代数形、椭圆形等,均可应用于动网格过程。求解椭圆形或双曲形微分方程来重新生成新的计算网格计算量较大,如果在每个时间步都进行,则计算代价太高。代数形超限插值(TFI)方法是应用较为广泛的一种高效的代数动网格方法,缺点是不适用于大变形情况。弹簧类比法是一种基于有限元思想的动网格方法,其通过在网格结点之间建立弹簧元,并采用迭代法求解结点静力平衡方程实现网格变形,由于需要迭代求解,因而其计算量大大增加,这对于粘性网格尤为显著。Delaunay 三角形方法是一种经典的非结构网格生成方法,基于这种思路,研究者提出了一种相似的 Delaunay Graph 动网格计算方法,适用于大变形及粘性网格,计算速度可达弹簧方法的 10 倍以上。基于边界元方法的动网格算法,其将流体网格作为无限弹性体对待并采用有限元方法求解结点位移,以避免网格交错及负体积,由于需要迭代计算,其效率较低。基于径向基函数(RBF)方法的动网格方法,将空间网格位移量假设为一组由待定系数确定的函数,通过将边界已知位移带入后求解得到待定系数值,进而获得位移场函数,得到内部网格点的位移。已有研究表明,采用弹簧类比法等有限元方法时,需要采用非结构数据存储格式,计算过程对内存访问带宽有很高要求,这也是此类方法效率低下的一个重要原因,一般情况下其计算时间比 TFI、Delaunay Graph、RBF 等方法高一到两个量级。

6.7.1　主流动网格方法概述

1. TFI 方法

TFI 方法是一种基于多变量的代数插值方法。因其插值函数在边界上的函数值必须和给定值相吻合,而且在小变形条件下能够保证物面处原网格的正交性,且计算量很小,因而得到了广泛应用。其不足之处是仅适用于结构网格。

TFI 方法的原理是将边界变形量按照结点的弧长比例分配到内部各个结点,三维情况下,其计算公式如下:

$$\Delta x_{i,j,k} = U + V + W - UV - VW - UW + UVW \tag{6.62}$$

式中,$\Delta x_{i,j,k}$ 为结点编号为 (i,j,k) 的位移矢量;U、V、W、UV、VW、UW 和 UVW 按下式计算:

$$
\begin{cases}
U = (1-\alpha_{i,j,k})\Delta x_{1,j,k} + \alpha_{i,j,k}\Delta x_{i\max,j,k} \\
V = (1-\beta_{i,j,k})\Delta x_{i,1,k} + \beta_{i,j,k}\Delta x_{i,j\max,k} \\
W = (1-\gamma_{i,j,k})\Delta x_{i,j,1} + \gamma_{i,j,k}\Delta x_{i,j,k\max} \\
UV = (1-\alpha_{i,j,k})(1-\beta_{i,j,k})\Delta x_{1,1,k} + \alpha_{i,j,k}(1-\beta_{i,j,k})\Delta x_{i\max,1,k} + \\
\qquad (1-\alpha_{i,j,k})\beta_{i,j,k}\Delta x_{1,j\max,k} + \alpha_{i,j,k}\beta_{i,j,k}\Delta x_{i\max,j\max,k} \\
VW = (1-\beta_{i,j,k})(1-\gamma_{i,j,k})\Delta x_{i,1,1} + \beta_{i,j,k}(1-\gamma_{i,j,k})\Delta x_{i,j\max,1} + \\
\qquad (1-\beta_{i,j,k})\gamma_{i,j,k}\Delta x_{i,1,k\max} + \beta_{i,j,k}\gamma_{i,j,k}\Delta x_{i,j\max,k\max} \\
UW = (1-\alpha_{i,j,k})(1-\gamma_{i,j,k})\Delta x_{1,j,1} + \alpha_{i,j,k}(1-\gamma_{i,j,k})\Delta x_{i\max,j,1} + \\
\qquad (1-\alpha_{i,j,k})\gamma_{i,j,k}\Delta x_{1,j,k\max} + \alpha_{i,j,k}\gamma_{i,j,k}\Delta x_{i\max,j,k\max} \\
UVW = (1-\alpha_{i,j,k})(1-\beta_{i,j,k})(1-\gamma_{i,j,k})\Delta x_{1,1,1} + \\
\qquad \alpha_{i,j,k}(1-\beta_{i,j,k})(1-\gamma_{i,j,k})\Delta x_{i\max,1,1} + \\
\qquad (1-\alpha_{i,j,k})\beta_{i,j,k}(1-\gamma_{i,j,k})\Delta x_{1,j\max,1} + \\
\qquad (1-\alpha_{i,j,k})(1-\beta_{i,j,k})\gamma_{i,j,k}\Delta x_{1,1,k\max} + \\
\qquad \alpha_{i,j,k}\beta_{i,j,k}(1-\gamma_{i,j,k})\Delta x_{i\max,j\max,1} + \\
\qquad \alpha_{i,j,k}(1-\beta_{i,j,k})\gamma_{i,j,k}\Delta x_{i\max,1,k\max} + \\
\qquad (1-\alpha_{i,j,k})\beta_{i,j,k}\gamma_{i,j,k}\Delta x_{1,j\max,k\max} + \alpha_{i,j,k}\beta_{i,j,k}\gamma_{i,j,k}\Delta x_{i\max,j\max,k\max}
\end{cases}
\tag{6.63}
$$

$$
\begin{cases}
\alpha_{1,j,k} = 0, \quad \beta_{i,1,k} = 0, \quad \gamma_{i,j,1} = 0 \\[4mm]
\alpha_{i,j,k} = \dfrac{\displaystyle\sum_{n=2}^{i} \| x_{n,j,k} - x_{n-1,j,k} \|_2}{\displaystyle\sum_{n=2}^{i\max} \| x_{n,j,k} - x_{n-1,j,k} \|_2} \\[8mm]
\beta_{i,j,k} = \dfrac{\displaystyle\sum_{n=2}^{j} \| x_{i,n,k} - x_{i,n-1,k} \|_2}{\displaystyle\sum_{n=2}^{j\max} \| x_{i,n,k} - x_{i,n-1,k} \|_2} \\[8mm]
\gamma_{i,j,k} = \dfrac{\displaystyle\sum_{n=2}^{k} \| x_{i,j,n} - x_{i,j,n-1} \|_2}{\displaystyle\sum_{n=2}^{k\max} \| x_{i,j,n} - x_{i,j,n-1} \|_2}
\end{cases}
\tag{6.64}
$$

式中,下标表示结点编号;α、β、γ 为结构网格三个方向归一化弧长坐标。采用式(6.64)计算。

由式(6.62)可知,TFI 方法在计算结点位移时各个位移分量之间是不相关的,因此不能很好地反映旋转变形。为方便说明,下面给出二维,仅考虑 y 方向位移的情况,如图 6.7 所示。

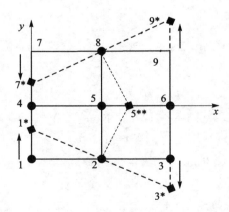

图 6.7　旋转修正示意图

图 6.7 中编号为 5 的结点为内部结点,其他为边界结点,假设边界结点 1、3、7、9 变形到 1^*、3^*、7^*、9^* 位置,依据 TFI 计算公式,结点 5 在 x 方向位移为 0,此时网格在边界处的正交性较差,结点 5 的理想位置应该在 5^{**} 处。从几何关系上可以看出,如果考虑结点 8 和结点 2 的旋转变形,在 TFI 计算结果的基础上再进行适当的旋转运算,结点 5 可以变形到满足正交性要求的位置上。关于此方面的详细内容,读者可以参阅本书作者的相关学术论文。

注意,尽管 TFI 方法具备较好的计算效率,但其最主要缺点是无法应用于非结构网格,针对非结构网格的动网格方法可采用前述的其他相关方法。

2. 弹簧网格法

弹簧网格法最早由 Batina 提出,用于求解翼型强迫振动绕流。其基本思想是将网格单元的边作为弹簧处理,弹簧刚度系数采用和边长相关的公式计算,从而将整个求解域的所有边构成一个弹簧网格。当边界结点运动后,通过求解弹簧网络的结点静力平衡方程来计算新的结点位置。弹簧方法由于并未考虑剪切力作用,在大变形时很容易出现网格畸变,而产生负体积。为了改善弹簧方法,Farhat、Blom 对标准弹簧网格方法进行了改进,通过附加扭转刚度考虑扭转效应,从而使变形能力大大提高。该方法最初用于非结构网格,对于结构网格可以通过添加对角边实现。

如图 6.8 为二维四边形单元结点连接关系示意图,为了增加变形的稳定性,在对角线添加了 $1-2$、$i-6$、$i-3$ 和 $4-5$ 四条边(用虚线表示),在小变形的前提下,结点 i 的静力平衡方程为

$$\sum_{j=1}^{NN} k_{ij}(\Delta x_j - \Delta x_i) = 0 \tag{6.65}$$

式中,NN 为通过边和结点 i 相连的结点个数;k_{ij} 为边 $i-j$ 的刚度,计算公式通常采用边长的 p 次方:

$$k_{ij} = |x_i - x_j|_2^{-p} \tag{6.66}$$

式中,系数 p 通常取 $2\sim3$,p 越大则边长小的边越刚硬。

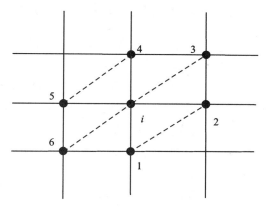

图 6.8　结点关系示意图

为了防止单元过度挤压变形,在边刚度上再附加一种反应扭转特性的刚度系数 $k_{torsion}$:

$$k_{torsion,ij} = \sum \frac{1}{\sin^2 \theta_{ij}} \tag{6.67}$$

式中,θ_{ij} 为与边 $i-j$ 相对的夹角,例如边 $i-5$ 所对的角为 $\angle i45$ 和 $\angle i65$。当夹角接近于 0 时,扭转刚度会接近与无穷大,从而阻止边继续变形。在考虑了扭转刚度后,式(6.65)变为

$$\sum_{j=1}^{NN}(k_{ij}+k_{\text{torsion},ij})(\Delta x_j - \Delta x_i)=0 \tag{6.68}$$

上式可以通过雅可比迭代或 Gauss – Seidel 迭代来求解,因算法较简单,故不在此详述。

求解式(6.68)的迭代次数取决于网格变形量的大小,当网格变形量小于边界第一层单元的法向尺寸时,可以在较少的迭代步内很快收敛。但对于较大变形,需要较多迭代步,且容易出现负体积,常用的处理方法是将总变形按照第一层单元法向尺寸的一定比例(0.1~0.5)进行分步加载。注意,在式(6.68)的求解的每个迭代步过程中,都需要先读取结点编号,再按此编号读取位移,其内存访问量是 TFI 的两倍。弹簧网格法需要考虑多个迭代步,其计算效率远低于 TFI 方法。

3. 边界元方法

Chen 是最早将边界元方法用于动网格计算中的,其基本思想是将流体网格看成一个嵌入在假想的无限线弹性均匀介质中,对每个网格块,采用有限元方法按照满足最小应变能来计算块内的位移分布,进而通过形函数得到内部流体网格结点位移,其可以看作是弹簧方法的扩展。它的优点是不用考虑流场网格点之间的连接关系,适合于当前所有流场计算网格;缺点是线性 BEM 方法在物面附近往往会引起网格正交性较差,由于每步都需要采用迭代方法求解静平衡方程,造成计算量很大,当网格块较多时尤为明显。

4. Delaunay Graph 方法

Delaunay Graph 方法是由刘学强等提出的一种基于 Delaunay Graph 映射的动网格方法。其基本原理是将边界网格运动变换到 Delaunay Graph 运动,然后通过映射关系再变换得到内部网格结点位移。其具体计算步骤如下:

第一步,生成以初始网格为基础的 Delauney 剖分。对于二维问题 Delauney 剖分由三角形构成,三维问题由四面体构成。

第二步,建立网格点和 Delauney 剖分中的映射关系,也即计算网格点在 Delauney 剖分中的位置。一般通过类似有限元形函数的方法确定,例如采用体积剖分比例。

第三步,将边界位移施加到 Delauney 剖分,并进行变形、移动等变换。

第四步,通过第二步得到的映射关系,把 Delauney 剖分的位移变换到网格结点,从而得到最终的动网格。

在此以单块二维矩形网格为例说明其计算方法,如图 6.9 的(a)~(d)分别为原

始网格图、生成的 Delauney 图、变形后的 Delauney 图和变形后的最终网格。其中 Delauney 剖分由 12 个三角形构成,网格点在 Delauney 剖分中的局部坐标采用结点在三角形中的面积坐标计算,于是新的网格结点坐标可由结点在变形后的三角形中的局部坐标按照三角形三个结点坐标线性插值计算。

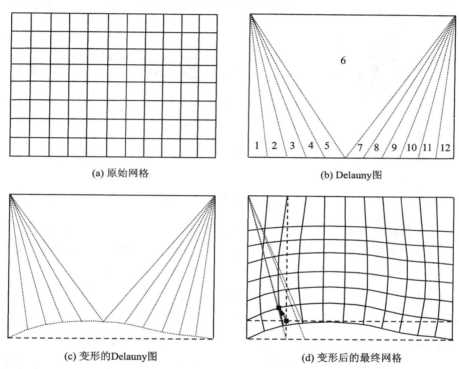

(a) 原始网格　　　　　　　　　　　　(b) Delauny图

(c) 变形的Delauny图　　　　　　　　(d) 变形后的最终网格

图 6.9　Delaunay Graph 方法

Delauney Graph 方法采用映射关系,使网格变形前后的网格点分布密度、网格的拓扑结构得到保持,适合任意拓扑结构网格的移动变形;同时它不需要迭代操作,因而效率较高。但是,该方法需要构造完全包含求解域的 Delauney 剖分,某些情况下需要依据经验添加额外的控制点来提高变形效果。另外不同的 Delauney 剖分方式得到的网格分布也不同,复杂网格下如何调整其形式得到最优的变形网格也存在一定难度。

6.7.2　测试算例

1. RAE2822 翼型粘性网格

网格拓扑结构为 C 形,共分为四块,结点数目分别为 89×97、89×97、41×97 和

41×97,翼型弦长为 1,壁面第一层网格高度为 1×10^{-6},原始网格如图 6.10 所示。计算机 CPU 为 Intel Xeon E5504,内存为 6 GB,所有计算均采用单个核心。

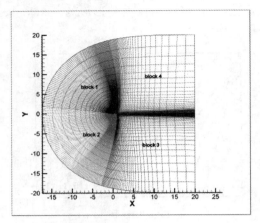 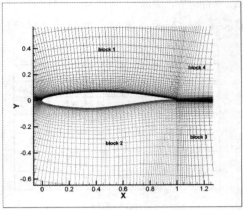

图 6.10　RAE2822 原始网格

边界运动设置为绕四分之一弦点逆时针旋转 45°,在这个变形角度下,传统 TFI 方法网格在翼型前缘处会产生严重扭曲,正交性较差。为考察子块及旋转修正的影响,下面给出 4 种计算结果:① 传统 TFI 方法;② 采用弹簧类比法;③ 采用带旋转修正的 TFI 方法,子网格数目为 1;④ 采用带旋转修正的 TFI 方法,子网格为 4×4。子网格块为 1 时,块 1 的旋转依赖边界为翼型上表面,块 2 的依赖边界为翼型下表面,块 3、4 的旋转依赖边界为翼型后缘角点。

由图 6.11 和图 6.12 可知,采用传统 TFI 和弹簧类比法时,近壁面处网格的正

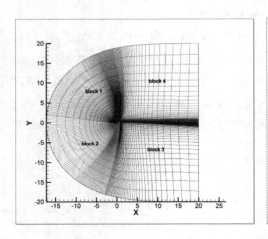 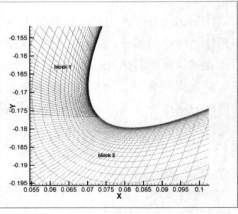

图 6.11　TFI 方法的网格变形结果

交性较差。如图 6.13 所示，相比而言即使不采用子网格，旋转修正后的网格质量也非常好；在采用 4×4 子网块时，壁面附近的网格正交性基本未变化，整体网格更加光顺，如图 6.14 所示。

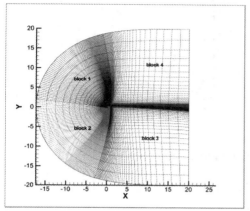
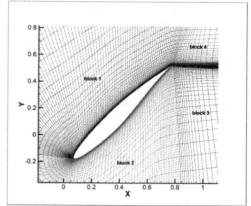

图 6.12　弹簧类比法的网格变形结果

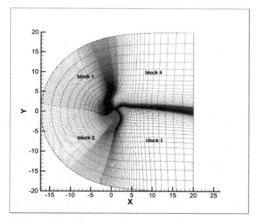
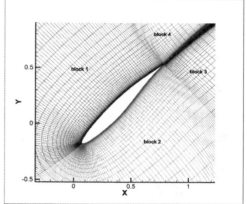

图 6.13　子网格块数目为 1 的网格变形结果

采用弹簧类比法时，一个时间步长内的变形量不能取太大，否则极易造成负体积。上述计算中一共分 500 步将旋转角度逐渐增加到最大值。采用带旋转修正的 TFI 方法则直接增大到最大值。考虑实际计算过程中每个时间步上的变形量不会很大，因此在对比计算效率时，仅和弹簧类比法的一个时间步进行比较，如表 6.1 为包含 TFI 方法在内的 4 种方法的计算时间比较。带旋转修正的 TFI 方法计算时间是原始 TFI 方法的 3~4 倍，是弹簧类比法的 1/20~1/30。

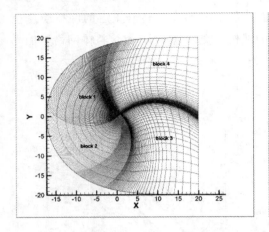 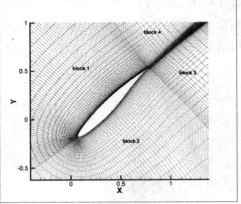

图 6.14　子网格块数目为 4×4 的网格变形结果

表 6.1　计算时间(1)

方　法	时间/ms
TFI	0.95
弹簧法,单步	105
旋转修正的 TFI 方法,1 个子网络块	3.5
旋转修正的 TFI 方法,4×4 个子网络块	4

2. AGARD445.6 粘性网格

　　几何模型为 AGARD445.6 机翼,网格拓扑结构为 C-H 型网格,一共分为 8 个块,结点总数为 170 万。原始网格如图 6.15 所示。

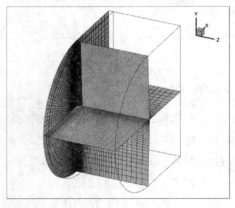 

(a) 全局视图　　　　　　　　　　　(b) 局部视图

图 6.15　AGARD445.6 机翼原始网格

翼型运动设置为绕根部旋转 60°,图 6.16 为传统 TFI 方法的计算结果,显然在翼梢位置网格正交性较差。如图 6.17 为子网格块为 1 时的计算结果,图 6.18 为子网格块为 3×3×3 时的计算结果,二者相差不大,网格壁面附近仍保持原始网格的正交性,整体网格光顺性良好。

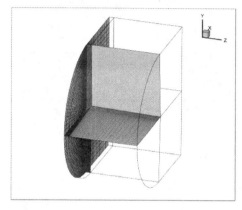

(a) 全局视图

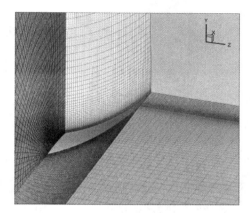

(b) 局部视图

图 6.16　TFI 方法的网格变形结果

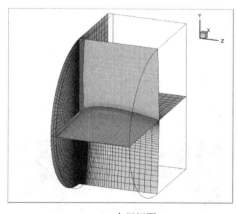

(a) 全局视图

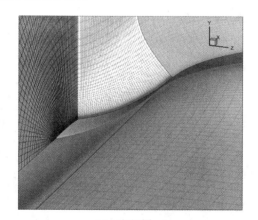

(b) 局部视图

图 6.17　子网格块为 1 时的网格变形结果

计算硬件配置同前,表 6.2 给出了不同计算方法的计算时间。同样弹簧方法采用 500 步递增方式计算,表中给出的是单步时间。显然 TFI 方法最快,带旋转修正的方法次之,是 TFI 方法的 3.5 倍左右,弹簧网格法最慢。

3. DLR－F4 翼身组合体粘性网格

几何模型为 AIAA 阻力计算工作室的标准模型,机身长度尺寸为 1 250,为保证

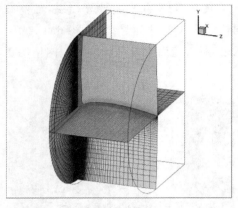

(a) 全局视图

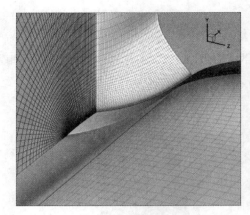

(b) 局部视图

图 6.18 子网格块为 3×3×3 时的网格变形结果

网格质量,机身附近流体网格采用 O 形拓扑结构,外部再嵌套 H 形网格,网格一共分为 122 个块,网格结点总数为 210 万,壁面法向第一层网格高度为 0.1,整体网格及局部放大图如图 6.19 所示。

表 6.2 计算时间(2)

方 法	时间/ms
TFI	200
弹簧法,单步	41 300
旋转修正的 TFI 方法,1 个子网络块	650
旋转修正的 TFI 方法,4×4 个子网络块	695

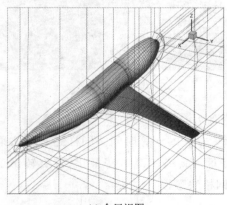

(a) 全局视图

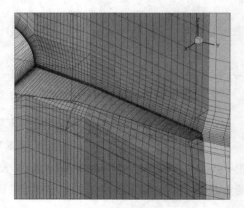

(b) 局部视图

图 6.19 DLR‐F4 翼身组合体原始网格

　　结构最大变形在翼梢位置，为绕 x 轴旋转 30°，变形前后的结构如图 6.20 所示。分别采用原始 TFI 方法和带旋转修正的 TFI 方法进行了动网格计算。

图 6.20　结构变形图

　　图 6.21 为传统 TFI 方法的网格变形结果，从局部放大图中可知，翼梢位置的网格正交性很差，出现过度扭曲，并产生负体积。图 6.22 为使用带旋转修正的 TFI 方法的计算结果，计算过程未采用子网格块，结果显示并未出现负体积，从局部放大图中可看出翼梢位置仍能保证较好的正交性。就计算时间而言，TFI 方法为 290 ms，带旋转修正的方法为 1 400 ms，对于 210 万规模的网格，这样的计算时间是完全可以接受的。

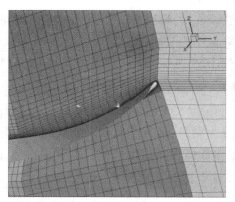
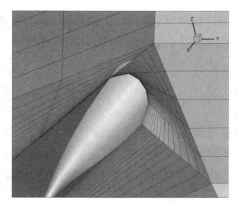

(a) 全局视图　　　　　　　　　　　　　　(b) 局部视图

图 6.21　TFI 动网格结果

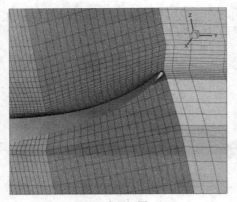

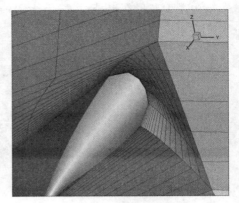

(a) 全局视图 　　　　　　　　　　　　(b) 局部视图

图 6.22　带旋转修正的 TFI 动网格结果

6.8　耦合边界物理量插值方法

一般情况下,采用分区耦合的多场耦合方法开展流固耦合分析时,不同计算区域(如固体计算域、流体计算域)之间的交界面网格不是一一对应的,需要对相关物理量(如位移、温度、压力、热流密度等)进行插值,插值精度直接影响另一侧物理场的准确求解。不同物理量的插值方法一般不同,例如位移、温度插值需要满足物理量分布,而热流密度和压力则需要保证插值前后守恒。对于不同物理量,需要从其物理特性出发,按照一定的条件构造相应的插值方法,以确保插值后的物理量满足相应的要求。载荷的精确传递是保证耦合计算精度的关键。

插值方法的数学描述是给定一个已知分布的变量 u_{src},构造满足一定物理条件的矩阵 G,从而得到插值后的变量 u_{des},插值前后的变量满足如下线性关系:

$$u_{\mathrm{des}} = G \cdot u_{\mathrm{src}} \tag{6.69}$$

耦合界面上各物理量的插值方法按其特性可分为两类:插值前后满足相同的空间分布规律的场变量插值、插值前后满足局部和整体守恒性的通量插值。本节分别从这两类插值问题的特点出发,给出插值矩阵 G 的计算方法。

6.8.1　场变量插值方法

1. 薄板样条方法

薄板样条(Thin - Plate Spline, TPS)插值方法是一种基于薄板变形理论的位移

场插值方法,其原理为:把流固耦合边界假设为一个薄板,通过求解下式的板弯曲方程来确定板的变形,下面给出推导过程:

$$D\nabla^4 w = F \tag{6.70}$$

式中,D 为板的弯曲刚度;w 为板法向变形量;F 为板表面的分布载荷。引入极坐标系:$x = r\cos\theta$,$y = r\sin\theta$,梯度算子 ∇^4 在极坐标系下的形式为

$$\nabla^4 = \frac{1}{r}\frac{\mathrm{d}}{\mathrm{d}r}\left\{r\frac{\mathrm{d}}{\mathrm{d}r}\left[\frac{1}{r}\frac{\mathrm{d}}{\mathrm{d}r}\left(r\frac{\mathrm{d}w}{\mathrm{d}r}\right)\right]\right\} \tag{6.71}$$

把式(6.71)代入式(6.70)后,可得到其解析解如下:

$$w(r) = A + Br^2 + \frac{F}{16\pi D}r^2\ln r^2 \tag{6.72}$$

令 $C = \dfrac{F}{16\pi D}$、$K_i = r^2\ln r^2$,则变换到笛卡儿坐标后,对板内任意的点 i,其变形如下:

$$w(x,y,z) = \sum_{i=1}^{n}(A_i + B_i r_i^2 + C_i k_i) \tag{6.73}$$

式中,n 为结点个数;系数 A_i、B_i、C_i 为待定系数。

通过采用样条叠加方法求解式(6.70),同样可得到其解析解为

$$w(x,y,z) = a_0 + a_1 x + a_2 y + a_3 z + \sum_{i=1}^{n}K_i(x,y,z)C_i \tag{6.74}$$

式中,a_0、a_1、a_2、a_3 为待定系数。

联立式(6.73)和式(6.74)可求得

$$\begin{cases} a_0 = \sum_{i=1}^{n}\left[A_i + B_i(x_i^2 + y_i^2 + z_i^2)\right] \\[2mm] a_1 = -2\sum_{i=1}^{n}B_i x_i,\quad a_2 = -2\sum_{i=1}^{n}B_i y_i,\quad a_3 = -2\sum_{i=1}^{n}B_i z_i \end{cases} \tag{6.75}$$

将所有 n 个已知位移的结点代入式(6.74),可得到包含 $n+4$ 个未知数的线性方程组:

$$\begin{bmatrix} 0 \\ 0 \\ 0 \\ 0 \\ w_1 \\ w_2 \\ \vdots \\ w_n \end{bmatrix} = \begin{bmatrix} 0 & 0 & 0 & 0 & 1 & 1 & \cdots & 1 \\ 0 & 0 & 0 & 0 & x_1 & x_2 & \cdots & x_n \\ 0 & 0 & 0 & 0 & y_1 & y_2 & \cdots & y_n \\ 0 & 0 & 0 & 0 & z_1 & z_2 & \cdots & z_n \\ 1 & x_1 & y_1 & z_1 & 0 & k_{1,1} & \cdots & k_{1,n} \\ 1 & x_2 & y_2 & z_2 & k_{2,1} & 0 & \cdots & k_{2,n} \\ \vdots & \vdots & \vdots & \vdots & \vdots & \vdots & \ddots & \vdots \\ 1 & x_n & y_n & z_n & k_{n,1} & k_{n,2} & \cdots & 0 \end{bmatrix} \begin{bmatrix} a_0 \\ a_1 \\ a_2 \\ a_3 \\ C_1 \\ C_2 \\ \vdots \\ C_n \end{bmatrix} = C \cdot X \tag{6.76}$$

求出上述方程的解后,将其代入式(6.74),得到对于板内任意点的位移:

$$w(x_k, y_k) = a_k^{\mathrm{T}} X = a_k^{\mathrm{T}} C^{-1} u \tag{6.77}$$

式中，

$$a_k = \begin{bmatrix} 1 & x_k & y_k & z_k & k_{k,1} & k_{k,2} & \cdots & k_{k,n} \end{bmatrix}$$

$$u = \begin{bmatrix} 0 & 0 & 0 & 0 & w_1 & w_2 & \cdots & w_n \end{bmatrix}^{\mathrm{T}}$$

对所有的待插值结点，采用公式(6.77)进行计算，整理后可得如下插值关系：

$$u_{\mathrm{des}} = A \cdot C^{-1} u_{\mathrm{src}} = G_{\mathrm{TPS}} \cdot u_{\mathrm{src}} \tag{6.78}$$

式中，

$$A = \begin{bmatrix} 1 & x_1^{\mathrm{des}} & y_1^{\mathrm{des}} & z_1^{\mathrm{des}} & k_{1,1}^{\mathrm{des}} & k_{1,2}^{\mathrm{des}} & \cdots & k_{1,\mathrm{ns}}^{\mathrm{des}} \\ 1 & x_2^{\mathrm{des}} & y_2^{\mathrm{des}} & z_2^{\mathrm{des}} & k_{2,1}^{\mathrm{des}} & k_{2,2}^{\mathrm{des}} & \cdots & k_{2,\mathrm{ns}}^{\mathrm{des}} \\ \vdots & \vdots & \vdots & \vdots & \vdots & \vdots & \vdots & \vdots \\ 1 & x_{\mathrm{nd}}^{\mathrm{des}} & y_{\mathrm{nd}}^{\mathrm{des}} & z_{\mathrm{nd}}^{\mathrm{des}} & k_{\mathrm{nd},1}^{\mathrm{des}} & k_{\mathrm{nd},2}^{\mathrm{des}} & \cdots & k_{\mathrm{nd},\mathrm{ns}}^{\mathrm{des}} \end{bmatrix}, \quad G_{\mathrm{TPS}} = A \cdot C^{-1}$$

上标 des 表示待插值的结点，ns 为已知位移结点总数，nd 为待插值结点总数，k 的计算公式如下：

$$k_{i,j}^{\mathrm{des}} = r_{ij}^2 \ln r_{ij}^2, \quad r_{ij} = (x_i^{\mathrm{des}} - x_j^{\mathrm{src}})^2 + (y_i^{\mathrm{des}} - y_j^{\mathrm{src}})^2 + (z_i^{\mathrm{des}} - z_j^{\mathrm{src}})^2$$

注意，上述计算过程不需对式(6.76)直接求解，只需对矩阵 C 求逆即可完成。此外，当所有结点共面时，C 矩阵奇异，上述方法退化为无限平板样条(Infinte – Plate Spline)方法。计算方法是先将结点变换到平面内，采用变换后的平面二维坐标按照公式(6.78)计算，对矩阵 C，仅需将其包含 z 的行和列去掉即可。

薄板样条方法的优点：对于连续光滑的界面几何形状，其插值精度很高，特别适用于平板类的边界几何外形的插值。缺点：对于类似图 6.23 所示的不光滑界面，插值结果有误。这是由于薄板样条方法的假设是位移 4 阶可导，显然此时边界位移并不满足此条件。解决此问题，通常可采用手动分块方法来处理，使每个边界网格块近似满足光滑条件，但对于复杂模型难以实现自动化。另外，薄板样条计算

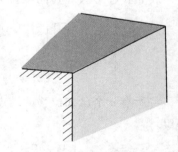

图 6.23　不光滑的插值界面

方法中需要对稠矩阵 C 求逆，对于边界网格点较多时，其计算极为耗时。对于温度场，采用薄板样条插值没有明确的物理意义，能否应用还有待考察。

2. 基于等参变换的有限元形函数插值方法

考虑结构动力学和传热一般采用有限元方法求解，其边界温度和位移满足结构单元形函数描述的分布规律，此时如果采用单元形函数仅需边界温度和位移插值，既具有明确的物理意义，又可直接采用有限元单元信息加快计算，此外它还适用于任意复杂结构外形。其计算过程也较简单，一共分为如下两步：

第一步,计算待插值结点在源网格单元中的自然坐标。计算步骤如图 6.24 所示。为加快计算,首先搜索距离待插值结点 P 最近的几个单元(图中用小方点表示),可以采用与单元形心的距离判断。找到最近的单元后,将结点 P 分别投影到各个最近的单元,并对投影后的点进行等参逆变换得到结点的自然坐标。

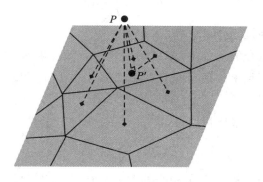

图 6.24　插值单元搜索和投影

第二步,采用形函数插值未知结点的变量。

待插值点处的形函数很容易根据单元形函数假设得到,进而组装成矩阵。由于过程比较简单,就没有给出。

6.8.2　守恒型通量插值

如图 6.25 所示为三维流固边界上的一个结构有限单元边界面和流体单元边界面的对应关系示意图,其中背景网格为流体网格。

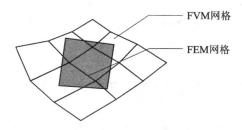

图 6.25　有限元和有限体积网格对应关系示意图

边界上的热流密度、压力分布等通量场的插值不同于一般的标量场(如位移、温度)和矢量场(如速度),其值在边界上应满足如下守恒条件:

局部守恒性,也即对单个单元,满足:

$$\int_{S_k} F_k \mathrm{d}s = \int_{S_k} f_k \mathrm{d}s \tag{6.79}$$

式中，S_k 为有限单元 k 的外表面；F_k 为面 S_k 上的通量或压力；f_k 为有限体积网格对应于面 S_k 上的热流密度或压力。

整体守恒性，对整个求解域，满足：

$$\int_S F\mathrm{d}s = \int_S f\mathrm{d}s \qquad (6.80)$$

式中，S 为整个流固耦合边界。

在求解域完全重合的条件下，如果局部守恒条件能够精确满足，则整体守恒条件是自然满足的。满足上述两个条件的插值方法称为守恒型插值。下面以热流密度为例进行算法说明。

对于采用格心式有限体积网格，式（6.79）变为如下形式：

$$\int_{S_k} F_k\mathrm{d}s = \sum_{i=1}^{N} f_{k,i}S_{k,i} \qquad (6.81)$$

式中，$f_{k,i}$、$S_{k,i}$ 表示与有限单元 k 相交的第 i 个有限体积网格的边界热流密度和面积；N 为与 k 单元相交的有限体积网格个数。

1. 二维热流密度插值

以四边形有限单元为例，单元温度分布满足如下方程：

$$\begin{cases} T(s,t) = \sum_{i=1}^{4} N_i T_i \\ N_i = \dfrac{1}{4}(1+s_i s)(1+t_i t) \end{cases} \qquad (6.82)$$

式中，N_i 为形函数；T_i 为结点温度；$s\in[-1,1]$、$t\in[-1,1]$ 为自然坐标；s_i、t_i 为结点 i 的局部坐标。

依据热流密度的定义，热流密度在单元上的分布满足如下方程：

$$F = k_s\frac{\partial T}{\partial s} + k_t\frac{\partial T}{\partial t} \qquad (6.83)$$

式中，T 为温度；k_s、k_t 为局部坐标系中的导热系数；$s\in[-1,1]$、$t\in[-1,1]$ 为局部坐标。

假设 $t=-1$ 边为流固耦合边界，显然，热流密度在边界上满足线性分布，不妨设为

$$F(s) = as + b \qquad (6.84)$$

代入式（6.83）得到

$$S_k\int_{-1}^{1} F\mathrm{d}s = \sum_{i=1}^{N} f_{k,i}S_{k,i} \qquad (6.85)$$

积分后得到

$$b = \frac{\sum\limits_{i=1}^{N} f_{k,i} S_{k,i}}{2S_k} \tag{6.86}$$

又由 f_k 满足式(6.84)，于是可得如下方程组：

$$\begin{cases} f_{k,1} = as_1 + b \\ f_{k,2} = as_2 + b \\ \quad\vdots \\ f_{k,N} = as_N + b \end{cases} \tag{6.87}$$

问题转换为线性最小二乘法问题，其求解方法较为简单，不在此给出。由于三角形单元可以作为退化的四边形单元对待，因此上述方法对于三角形单元同样适用。

2. 三维热流密度插值

以 8 结点六面体单元为例，单元温度形函数为

$$\begin{cases} T(s,t,r) = \sum\limits_{i=1}^{8} N_i T_i \\ N_i = \dfrac{1}{8}(1+s_i s)(1+t_i t)(1+r_i r) \end{cases} \tag{6.88}$$

式中，N_i 为形函数；T_i 为结点温度；$s \in [-1,1]$、$t \in [-1,1]$、$r \in [-1,1]$ 为自然坐标；s_i、t_i、r_i 为结点 i 的局部坐标。

单元热流密度分布函数为

$$F(s,t,r) = k_s \frac{\partial T}{\partial s} + k_t \frac{\partial T}{\partial t} + k_r \frac{\partial T}{\partial r} \tag{6.89}$$

假设 $r = -1$ 面为流固耦合边界，将温度形函数代入上述热流密度公式，可得该边界面上热流密度为二次函数，记为：

$$F(s,t) = ast + bs + ct + d \tag{6.90}$$

代入式(6.85)可得：

$$d = \frac{\sum\limits_{i=1}^{N} f_{k,i} S_{k,i}}{4S_k} \tag{6.91}$$

与二维问题相同，最终转换为线性最小二乘法问题：

$$\begin{cases} f_{k,1} = as_1 t_1 + bs_1 + ct_1 + d \\ f_{k,2} = as_2 t_2 + bs_2 + ct_2 + d \\ \quad\vdots \\ f_{k,N} = as_N t_N + bs_N + ct_N + d \end{cases} \tag{6.92}$$

式(6.92)中仅包含 3 个未知数，可以通过 3 阶矩阵的求逆公式精确计算。

注意,式(6.87)和式(6.92)都需要计算有限体积单元边界面面心的局部坐标,对于非一对一的边界网格需要查询流体网格结点所对应的固体网格单元。考虑边界流体网格结点位移也是通过形函数插值得到,因此相应查询计算在迭代过程中仅需进行一次,故可采用简单的逐点查询,例如可采用 kdtree 算法实现快速查询。完成查询后,将流体网格点投影到有限元单元计算相应的局部坐标,三维情况的重叠面积采用如下多边形求交算法实现:

① 对多边形进行三角形剖分。将需要求交运算的两个多边形分别分割为若干个三角形,于是原问题转换为三角形求交问题。

② 三角形求交运算。首先将源三角形投影到目标三角形,计算两个三角形的所有边的交点,再将这些交点构成一个凸多边形,则该多变形即为三角形重叠部分。通过计算多边形面积得到重叠部分面积。

6.9　数值算例

6.9.1　RAE2822 翼型绕流数值模拟

本算例为 RAE2822 翼型粘性绕流的数值模拟,流动控制方程为 N-S 方程,空间离散格式选用 Roe 格式,限制器选用 Van Leer 限制器,湍流模型采用 SA 和 SST 两种湍流模型。计算网格如图 6.26 所示,为 C 形拓扑结构,网格大小 257×97。计算条件:来流马赫数 $Ma = 0.72$,来流攻角 $\alpha = 2.72°$,雷诺数 $Re = 6.2 \times 10^6$。

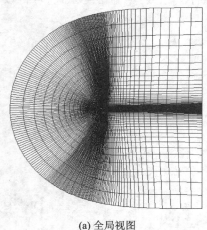

(a) 全局视图　　　　　　　　　　　(b) 翼型附近局部视图

图 6.26　RAE2822 翼型网格

图 6.27 给出了翼型附近马赫数云图与等值线图,其中图(a)和(b)分别为 SA 和 SST 湍流模型计算结果,从图中可以看到两种湍流模型对激波的分辨都较好。图 6.28 给出了翼型表面压强系数分布,从图中可以看到 SA 和 SST 两种湍流模型计算结果与实验值都吻合较好,其中对激波位置的捕捉 SST 湍流模型计算结果优于 SA 湍流模型计算结果。

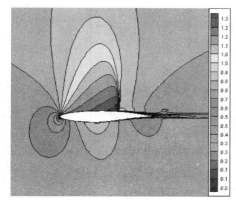

(a) SA 湍流模型

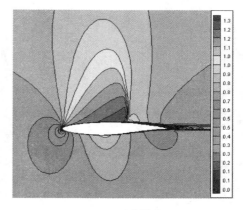

(b) SST 湍流模型

图 6.27 马赫数云图及等值线图

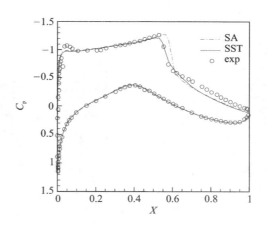

图 6.28 RAE2822 翼型表面压强系数分布

6.9.2 Onera M6 机翼跨声速气动力

Onera M6 机翼的跨声速气动力风洞实验(见 AGARD Report AR-138)是验证 CFD 跨声速计算性能的典型算例,由于跨声速流动及三维效应会在机翼表面产生

"λ"形状的激波,准确预测激波位置可以作为考核 CFD 求解器性能的指标。模型几何外形如图 6.29 所示,是一根梢比 0.56、后掠角 26.7°、Onera D 翼型的机翼。

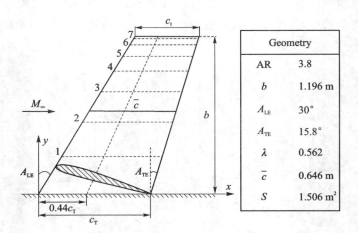

Geometry	
AR	3.8
b	1.196 m
A_{LE}	30°
A_{TE}	15.8°
λ	0.562
$\bar{c}$	0.646 m
S	1.506 m²

图 6.29　Onera M6 机翼几何外形示意图

计算来流马赫数为 0.839 5,攻角 3.06°,静压 316 kPa,静温 680.5 K。计算选用欧拉方程,网格采用 C 形结构化网格,网格总数 31.7 万,如图 6.30 所示。

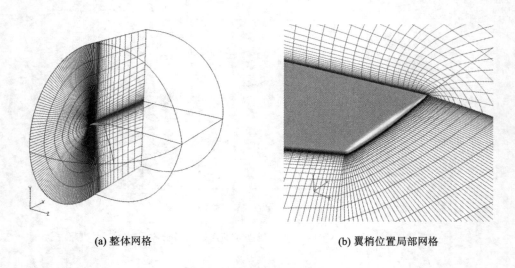

(a) 整体网格　　　　　　　　　　　　(b) 翼梢位置局部网格

图 6.30　CFD 计算网格示意图

图 6.31 为机翼表面压力分布云图,可以看出明显的"λ"形状激波。图 6.32 为展向不同截面上的压力系数对比,计算结果和实验结果吻合较好。

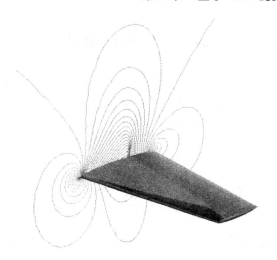

图 6.31　机翼表面压力分布云图

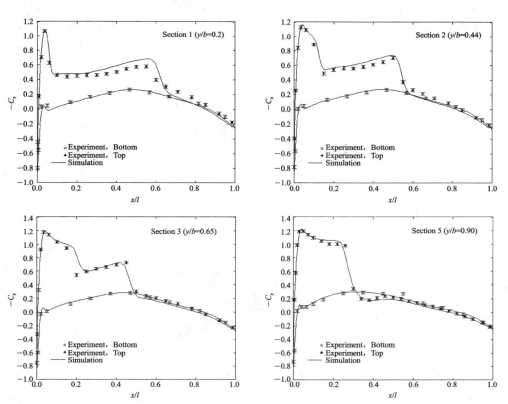

图 6.32　典型截面压力系数计算与实验结果对比

6.9.3　ARA M100 翼身组合体粘性绕流

本算例的计算模型为 ARA M100 翼身组合体,流动控制方程为 N‑S 方程,湍流模型采用 SST 两方程湍流模型。计算网格如图 6.33 所示,共由 12 个块组成,包含 929 100 个网格结点和 860 160 个网格单元。

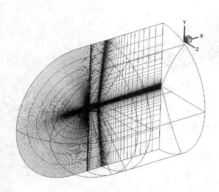

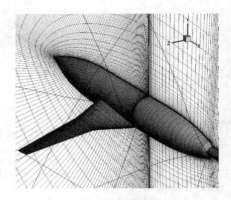

(a) 全局视图　　　　　　　　　　　　　　　(b) 局部视图

图 6.33　ARA M100 翼身组合体计算网格

数值计算中通量计算采用 Roe 格式,时间推进采用 LU‑SGS 格式。计算条件:来流马赫数 $Ma = 0.802\ 7$,攻角 $\alpha = 2.873°$,雷诺数 $Re = 13.1 \times 10^{6}$。

图 6.34 给出了翼身表面压强分布,图中清晰可见机翼上表面激波位置。

图 6.34　ARA M100 翼身表面压强分布

图 6.35 为 ARA M100 机翼沿展向不同位置压强系数分布与实验值的对比,图中显示计算结果与实验结果符合很好,表面求解器是可信的。

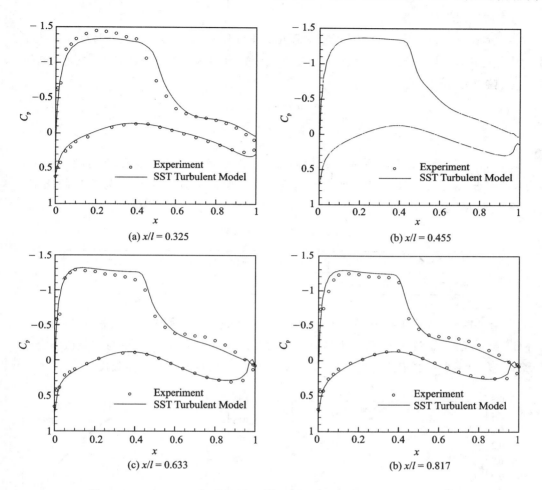

图 6.35　ARA M100 机翼展向不同位置压强系数分布与实验值的对比

6.9.4　NACA0012 跨声速非定常气动力验证

当飞行器结构运动受到小扰动时,气流通常以附着流的形式流过翼面。在亚声速或超声速流动时,受到小扰动的翼面气动力可以认为是近似线性的。跨声速飞行时,情况变得极其复杂:① 机翼表面局部区域流速达到声速,产生跨声速激波现象;② 机翼结构在气动力的作用下连续运动,可能诱使激波的强度和位置发生变化(如激波会突然增强或在机翼表面前后移动);③ 激波位置处的空气压力呈现不连续性,空气升力产生明显的变化;④ 当马赫数接近 1 时,还会出现升力突然下降,然后快速升起的现象(跨声速凹坑)。一般来说,跨声速区激波现象的出现,是导致翼面气动力本质非线性的根本原因。

本算例来自 AGARD 风洞实验(见 AGARD R - 702),用于验证由跨声速激波在翼面上下运动导致的气动力非线性效应。计算模型为二维 NACA0012 翼型,其绕1/4 弦点做如下正弦俯仰运动:

$$\alpha = \alpha_0 + \alpha_1 \sin(\omega t) \tag{6.93}$$

$$k = \frac{\omega \cdot L}{2U_\infty} \tag{6.94}$$

式中,α_0 是翼型做正弦运动时的初始迎角;α_1 是俯仰运动最大幅角;k 是减缩频率;L 是弦长;ω 是运动频率;U_∞ 是来流速度;x_m 是俯仰运动力矩中心与弦长的比值。各参数值见表 6.3。

表 6.3　NACA0012 翼型实验参数

来流马赫数	初始攻角	正弦运动最大幅值	缩减运动频率	力矩中心
$Ma_\infty = 0.75$	$\alpha_0 = 0.016°$	$\alpha_1 = 2.51°$	$k = 0.081\ 4$	$x_m = 0.25$

计算模型方程采用欧拉方程,时间步长为 0.001 s,动网格方法采用 Delaunay Graph 方法。如图 6.36 所示为计算结果的对比,可以看出计算结果与实验值吻合较好。升力系数存在迟滞效应,且力矩系数与攻角呈现明显的非线性效应。

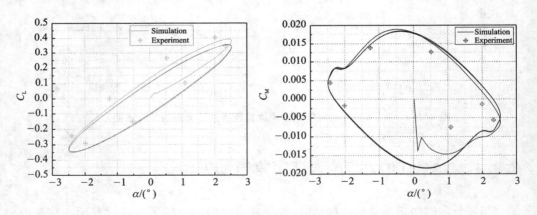

图 6.36　升力、力矩系数随攻角变化结果对比

6.10　跨声速气动力阶跃响应辨识方法

在气动弹性分析过程中,尤其是早期的、多学科参与的初期设计阶段,频繁地使用 CFD 程序会付出极大的时间代价。为了弥补这个缺陷,基于 CFD 技术的各种辨

识方法应运而生,其中,最重要的两种方法是脉冲响应法和阶跃响应法。除此之外,还有基于本征特征分解(Proper orthogonal decomposition,POD),基于小波、神经网络等各种辨识方法。当使用脉冲响应法、阶跃响应法等非参数辨识法时,其优点是:一旦辨识过程完成,机翼结构任意运动下的气动力预测将不再依赖 CFD 计算,从而节省了大量的时间,工作效率也提升数百倍。

　　基于脉冲响应的辨识,虽然理论上是最彻底的、最根本的辨识方法,但是脉冲信号被引入 CFD 程序之后,对流场的扰动相当剧烈,气动力网格瞬间变形,如果移动速度过大就容易产生程序异常终止或计算精度下降等后果。相比较,阶跃响应辨识法则具有更高的鲁棒性,且具有很多优点,如幅值的选择余地较大、计算结果平稳、辨识精度稳定。阶跃响应辨识法的原理:给定翼型结构的恒定微变形,通过 CFD 计算获得时域内的响应数据(阶跃响应),利用阶跃响应的一阶导数和结构变形的时间历程做卷积分运算,即可获得气动力的快速预测。

　　跨声速段气动力非线性的强弱,取决于飞行马赫数、飞行器结构外形,以及飞行姿态等多种因素。特定翼型在给定的飞行马赫数条件下,关注机翼结构俯仰运动的攻角幅值变化规律在多大程度上影响着流场环境的变化,基于 CFD 的阶跃响应辨识技术能帮助我们确定气动力的线性与非线性边界区域,有利于飞行器姿态的调整与控制,对确保飞行器的飞行安全有着重要的意义。历史上,由于受到计算条件和软件能力的限制,曾经使用过全势流理论进行相关的研究,然而,计算结果的可信度受到怀疑。

　　本节算例采用基于欧拉方程的 CFD 程序,重点研究翼型在不同的减缩频率(从 0.01~0.4)下的气动力幅值及气动力非线性强弱的变化规律。表 6.4 给出了 NACA0012 翼型所处流场环境的参数值。气动力阶跃响应曲线所对应的俯仰攻角是 0.1°(见图 6.37)。假设飞行器结构受到小扰动之后做俯仰运动,则对应的气动力输出由阶跃响应(辨识)公式给出,具体形式如下:

$$C_1(t) = C_{1\alpha}(t)\alpha(0) + \int_0^t C_{1\alpha}(\tau)\frac{\mathrm{d}}{\mathrm{d}t}\alpha(t-\tau)\mathrm{d}\tau \qquad (6.95)$$

式中,$C_{1\alpha}(t)$ 代表阶跃响应,它的值是以运行欧拉方程的 CFD 求解器的方式获得;$C_1(t)$ 代表结构任意运动下的气动力响应,可以直接通过 CFD 计算获得,也可以通过数值方法计算等号右端的项来获得;$\alpha(t)$ 代表结构的实际运动规律。

表 6.4　NACA0012 翼型实验数据

马赫数 Ma_∞	温度 T	压强 p	半弦长 b	来流速度 V_∞
0.88	288 K	55 704.92 Pa	0.5 m	299.375 m/s

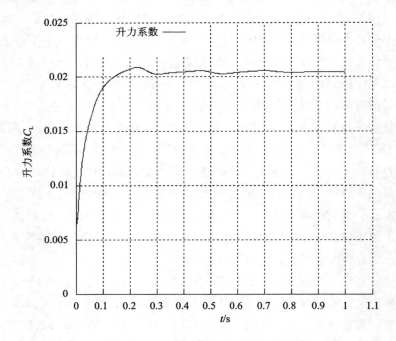

图 6.37　阶跃响应函数曲线(攻角 0.1°)

6.10.1　升力系数与减缩频率的关系

首先,给定翼型的运动规律

$$\alpha(t) = \alpha_0 + \alpha_1 \sin \omega t \qquad (6.96)$$

式中,初始攻角 $\alpha_0 = 0$;α_1 是运动的最大俯仰角;ω 是运动频率,与减缩频率的关系是 $\omega = V_\infty k/b$。

然后,固定翼型攻角 $\alpha_1 = 0.5°$,将缩减频率 k 看作可变参变量,分别选取 $k = 0.1, k = 0.2, k = 0.4, k = 1.0$ 四种情况用于 CFD 计算,结果如图 6.38~图 6.41 所示。图 6.42 刻画了升力系数与减缩频率之间的整体关系,具有如下两个特点:

① 随着折算频率的提高,升力系数的幅值有减少的趋势,最低在升力系数 0.027 附近,这与小扰动势流理论分析结果相一致。

② 随着折算频率的继续增加,升力系数的幅值又开始增加。

历史文献认为减缩频率的增加会诱发跨声速激波强度的变化,小扰动势流理论的计算结果不适用于更高的缩减频率。因此,历史上并没有完整地预测到跨声速气动力随减缩频率变化的整体趋势。基于欧拉控制方程的 CFD 程序,第一次给出了跨声速气动力与减缩频率之间的整体变化趋势图。

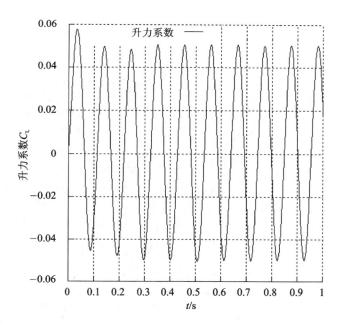

图 6.38　正弦运动时对应的升力系数曲线(攻角＝0.5°,k＝0.1)

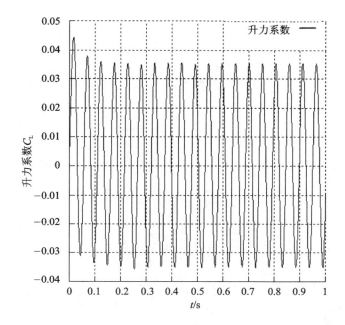

图 6.39　正弦运动时对应的升力系数曲线(攻角＝0.5°,k＝0.2)

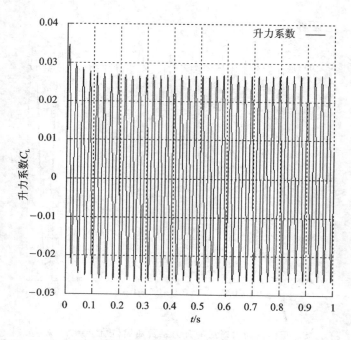

图 6.40　正弦运动时对应的升力系数曲线(攻角$=0.5°,k=0.4$)

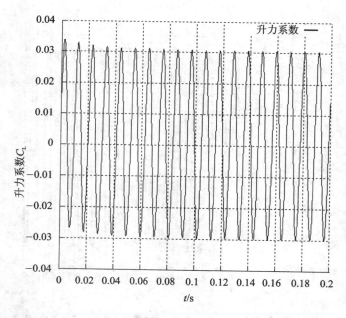

图 6.41　正弦运动时对应的升力系数曲线(攻角$=0.5°,k=1.0$)

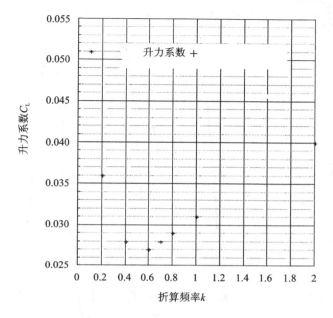

图 6.42　不同折算频率正弦运动下最大升力系数变化曲线(攻角＝0.5°)

6.10.2　跨声速流场阶跃响应辨识

根据式(6.95),阶跃响应辨识方法能够预测到线性化的气动力。由于俯仰攻角的大范围变化会激起跨声速流场中的激波效应,因此,阶跃响应辨识方法需要预先假设流场的弱激波效应,严格限制攻角的最大幅值(与选取的翼型和马赫数都有关系),常见的选择是 NACA0012 翼型。

应用阶跃响应辨识方法进行气动力的预测,其结果与 CFD 程序的计算结果对比如图 6.43～图 6.46 所示。当 NACA0012 翼型俯仰攻角选取 $\alpha_1 = 0.5°$ 时,辨识结果与 CFD 直接计算的结果比较吻合,峰值处的微小误差表明气动力呈现弱非线性特征,这也说明了小扰动势流理论的适用性,即在恰当的攻角变化范围内由翼型结构运动导致的气动力可近似线性化处理。当攻角增加到 $\alpha_1 = 5°$ 时,辨识结果与 CFD 计算结果出现了较大的差别,误差范围不仅仅在峰值处,而且出现了相位差。这说明气动力的非线性效应增强,同时出现了时滞效应。

观察图 6.44 和图 6.45 可以发现,气动力的非线性效应随着减缩频率的增加而减弱,辨识结果和 CFD 计算之间的吻合度重新一致。这说明翼型结构做低频运动时,气动力的非线性效应相比高频运动时要强;反之,提高缩减频率,可以抑制跨声速气动力的非线性效应。继续增大翼型的俯仰攻角至 $\alpha_1 = 10°$ 时,观察图 6.46,发现

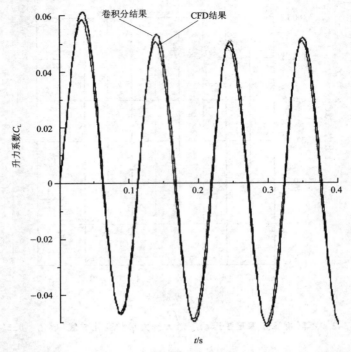

图 6.43 阶跃响应法与 CFD 计算的升力系数作比较（攻角＝0.5°，$k=0.1$）

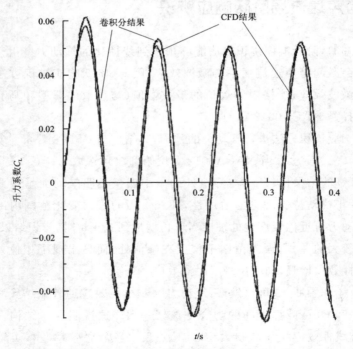

图 6.44 阶跃响应法与 CFD 计算的升力系数比较（攻角＝5°，$k=0.1$）

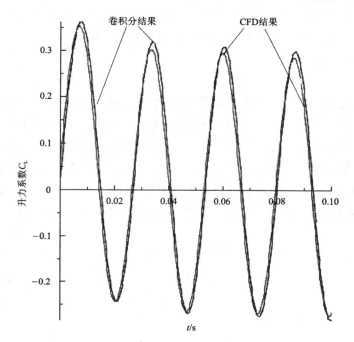

图 6.45　阶跃响应法与 CFD 计算的升力系数作比较(攻角＝5°, $k＝0.4$)

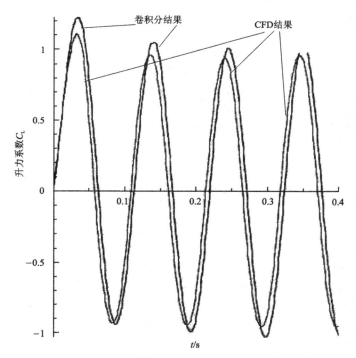

图 6.46　阶跃响应法与 CFD 计算的升力系数作比较(攻角＝10°, $k＝0.4$)

辨识结果与 CFD 计算结果之间的差异性更加明显,峰值误差近 20％,升力系数穿过坐标零点的时刻明显不同步,意味着阶跃响应辨识方法不再适用。

小　结

基于欧拉控制方程的 CFD 程序可用于跨声速气动力的计算,同时也可基于 CFD 技术结合阶跃响应辨识方法快速完成气动力的辨识。算例验证并分析了全势流理论用于跨声速气动力计算的可行性与不足,基于欧拉方程的 CFD 程序计算结果全面揭示了减缩频率与气动力幅值之间的关系。基于 CFD 技术的阶跃响应辨识方法的算例表明,在恰当的攻角范围内,辨识结果与 CFD 计算结果的一致性,提高减缩频率,有助于减缓非线性气动力效应,具有一定工程应用上的参考价值。

第 7 章

气动力辨识中的理论基础与方法

7.1　跨声速气动力辨识问题

　　任何一个可用连续泛函描述的非线性系统都可以表述成一个线性动态系统与一个非线性即时(无记忆)系统的级联形式。常见的工程系统模型可分为物理模型和数学模型。系统辨识过程中还会遇到随机性模型和确定性模型,参数模型和非参数模型,集中参数型和分布参数型,离散时间模型和连续时间模型,线性模型和非线性模型,时不变模型和时变模型等。用微分方程形式表达的数学模型属于参数模型,如差分方程模型;对一个系统进行实验并获得响应曲线,如脉冲/阶跃响应曲线、频率特性曲线等,属于非参数模型,如 Volterra 模型。气动力系统,如果忽略不确定性因素,则可以认为系统的输入和输出都是确定的。求解定常、非定常气动力所依据的 Navier - Stokes/Euler 方程(组)具有偏微分方程(组)的形式,因此,气动力系统属于分布式参数类型的系统。

　　跨声速气动力具有非线性特征,其非线性强弱与飞行器结构姿态有关(扰动源),同时也与流场参数(如来流马赫数、飞行高度等)有关。飞行器在跨声速区飞行,如果结构变形足够小,那么依据跨声速小扰动理论,可以认定气动力具有弱非线性特征,同时还是时不变的。在大攻角飞行姿态时,气动力非线性特性突出,计算表明气动力(矩)出现迟滞现象,且具有明显的时变特征等。

　　跨声速气动力辨识还属于动态系统辨识,即系统辨识中存在着记忆效应,当前气动力不仅与当前时刻的结构变形有关,还与结构运动的历史变形有关。动态系统辨识,需要选择合适的数学模型,如选择参数模型,就要考虑待辨识的参数数目、计算工作量、模型的复杂程度等。连续型参数模型通常是微分方程的形式,离散型参数模型通常是差分方程的形式。目前,基于 CFD 技术的气动力建模技术正成为主流的方法,采取时间域内的离散数学模型,如离散的状态空间方程数学模型。时域模型辨识方法大致分为:① 脉冲响应法、阶跃响应法等非参数方法;② 线性差分方程、状态变量方程等参数化模型分析法。

在气动弹性系统分析过程中,飞行器结构运动方程常采用二阶常微分方程组形式的数学模型。为了便于与现代控制理论相结合,有必要将其转化成离散形式的状态空间方程。另一方面,在基于 CFD 求解器的跨声速气动力预测中,多采用阶跃、脉冲信号对系统进行激励,由 CFD 求解器提供响应数据用于核参数辨识。有时,需要将核函数参数化处理,因此需要了解和掌握最小二乘法或广义最小二乘法等数学理论及方法。

7.2 常见的数学模型

7.2.1 连续型微分方程模型

设输入量为 $u(t)$,输出量是 $y(t)$,线性连续系统的微分方程数学模型描述如下:

$$a_0 \frac{\mathrm{d}^n y}{\mathrm{d}t^n} + a_1 \frac{\mathrm{d}^{n-1} y}{\mathrm{d}t^{n-1}} + \cdots + a_{n-1} \frac{\mathrm{d}y}{\mathrm{d}t} + a_n y =$$

$$b_0 \frac{\mathrm{d}^{n-1} u}{\mathrm{d}t^{n-1}} + b_1 \frac{\mathrm{d}^{n-2} u}{\mathrm{d}t^{n-2}} + \cdots + b_{n-2} \frac{\mathrm{d}u}{\mathrm{d}t} + b_{n-1} u \tag{7.1}$$

引入微分算子($p = \mathrm{d}/\mathrm{d}t$)后,形式上可以简化为

$$(a_0 p^n + a_1 p^{n-1} + \cdots + a_{n-1} p + a_n) y = (b_0 p^{n-1} + b_1 p^{n-2} + \cdots + b_{n-2} p + b_{n-1}) u \tag{7.2}$$

若系统的初值为零,则将 p 改写成 s,得到系统的传递函数:

$$G(s) = \frac{Y(s)}{U(s)} = \frac{b_0 s^{n-1} + b_1 s^{n-2} + \cdots + b_{n-2} s + b_{n-1}}{a_0 s^n + a_1 s^{n-1} + \cdots + a_{n-1} s + a_n} \tag{7.3}$$

考察线性系统的传递函数:

$$Y(s) = U(s) G(s) \tag{7.4}$$

由积分变换原理,对上式两边做拉氏反变换,立即得到时域内的输入/输出关系式

$$y(t) = \int_0^t u(\tau) g(t - \tau) \mathrm{d}\tau \tag{7.5}$$

当 u 选取为单位脉冲信号时,立即得到

$$y(t) = g(t) \tag{7.6}$$

$$u(t) = \delta(t) = \begin{cases} \infty & t = 0 \\ 0 & t \neq 0 \end{cases}, \quad \int_{-\infty}^{\infty} \delta(t) \mathrm{d}t = 1 \tag{7.7}$$

$$u[k] = \delta[k] = \begin{cases} 1 & k = 0 \\ 0 & k \neq 0 \end{cases} \tag{7.8}$$

这里,单位脉冲信号指的是连续系统下的式(7.7),或离散系统下的式(7.8); $g(t)$ 被称作脉冲响应函数,有时也记作 $h(t)$。

7.2.2　离散型差分方程模型

离散系统(采样数据系统)的动态特性可以由线性差分方程进行描述:

$$a_0 y(k) + a_1 y(k-1) + \cdots + a_n y(k-n) = b_0 u(k) + b_1 u(k-1) + \cdots + b_n u(k-n) \tag{7.9}$$

式中,通常取 $a_0 = 1$;由于系统存在延迟的原因,取 $b_0 = 0$。

引入移位算子 q 以及多项式 $A(q^{-1})$, $B(q^{-1})$ 如下:

$$q^{-1} y(k) = y(k-1), \quad q^{-2} y(k) = y(k-2), \quad \cdots \tag{7.10}$$

$$\begin{cases} A(q^{-1}) = 1 + a_1 q^{-1} + \cdots + a_n q^{-n} \\ B(q^{-1}) = b_0 + b_1 q^{-1} + \cdots + b_n q^{-n} \end{cases} \tag{7.11}$$

差分方程可以写成非常简洁的形式如下:

$$A(q^{-1}) y(k) = B(q^{-1}) u(k) \tag{7.12}$$

若系统的输入/输出的初值为零时,则将 q 换成 z,得到离散型的传递函数为

$$\frac{Y(z)}{U(z)} = H(z) = \frac{B(z^{-1})}{A(z^{-1})} \tag{7.13}$$

对于多输入/多输出系统,如输入个数为 m,输出个数为 r 的系统,类似的结果有

$$A(q^{-1}) Y(k) = B(q^{-1}) U(k) \tag{7.14}$$

式中,

$$\begin{cases} A(q^{-1}) = I + A_1 q^{-1} + \cdots + A_n q^{-n} \\ B(q^{-1}) = I + B_1 q^{-1} + \cdots + B_n q^{-n} \end{cases} \tag{7.15}$$

在辨识过程中,有时需要建立差分方程与脉冲响应法之间的联系。因此,我们必须认识脉冲响应的 z 变换就是线性系统的传递函数,同时,对于单输入/单输出系统来说,还满足如下关系:

$$\frac{b_0 + b_1 z^{-1} + \cdots + b_n z^{-n}}{1 + a_1 z^{-1} + \cdots + a_n z^{-n}} = h(0) + h(1) z^{-1} + \cdots \tag{7.16}$$

或

$$b_0 + b_1 z^{-1} + \cdots + b_n z^{-n} = (1 + a_1 z^{-1} + \cdots + a_n z^{-n})(h(0) + h(1) z^{-1} + \cdots) \tag{7.17}$$

比较两端 z^i 项的系数,立即得到差分方程模型中的系数 a_i, b_i 与脉冲响应 $h(i)$

之间的关系式

$$\sum_{m=0}^{k} a_m h(i-m) = \begin{cases} b_i & i=0,1,\cdots,n \\ 0 & i>n \end{cases}, \quad a_0=1 \tag{7.18}$$

时域内离散型系统的输入/输出关系式为

$$y(k) = \sum_{i=-\infty}^{k} h(k-i)u(i)T \tag{7.19}$$

式中,T 是系统采样间隔,一般为了书写的方便又不失一般性,令 $T=1$;k 是整数时间变数;$y(k)$,$h(k-i)$ 分别代表 kT,$k(T-i)$ 时刻对应的函数值。

在真实的物理系统中,往往由于阻尼的存在,核函数具有衰减的特性,例如 $t>pT$ 时,$h(t) \to 0$。

于是,式(7.19)又写作

$$y(k) = \sum_{i=k-p}^{k} h(k-i)u(i)T \tag{7.20}$$

在多变量系统中,输入/输出关系可以类似地表达

$$Y(k) = \sum_{i=-\infty}^{k} H(k-i)U(i) \tag{7.21}$$

式中,输入个数为 m;输出个数为 r,脉冲响应函数矩阵的形式为

$$H(k) = \begin{bmatrix} h_{11}(k) & \cdots & h_{1m}(k) \\ \vdots & & \vdots \\ h_{r1}(k) & \cdots & h_{rm}(k) \end{bmatrix} \tag{7.22}$$

离散的、时不变的、多变量系统核函数辨识技术,是时域辨识问题的关键。通常,为了方便数值编程求解及结合现代控制理论应用与研究,多采用一阶微分方程(组)形式的离散化数学模型,也就是离散的状态空间模型。

7.2.3 状态空间模型

描述系统内部联系的状态空间方程是常用的、重要的数学模型。

① 对于单输入/单输出的连续系统微分方程模型来说,

$$\frac{d^n y}{dt^n} + a_1 \frac{d^{n-1} y}{dt^{n-1}} + \cdots + a_{n-1} \frac{dy}{dt} + a_n y = u(t) \tag{7.23}$$

通过适当的广义坐标变换,转化成如下的状态方程和输出方程

$$\dot{X} = AX + Bu \tag{7.24}$$

$$Y = \begin{bmatrix} 1 & 0 & \cdots & 0 \end{bmatrix} \begin{bmatrix} x_1 \\ x_2 \\ \vdots \\ x_n \end{bmatrix} = CX \tag{7.25}$$

式中，

$$X = \begin{bmatrix} x_1 \\ x_2 \\ \vdots \\ x_n \end{bmatrix}, \quad A = \begin{bmatrix} 0 & 1 & 0 & \cdots & 0 \\ 0 & 0 & 1 & \cdots & 0 \\ \vdots & \vdots & \vdots & & \vdots \\ -a_n & -a_{n-1} & -a_{n-2} & \cdots & -a_1 \end{bmatrix}, \quad B = \begin{bmatrix} 0 \\ 0 \\ \vdots \\ 1 \end{bmatrix}$$

② 对于单输入/单输出的离散系统微分方程模型来说，

$$\begin{cases} X(k+1) = \Phi X(k) + \Gamma u(k) \\ y(k) = GX(k) + Du(k) \end{cases} \tag{7.26}$$

式中，$X(k)$ 是 $n \times 1$ 状态变量；Φ, Γ, G, D 分别是 $n \times n, n \times 1, 1 \times n, 1 \times 1$ 维的参数矩阵变量。

令变换矩阵 $T = \begin{bmatrix} G^T & (G\Phi)^T & \cdots & (G\Phi^{n-1})^T \end{bmatrix}^T$，且 $X^*(k) = TX(k)$，转化成新的状态空间方程和输出方程，形式如下：

$$\begin{cases} X^*(k+1) = \Phi^* X^*(k) + \Gamma^* u(k) \\ y(k) = G^* X^*(k) + Du(k) \end{cases} \tag{7.27}$$

式中，I 是单位矩阵；$G^* = \begin{bmatrix} 1 & 0 & \cdots & 0 \end{bmatrix}$；$D$ 是坐标变换不变量，仅与输入、输出信号发生关系；X^*, Φ^*, Γ^* 的形式如下：

$$X^*(k) = TX(k) = T \begin{bmatrix} x_1(k) \\ x_2(k) \\ \vdots \\ x_n(k) \end{bmatrix} \tag{7.28a}$$

$$\Phi^* = \begin{bmatrix} 0 & & & \\ \vdots & & I & \\ 0 & & & \ddots \\ -\phi_n^* & \cdots & & -\phi_1^* \end{bmatrix} \tag{7.28b}$$

$$\Gamma^* = T\Gamma = T \begin{bmatrix} \gamma_1 \\ \gamma_2 \\ \vdots \\ \gamma_n \end{bmatrix} = \begin{bmatrix} \gamma_1^* \\ \gamma_2^* \\ \vdots \\ \gamma_n^* \end{bmatrix} \tag{7.28c}$$

状态方程与差分方程之间的参数关系满足

$$\phi_i^* = a_i, \quad i = 1, 2, \cdots$$

$$D = b_0$$

$$\Gamma^* = \begin{bmatrix} \gamma_1^* \\ \gamma_2^* \\ \vdots \\ \gamma_{n-1}^* \\ \gamma_n^* \end{bmatrix} = \begin{bmatrix} 1 & & & \\ a_1 & 1 & & \\ \vdots & & \ddots & \\ a_{n-2} & & & \\ a_{n-1} & a_{n-2} & \cdots & a_1 & 1 \end{bmatrix}^{-1} \begin{bmatrix} b_1 - b_0 a_1 \\ b_2 - b_0 a_2 \\ \vdots \\ b_{n-1} - b_0 a_{n-1} \\ b_n - b_0 a_n \end{bmatrix} \tag{7.29}$$

下面讨论输入/输出是多维变量的情形,不妨令初始状态 $X(k_0) = 0$。

$$\begin{cases} X(k+1) = \Phi X(k) + \Gamma u(k) \\ Y(k) = G X(k) + D u(k) \end{cases} \tag{7.30}$$

使用迭代方法求解,系统的输出如下:

$$Y(k) = G\Phi(k - k_0)X(k_0) + \sum_{m=k_0}^{k-1} G\Phi(k - m - 1)\Gamma U(m) + DU(k)$$

$$= \sum_{m=k_0}^{k} H(k - m)U(m) \tag{7.31}$$

式中,

$$H(k) = \begin{cases} G\Phi(k-1)\Gamma, & k \geqslant 1 \\ D, & k = 0 \end{cases} \tag{7.32}$$

状态空间方程与脉冲传递函数之间也存在一定的关系,类似地,

$$\begin{cases} zX(z) = \Phi X(z) + \Gamma U(z) \\ Y(z) = G X(z) + D U(z) \end{cases} \tag{7.33}$$

移项,并整理后

$$X(z) = (Iz - \Phi)^{-1} \Gamma U(z) \tag{7.34}$$

$$Y(z) = G (Iz - \Phi)^{-1} \Gamma U(z) + D U(z) \tag{7.35}$$

至此,得到系统的传递函数,形式为

$$\frac{Y(z)}{U(z)} = G (Iz - \Phi)^{-1} \Gamma + D \tag{7.36}$$

如果 $D=0$,对应于时域中的单位脉冲、单位阶跃响应函数,分别是

$$h(k) = G\Phi^{k-1}\Gamma \tag{7.37}$$

$$w(k) = G \sum_{i=0}^{k-1} \Phi^i \Gamma \tag{7.38}$$

7.2.4　状态空间方程的基本特性

可观与可控性是状态空间模型的基本特性。

状态空间模型的可控矩阵与可观矩阵的定义如下：

$$T_c = [B, AB, \cdots, A^{n-1}B] \tag{7.39}$$

$$T_o = [C^{\mathrm{T}}, A^{\mathrm{T}}C^{\mathrm{T}}, \cdots, (A^{n-1})^{\mathrm{T}}C^{\mathrm{T}}]^{\mathrm{T}} \tag{7.40}$$

上述状态空间模型是完全可控的(完全可观的)充分必要条件是：

$$\mathrm{Rank}(T_c) = n \quad (\mathrm{Rank}(T_o) = n) \tag{7.41}$$

针对状态空间模型中的状态变量进行非奇异线性变换，得到可观或可控规范形的状态空间模型。经过这样的变换之后，所需辨识的参数的个数将从一般情况下的 $n^2 + 2n$ 个减少至 $2n$ 个，这表明采用规范形的状态空间模型更有利于参数辨识。离散型时不变的状态空间模型，结合现代控制理论，正被广泛地应用到飞行器设计与控制等众多领域。对于跨声速气动力预测来说，首要的任务就是建立气动力参数或非参数模型，再将辨识得到的气动力转化成状态空间方程模型，作为气动弹性系统状态空间模型的重要组成部分。

7.3　时/频域辨识方法

随着现代测试技术的发展，从信号的输入到绘制频率特性曲线的过程，在很短的时间内就可以完成，从而为频域中辨识系统提供了良好的条件。对于线性系统而言，通过分析频域特性实验曲线，获得传递函数的方法是简单的，但可能精度不够高；利用回归分析方法从系统频域特性拟合传递函数的方法，虽然工作量较大，但有可能得到较高的精度。20世纪80年代之前，系统辨识的工作多以频域内为主。随着计算机软硬件的发展以及计算流体力学的发展，非线性气动力计算及辨识工作逐渐转向时域内，体现出直接、高效且精确的特点。

时域内的系统辨识，输入和输出信号都是关于时间的函数。输入信号可具有多种形式，如脉冲、阶跃、三角波、方波，以及斜坡信号等。连续系统中的理想脉冲信号通常采用三角波或方波信号来替代，阶跃信号常采用斜坡信号来近似。三角波信号与方波信号如图7.1所示。

从控制理论中知道，频域特性曲线的求出，需要多次测试不同频率的正弦输入信号的响应，而在时域中，一次脉冲或阶跃输入(信号)就相当于输入一批一定频宽的正弦信号。跨声速气动力系统属于非线性系统，基于CFD技术的气动力数值计算都是在时域内进行的,而且离散形式的阶跃或脉冲输入(信号)也容易导入 CFD 求解器,因此,气动力系统的辨识在时域内进行无疑是方便的。

时域内的各种输入信号通过拉氏(或傅氏)变换后,具有如下特点:

① 单位脉冲信号的拉氏(傅氏)变换,恒等于1。

$$L[\delta(t)] = 1 \tag{7.42}$$

这个事实说明,单位脉冲信号的幅值在任意频率下都相等,即信号所包含的各频率成分的强度是一样的。当系统输入一个单位脉冲信号时,相当于等强度地激发出系统的各种频率的响应,因此,脉冲信号被认为是系统辨识中最重要的、最基本的,也是最直接的输入信号形式。

② 单位阶跃信号的拉氏变换和傅氏变换分别为

$$L[x(t)] = 1/s \tag{7.43}$$

$$X(j\omega) = 1/j\omega \tag{7.44}$$

单位阶跃信号的响应幅值,随频率增加而呈现衰减的趋势。

③ 其他信号的傅氏变换:

三角波信号的傅氏变换为

$$X(j\omega) = \frac{8}{(T\omega)^2}\left[1 - \cos\left(\frac{\omega}{2}T\right)\right]e^{-j\frac{\omega}{2}T} \tag{7.45}$$

方波信号的傅氏变换为

$$X(j\omega) = \frac{2}{\omega T}\sin\left(\frac{\omega}{2}T\right)e^{-j\frac{\omega}{2}T} \tag{7.46}$$

对三角波信号来说,频谱接近1时的频率范围约为

$$\omega < \frac{0.2\pi}{T}, \quad f < \frac{0.1}{T} \tag{7.47}$$

也就是说,当三角波信号作用时间为 $T = 0.001$ s 时,$f = 100$ Hz。

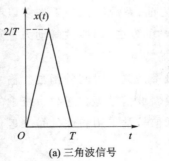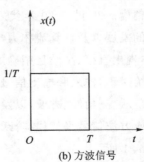

图 7.1 三角波信号与方波信号

总的来说,脉冲响应辨识方法是最基本、最重要的方法。对于线性系统来说,脉

冲响应函数是系统的固有特性,它是单位脉冲输入信号对系统激励后对应的响应输出。任意连续函数都可以被分解为多个脉冲信号之和。脉冲响应函数方法属于非参数辨识,具有以下两大优点:

① 对于要辨识的系统无须太多的先验知识,不需要考虑系统的阶次。

② 对于具有噪声污染的系统来说,辨识效果仍令人满意。

综上,系统的输入决定了系统的输出特性,从而决定了系统参数(核函数离散成多个待辨识的参数)的可辨识性和辨识精度。使用时,输入信号必须满足一定的条件,如最低的要求是在整个观测周期上,系统的所有模态必须被输入信号持续激励,否则系统将是不可辨识的。对于非线性系统的辨识来说,输入信号的幅值过大,容易引起系统的过度响应,导致系统输出不收敛的问题。

7.4　相关函数辨识法

定义(7.1)(随机过程)　随时间变化的随机变量的集合称为随机过程。随机过程 $x(t)$ 的任何一次实验结果称为"样本函数" $(x^i(t), i = 1, 2, \cdots)$,随机过程在给定的时间点 t_i 处的值称为一个随机变量。若时间点取多个,则称为多维随机变量;若时间只取离散值的随机过程,则称为离散随机过程或随机序列。

定义(7.2)(均值函数)　随机过程的均值函数记为

$$\mu_x(t) = E\{x(t)\} = \int_{-\infty}^{\infty} \alpha \cdot p(\alpha, t) \mathrm{d}\alpha \tag{7.48}$$

式中, $p(\alpha, t)$ 是随机过程的概率密度。

定义(7.3)(方差函数)　随机过程的方差函数记为

$$\sigma^2 = \mathrm{var}\{x(t)\} = \int_{-\infty}^{\infty} [\alpha - \mu_x(t)]^2 \cdot p(\alpha, t) \mathrm{d}\alpha \tag{7.49}$$

式中, $p(\alpha, t)$ 是随机过程的概率密度。

定义(7.4)(均值函数向量)　随机过程的均值向量函数记为

$$\mu_x(t) = E\{x(t)\} = [\mu_{x_1}(t), \mu_{x_2}(t), \cdots, \mu_{x_n}(t)]^{\mathrm{T}} \tag{7.50}$$

定义(7.5)(方差函数矩阵)　随机过程的方差函数矩阵记为

$$\sum\nolimits_x(t) = \mathrm{var}\{x(t)\} = E\{[x(t) - \mu_x(t)][x(t) - \mu_x(t)]^{\mathrm{T}}\} \tag{7.51}$$

定义(7.6)(自相关函数与自相关函数矩阵)　随机(向量随机)过程在任意两个时刻的自相关函数(自相关函数矩阵)记为

$$r_x(t_1, t_2) = E\{x(t_1)x(t_2)\} \tag{7.52}$$

$$R_x(t_1, t_2) = E\{x(t_1)x(t_2)^{\mathrm{T}}\} \tag{7.53}$$

定义(7.7)(互相关函数与互协方差函数)　两个随机过程分别在任意两个时刻

上的互相关函数与互协方差函数记为

$$r_{xy}(t_1, t_2) = E\{x(t_1)y(t_2)\} \tag{7.54}$$

$$c_{xy}(t_1, t_2) = \text{cov}\{x(t_1), y(t_2)\} = E\{[x(t_1) - \mu_x(t_1)][y(t_2) - \mu_y(t_2)]\} \tag{7.55}$$

推论：它们之间存在如下的关系式：

$$c_{xy}(t_1, t_2) = r_{xy}(t_1, t_2) - \mu_x(t_1)\mu_y(t_2) \tag{7.56}$$

定义(7.8)(自协方差函数与自协方差函数矩阵) 随机(向量随机)过程在任意两个时刻的自协方差函数(自协方差函数矩阵)记为

$$c_x(t_1, t_2) = \text{cov}\{x(t_1), x(t_2)\} = E\{[x(t_1) - \mu_x(t_1)][x(t_2) - \mu_x(t_2)]\} \tag{7.57}$$

$$C_x(t_1, t_2) = \text{cov}\{x(t_1), x(t_2)^T\} = E\{[x(t_1) - \mu_x(t_1)][x(t_2) - \mu_x(t_2)]^T\} \tag{7.58}$$

推论：自相关函数与自协方差函数(自相关函数矩阵与自协方差函数矩阵)满足如下的关系：

$$c_x(t_1, t_2) = r_x(t_1, t_2) - \mu_x(t_1)\mu_x(t_2) \tag{7.59}$$

$$C_x(t_1, t_2) = R_x(t_1, t_2) - \mu_x(t_1)\mu_x(t_2)^T \tag{7.60}$$

定义(7.9)(独立性) 随机过程 $x(t)$ 在 n 个时间点 $t_1, t_2, \cdots, t_n$ 的概率联合分布函数满足

$$F_n(\alpha_1, \cdots, \alpha_n; t_1, \cdots, t_n) = \prod_{i=1}^{n} F_1(\alpha_i; t_i) \tag{7.61}$$

则称 $x(t)$ 为独立的。

定义(7.10)(不相关) 随机过程 $x(t)$ 在任意两个时间点 $t_i, t_j (t_i \neq t_j)$，自相关函数满足

$$r_x(t_i, t_j) = E\{x(t_i)\} \cdot E\{x(t_j)\} \tag{7.62}$$

则称 $x(t)$ 为不相关的。

定义(7.11)(相互独立) 如果两个随机过程 $x(t), y(t)$ 在 n 个时间点 $t_1, t_2, \cdots, t_n$ 的概率联合分布函数满足

$$F_{2n}(\alpha_1, \cdots, \alpha_n; \beta_1, \cdots, \beta_n; t_1, \cdots, t_n) = F_n(\alpha_1, \cdots, \alpha_n; t_1, \cdots, t_n) \cdot F_n(\beta_1, \cdots, \beta_n; t_1, \cdots, t_n) \tag{7.63}$$

则称 $x(t), y(t)$ 为相互独立的。

定义(7.12)(互不相关) 如果两个随机过程 $x(t), y(t)$ 在任意两个时间点 t_i, t_j，互相关函数满足

$$r_{xy}(t_i, t_j) = E\{x(t_i)\} \cdot E\{y(t_j)\} \tag{7.64}$$

则称 $x(t)$, $y(t)$ 为互不相关的。

定义(7.13)(严格平稳随机过程) 如果随机过程 $x(t)$ 在 $t_1, t_2, \cdots, t_n$ 时刻的概率特性与 $t_1+\tau, t_2+\tau, \cdots, t_n+\tau$ 时刻的概率特性相同,即分布函数(分布密度)满足

$$F_n(\alpha_1, \cdots, \alpha_n; t_1, \cdots, t_n) = F_n(\alpha_1, \cdots, \alpha_n; t_1+\tau, \cdots, t_n+\tau) \tag{7.65}$$

$$p_n(\alpha_1, \cdots, \alpha_n; t_1, \cdots, t_n) = p_n(\alpha_1, \cdots, \alpha_n; t_1+\tau, \cdots, t_n+\tau) \tag{7.66}$$

则称此随机过程为严格平稳随机过程。

定义(7.14)(广义平稳随机过程) 如果随机过程 $x(t)$ 的均值向量、方差矩阵与时间无关,自协方差矩阵仅与时间差 $\tau=t_1-t_2$ 有关,即

$$\mu_x(t) = \mu_x, \quad \Sigma_x(t) = \Sigma_x, \quad C_x(t_1, t_2) = C_x(\tau) \tag{7.67}$$

则称该随机过程为广义随机过程。

注:以上这两个概念的关系是严格平稳随机过程一定是广义平稳的,反过来未必成立。

推论:平稳随机过程满足下述关系:

$$C_x(\tau) = R_x(\tau) - \mu_x \cdot \mu_x^{\mathrm{T}}, \quad R_x(\tau) = R_x(t_1, t_2) \tag{7.68}$$

定义(7.15)(各态遍历的平稳随机过程) 平稳向量随机过程 $x(t)$ 的一个实现 $x^i(t)$,其历程均值向量和历程自相关矩阵定义为

$$\overline{x^i} = \lim_{T \to \infty} \frac{1}{2T} \int_{-T}^{T} x^i \mathrm{d}t \tag{7.69}$$

$$\overline{x^i(t)x^i(t)} = \lim_{T \to \infty} \frac{1}{2T} \int_{-T}^{T} x^i(t) \cdot x^i(t+\tau)^{\mathrm{T}} \mathrm{d}t \tag{7.70}$$

如果 $x(t)$ 的均值向量 μ_x 与相关矩阵 $R_x(\tau)$ 分别与式(7.67)和式(7.68)的右端相等,则称该随机过程为各态遍历的。

平稳随机过程通常是能够满足各态遍历性的系统,于是其均值向量与相关矩阵的计算可以近似地获得

$$\mu_x \approx \frac{1}{N} \sum_{k=1}^{N} x^i(k) \tag{7.71}$$

$$R_x(l) \approx \frac{1}{N-l} \sum_{k=1}^{N} x^i(k) \cdot x^i(k+l)^{\mathrm{T}} \tag{7.72}$$

定义(7.16)(无偏性) 如果参数估计的数学期望等于参数真值

$$E[\hat{\theta}] = \theta \tag{7.73}$$

则称 $\hat{\theta}$ 为 θ 的无偏估计。

定义(7.17)(有效性) 对于固定的观测次数来说,方差最小的估计称为有效估计。

定义(7.18)(一致性) 随着观测次数 m 的增加,$\hat{\theta}_m$ 依概率收敛于 θ,即对于任

意的 $\varepsilon > 0$，若有

$$\lim_{m \to \infty} P(|\hat{\theta}_m - \theta| > \varepsilon) = 0 \tag{7.74}$$

则称 $\hat{\theta}_m$ 是 θ 的一致估计。

定义 (7.19) (谱密度) 随机信号 $x(t)$ 的谱密度由下式定义

$$S_x(\omega) = \int_{-\infty}^{\infty} R_x(\tau) e^{-j\omega \tau} d\tau \tag{7.75}$$

式中，$R_x(\tau)$ 是系统的自相关函数，且与谱密度构成了傅里叶变换对，满足如下关系：

$$R_x(\tau) = \frac{1}{2\pi} \int_{-\infty}^{\infty} S_x(\omega) e^{j\omega \tau} d\omega \tag{7.76}$$

定义 (7.20) (持续激励信号) 设输入信号 $x(t)$ 的均值为 $\bar{x}$，自相关函数为 $R_x(\tau)$，表达式如下：

$$\bar{x} = \lim_{N \to \infty} \left[\frac{1}{N} \sum_{k=1}^{N} x(k) \right] \tag{7.77}$$

$$R_x(\tau) = \lim_{N \to \infty} \left[\frac{1}{N} \sum_{k=1}^{N} (x(k) - \bar{x})^{\mathrm{T}} (x(k+\tau) - \bar{x}) \right] \tag{7.78}$$

它们都存在，且满足条件①

$$R_x(0) > R_x(1) > \cdots > R_x(2n) \tag{7.79}$$

当 n 充分大时，$x(t)$ 是有色噪声；或满足条件②

$$R_x(0) \neq 0, R_x(1) = R_x(2) = \cdots = R_x(2n) = 0 \tag{7.80}$$

当 n 充分大时，$x(t)$ 是白噪声。那么输入信号 $x(t)$ 称为 $2n$ 阶持续续激励信号。

从谱密度的角度观察式 (7.78)，

$$S_x(\omega) = R_x(0) + 2 \sum_{k=1}^{\infty} R_x(k) \cos(\omega k) \tag{7.81}$$

若所有的频率都有 $S_x(\omega) > 0$，则称输入信号 $x(t)$ 是任意阶可激励的；若某些频率上存在 $S_x(\omega) = 0$，则称输入信号 $x(t)$ 是有限阶持续激励信号。

定理 (7.1) (系统可辨识的充分必要条件) 对于差分方程所描述的单输入/单输出稳定系统，假如系统的测量误差是均值为零、方差有限的不相关随机噪声，那么系统可辨识的充分必要条件是输入信号必须满足 $2n$ 阶持续激励条件。

根据定理，可以看出满足二阶持续激励信号的输入，仅可用来激励 1 阶系统，从物理意义上讲，单频正弦信号只能激励系统的一个模态。

当系统可以使用最小二乘法进行参数估计时，其有效估计通过计算误差协方差矩阵获得

$$\Psi = \sigma_v^2 (X^{\mathrm{T}} X)^{-1} \tag{7.82}$$

式中，σ_v^2 是误差随机变量序列的方差，该序列假设满足同分布、独立性条件。

定义(7.21)(系统的完全可辨识性) 如果一个系统的未知参数能够被一致性地估计出来,则称该系统是完全可辨识的。

推论: 系统完全可辨识的条件等价于

$$\lim_{m \to \infty} \left[\frac{1}{m} X^\mathsf{T} X \right]^{-1} \tag{7.83}$$

是非奇异矩阵。

因为平稳随机过程的统计特性不随时间发生变化,也就是说,不同时刻具有相同的均值、均方值以及方差值。不妨分别设为 m, q, σ^2。

对于离散时间平稳随机序列 $\{x(k)\}$ 来说,其自相关函数的形式为

$$\phi(n) = E[x(k) \cdot x(k+n)] \tag{7.84}$$

若序列还是独立的,则

$$\phi(n) = E[x(k)] \cdot E[x(k+n)] \tag{7.85}$$

因为该随机过程又是平稳的,所以

$$E[x(k)] = E[x(k+n)] = m \tag{7.86}$$

$$\phi(n) = m^2 \tag{7.87}$$

特别地,如果 $n = 0$,则根据均方值的定义,有

$$\phi(0) = q \tag{7.88}$$

于是,得到

$$\begin{cases} \phi(0) = \sigma^2 = q, & m = n = 0 \\ \phi(n) = 0, & m = 0, n \neq 0 \end{cases} \tag{7.89}$$

辨识脉冲响应函数的最小二乘法估计式为

$$\hat{h} = (X^\mathsf{T} X)^{-1} X^\mathsf{T} Y \tag{7.90}$$

令

$$F = \frac{1}{m+1} X^\mathsf{T} X, \quad G = \frac{1}{m+1} X^\mathsf{T} Y \tag{7.91}$$

最小二乘估计式(假定系统的输入/输出是遍历的随机过程)又可以写作

$$\hat{h} = F^{-1} G \tag{7.92}$$

式中,

$$X = \begin{bmatrix} x(p) & x(p-1) & \cdots & x(0) \\ x(p+1) & x(p) & \cdots & x(1) \\ \vdots & \vdots & & \vdots \\ x(p+m) & x(p+m-1) & \cdots & x(m) \end{bmatrix} \tag{7.93}$$

$$F = \begin{bmatrix} \phi_{xx}(0) & \phi_{xx}(1) & \cdots & \phi_{xx}(p) \\ \phi_{xx}(1) & \phi_{xx}(0) & \cdots & \phi_{xx}(p-1) \\ \vdots & \vdots & & \vdots \\ \phi_{xx}(p) & \phi_{xx}(p-1) & \cdots & \phi_{xx}(0) \end{bmatrix} \qquad (7.94)$$

$$G = \begin{bmatrix} \phi_{xy}(0) \\ \phi_{xy}(1) \\ \vdots \\ \phi_{xy}(p) \end{bmatrix} \qquad (7.95)$$

$$\begin{cases} \phi_{xx}(k) = \dfrac{1}{m+1} \sum_{j=i}^{i+m} x(j) x(j-k) \\ \phi_{xy}(k) = \dfrac{1}{m+1} \sum_{j=i}^{i+m} x(j-k) y(j) \end{cases} \qquad (7.96)$$

式(7.92)就是基于最小二乘法,利用相关函数辨识法获得的脉冲响应函数的计算公式。另外,若输入信号取为自相关函数 $R_{xx}(\tau)$(离散情况下的 $R_{xx}(k)$),则系统的输出就是互相关函数 $R_{xy}(\tau)$(离散情况下的 $R_{xy}(k)$)。在获得输入、输出数据后,就可以辨识出系统的脉冲响应函数。

脉冲响应函数与相关函数的关系如图 7.2 所示。

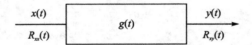

图 7.2　脉冲响应函数与相关函数的关系

相关函数法辨识系统的脉冲响应函数时,抗干扰能力强,这是因为,通过选择合适的输入信号,有可能使输入信号与系统的残差部分的互相关函数值 $R_{xn}(\tau)$ 变成零。

$$R_{xy}(\tau) = \int_0^t R_{xx}(\tau - v) g(v) \mathrm{d}v + R_{xn}(\tau) \qquad (7.97)$$

注意:相关函数辨识法具有重要的理论意义,多见于早期的气动力辨识文献。

7.5　阶跃响应辨识法

当采用阶跃函数作为系统的激励信号时,系统的输出是一个飞升曲线。根据此曲线可以使用积分的方法对微分方程建模的系统进行辨识,也可由飞升曲线确定线性系统的传递函数。

使用截断形式的 Volterra 级数建立气动力模型时,略去二阶核函数项,系统的输出可写为

$$y(t) = h_0 + \int_0^\infty h(t-\tau)u(\tau)\mathrm{d}\tau \tag{7.98}$$

式中,$h(t)$不一定是系统的一阶核函数,而应看作线性化的核函数或降阶核函数。

通常可假设 $h_0 = 0$,且当 $t < 0$ 时 $h(t) = 0$。

当前的系统,在阶跃输入信号作用下,输出飞升曲线的传递函数可近似为

$$G(s) = \frac{y(\infty)}{x_0 \cdot (Ts+1)} \tag{7.99}$$

式中,x_0 是阶跃输入的幅值;$y(\infty)$是系统的稳态解;T是时间常数。

系统对应的时域解为

$$y(t) = y(\infty)(1 - \mathrm{e}^{-t/T}) \tag{7.100}$$

7.6 脉冲响应辨识法

当选择截断形式的 Volterra 模型建立气动力模型时,如式(7.98),若输入信号采用离散形式的单位脉冲函数,则 CFD 计算得到的就是单位脉冲响应曲线。

根据响应曲线以及选取合适的传递函数,可以近似地判断系统的类型。

① 一阶系统传递函数的形式为

$$G(s) = \frac{1}{Ts+1} \tag{7.101}$$

对应于微分方程的形式为

$$T\frac{\mathrm{d}y}{\mathrm{d}t} + y = x \tag{7.102}$$

当单位脉冲输入信号结束时,系统的初始条件发生了变化,即 $y(0^+) = 1/T$,从而系统的解曲线(指数曲线,见图 7.3)的表达式为

$$y(t) = \frac{\mathrm{e}^{-t/T}}{T} \tag{7.103}$$

② 二阶系统传递函数的形式为

$$G(s) = \frac{\omega_n^2}{s^2 + 2\xi\omega_n s + \omega_n^2} \tag{7.104}$$

式中,ω_n,ξ分别代表系统的频率与阻尼。

时域内的单位脉冲响应函数 $y(t)$,通过拉氏反变换后,变成

$$y(t) = \frac{\omega_n}{\sqrt{1-\xi^2}}\mathrm{e}^{-\xi\omega_n t} \cdot \sin\left(\omega_n\sqrt{1-\xi^2} \cdot t\right) \tag{7.105}$$

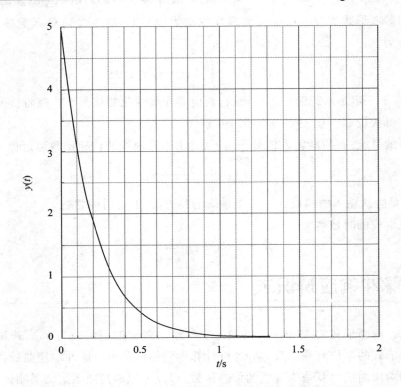

图 7.3   脉冲输入信号所对应的一阶系统的响应输出($T=0.2$)

7.7   最小二乘法基本原理

　　最小二乘法是一种经典的、最基本的辨识方法,它是其他一些辨识方法的数学基础。气动力辨识中通常不需要考虑噪声的影响,此时的最小二乘法是一致的、无偏的、有效的,并具有最优统计特性。虽然,实际的系统本质上是有色噪声序列,这样会导致最小二乘估计是有偏的、非一致的,但因为其方法简单,在模型精度要求不很高的场合下广泛使用。此外,还有在线估计的递推最小二乘法(Recursive Least Square,RLS),广义最小二乘法(GLS)、辅助变量法(IV)与扩充最小二乘法(ELS)、相关最小二乘两步法(RCOR – LS)、极大似然估计法等。当噪声是有色信号时,改进的最小二乘法虽然改善了统计质量,但计算却比较复杂。极大似然估计法有很好的统计特性(一致无偏性、有效性),目前也是广为流行的一种参数估计方法,适用于很多动态系统模型的参数估计。更多辨识方法的介绍,请参考相关书籍。

　　假定系统的输入/输出和参数之间的关系如下:

$$y = \theta_1 x_1 + \theta_2 x_2 + \cdots + \theta_n x_n \tag{7.106}$$

对系统的输入/输出数据进行 m 个时刻$(t_1, t_2, \cdots, t_m)$观测，得到线性回归方程

$$y(i) = \theta_1 x_1(i) + \theta_2 x_2(i) + \cdots + \theta_n x_n(i), \quad i = 1, 2, \cdots, m \quad (7.107)$$

式中，参数 θ 称为回归系数，它是需要辨识的。

改写成向量形式，并考虑系统的测量误差

$$Y = X\theta + \varepsilon \quad (7.108)$$

式中，X, Y, θ 参照式(7.107)；$\varepsilon = (\varepsilon_1, \cdots, \varepsilon_m)^{\mathrm{T}}$ 称为测量误差或残差。

最小二乘法辨识的准则是误差的平方和最小原则：

$$J = \varepsilon^{\mathrm{T}} \varepsilon \to \mathrm{Min} \quad (7.109)$$

确定参数 θ 的最优估计的过程，简单推导如下：由式(7.108)，得到 $\varepsilon = Y - X\theta$，代入误差估计表达式式(7.109)，得到

$$\begin{aligned} J &= (Y - X\theta)^{\mathrm{T}}(Y - X\theta) \\ &= Y^{\mathrm{T}}Y - \theta^{\mathrm{T}}X^{\mathrm{T}}Y - Y^{\mathrm{T}}X\theta + \theta^{\mathrm{T}}X^{\mathrm{T}}X\theta \end{aligned} \quad (7.110)$$

根据极值原理，令

$$\left. \frac{\partial J}{\partial \theta} \right|_{\theta = \hat{\theta}} = 0 \quad (7.111)$$

整理后，得到

$$-2X^{\mathrm{T}}Y + 2X^{\mathrm{T}}X\bar{\theta} = 0 \quad (7.112)$$

$$\bar{\theta} = (X^{\mathrm{T}}X)^{-1}X^{\mathrm{T}}Y \quad (7.113)$$

推导过程中，用到了如下几个关于向量的求导公式：

① 设 $f = f(y)$，$y = y(x)$，则

$$\frac{\mathrm{d}y}{\mathrm{d}x} = \left(\frac{\partial y}{\partial x} \right)^{\mathrm{T}} \frac{\mathrm{d}f}{\mathrm{d}y} \quad (7.114)$$

② 设 $f(y) = y^{\mathrm{T}}Ay$，A 为对称矩阵，则

$$\frac{\mathrm{d}f}{\mathrm{d}y} = 2Ay \quad (7.115)$$

③ 设 $y(x) = \alpha - \beta x$，则

$$\frac{\mathrm{d}y}{\mathrm{d}x} = -\beta \quad (7.116)$$

有时，也采用加权形式的最小二乘法，辨识的准则形式变成

$$J = \varepsilon^{\mathrm{T}}W\varepsilon \to \mathrm{Min} \quad (7.117)$$

式中，W 是正定对角阵，估计值称为"加权最小二乘估计"。

特别地，$W = R^{-1}$，$R = \mathrm{var}\{\varepsilon\}$ 时，被称为马尔可夫(Markov)估计。马尔可夫估计是一种最优估计，因为它的误差方差阵可以达到最小。依据最优准则不同，还有其他估计方法，诸如线性最小方差法、极大似然估计法、贝叶斯估计法等。

若模型中的残差 ε 是零均值、平稳随机序列,且与 X,Y 都不相关,则最小二乘法具有良好的统计特性:无偏性、一致性、有效性。最小二乘法的几何解释是:输出估计向量 $\hat{Y}$ 是输出向量 Y 在 $x_1,x_2,\cdots$ 所张成的空间(估计空间)上的正交投影(见图 7.4)。

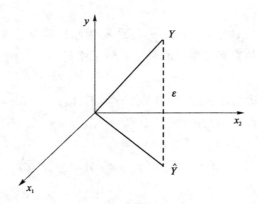

图 7.4　最小二乘估计的几何解释(示意图)

7.8　最小二乘法在气动力辨识中的应用

下面以二阶核函数的 Volterra 级数法描述的空气动力系统为例,说明最小二乘法在气动力辨识中的应用。

单输入/单输出的气动力系统的离散 Volterra 模型(保留 2 阶核函数),形式如下:

$$y(k) = h_0 + \sum_{i=k-p}^{k} h_1(k-i)u(i) + \sum_{i=k-p}^{k}\sum_{j=k-p}^{k} h_2(k-i,k-j)u(i)u(j)$$

(7.118)

式中,h_0,h_1,h_2 是系统的 0~2 阶核函数;$u(k),y(k)$ 是系统的输入/输出函数,输入可以是结构的任意运动形式,例如俯仰运动的攻角,输出可以是气动力(矩)系数等;p 是系统的记忆长度;系统的采样时间间隔通常用 T 表示。

为了方便讨论,并不失一般性,通常假设 $T=1$。值得注意的是,如果离散系统取自连续系统的近似,那么核函数值应该是连续系统核函数值的 T 倍。

若系统是多输入/多输出的关系,则采用降阶气动力模型(截断形式的 Volterra 级数),形式如下:

$$y_i(k) = h_{i,0} + \sum_{j=1}^{r}\sum_{l=k-p}^{k} h_{i,j}(k-l)u_j(l),\ i=1,2,\cdots,q$$　　(7.119)

式中,输入函数个数是 r,输出个数是 q。

因为多输入/多输出系统的级数表达式从形式上与单输入/单输出系统的级数表达式极为相似,为了简化推导过程,先讨论单输入/单输出的、零状态系统的最小二乘法的应用。

首先,展开式(7.118),并注意到 $h_0=0$,得到如下形式:

$$
\begin{aligned}
y(k) = & h_1(0)u(k) + h_1(1)u(k-1) + \cdots + h_1(p)u(k-p) + \\
& h_2(0,0)u(k)u(k) + h_2(0,1)u(k)u(k-1) + h_2(1,0)u(k-1)u(k) + \cdots + \\
& h_2(0,p)u(k)u(k-p) + h_2(p,0)u(k-p)u(k) + \\
& h_2(1,1)u(k-1)u(k-1) + h_2(1,2)u(k-1)u(k-2) + \\
& h_2(2,1)u(k-2)u(k-1) + \cdots + \\
& h_2(p,p)u(k-p)u(k-p)
\end{aligned} \tag{7.120}
$$

令

$$
H = (h_1(0), \cdots, h_1(p), h_2(0,0), \cdots, h_2(p,p))^{\mathrm{T}} \tag{7.121}
$$

$$
U = (u(k), \cdots, u(k-p), u(k)u(k), \cdots, u(k-p, k-p))^{\mathrm{T}} \tag{7.122}
$$

式(7.120)可简写为

$$
y(k) = H^{\mathrm{T}}U \tag{7.123}
$$

考虑 $m+1$ 组观测数据,并写成矩阵的形式:

$$
\begin{pmatrix} y(p) \\ y(p+1) \\ \vdots \\ y(p+m) \end{pmatrix} = \begin{pmatrix} u(p) & u(p-1) & \cdots & u(0) & u(p)u(p) & \cdots & u(0)u(0) \\ u(p+1) & u(p) & \cdots & u(1) & u(p+1)^2 & \cdots & u(1)u(1) \\ \vdots & \vdots & \vdots & \vdots & \vdots & & \vdots \\ u(p+m) & u(p+m-1) & \cdots & u(m) & u(p+m)^2 & \cdots & u(m)u(m) \end{pmatrix} \cdot
$$

$$
\begin{pmatrix} h_1(0) \\ \vdots \\ h_2(p,p) \end{pmatrix} \tag{7.124}
$$

上述三个矩阵重新标记为:Y,U,H,式(7.124)对应的矢量方程描述为

$$
Y = UH \tag{7.125}
$$

若已知 Y,U 的具体形式,则根据最小二乘法理论,立即得到

$$
\bar{H} = (U^{\mathrm{T}}U)^{-1}U^{\mathrm{T}}Y \tag{7.126}
$$

若为多输入(r 维)/多输出(q 维)系统,矩阵 Y 的每个元素增加一个下标,新矩阵记为 $Y_i, i=1, \cdots, q$;矩阵 H 的每个元素增加两个下标,新矩阵记为 $H_{ij}, i=1, \cdots, q, j=1, \cdots, r$;矩阵 U 每个元素增加一个下标,新矩阵记为 $U_j, j=1, \cdots, r$。

重新定义之后,如下所示:

$$
U = (U_1, U_2, \cdots, U_r) \tag{7.127}
$$

$$H_i = (H_{i,1}^{\mathrm{T}}, H_{i,2}^{\mathrm{T}}, \cdots, H_{i,r}^{\mathrm{T}})^{\mathrm{T}} \tag{7.128}$$

矢量方程形式为

$$Y_i = UH_i, \quad i = 1, \cdots, q \tag{7.129}$$

若已知 Y_i, U 的具体形式，则根据最小二乘法理论，立即得到

$$\overline{H}_i = (U^{\mathrm{T}}U)^{-1}U^{\mathrm{T}}Y_i \tag{7.130}$$

至此，我们给出了空气动力系统辨识中关于 Volterra 级数法前两阶核函数的辨识思路。事实上，我们很少按照此方法开展气动力辨识。在下一章，我们继续讨论高阶 Volterra 级数建模及其核函数的辨识问题，提出一种高效、快速的参数化辨识方法。

第 **8** 章

非定常气动力的高阶 **Volterra**
模型及其参数辨识技术

8.1　气动力辨识技术概述

自 1903 年飞行器问世以来,气动专家们就着手于研究气动力计算的理论与方法。早期的气动力理论相对简单,不具备普适性。二战爆发后,飞机事故频发,气动弹性的稳定性引起了气动专家和工程师的重视。时至今日,各种复杂构型的飞行器相继诞生,为了提升飞行器的升阻比、强调战斗机的机动性能,气动力专家们不得不和复杂情况下的气动弹性问题做斗争。亚声速(大攻角诱发失速气动力)、跨声速(激波效应引起气动力的非线性)以及高超声速(气动热耦合效应)等领域,积累了大量的非线性气动弹性问题,亟待解决或完善。在进行气动弹性稳定性分析时,飞行器设计的专家们终于认识到基于 CFD 数值求解的方式效率低下,难以胜任飞行器初始设计阶段的多部门协调工作。20 世纪,工程师们发现了一些极其有效的气动力响应函数,例如 Wagner 函数、Kussner 函数、Theodorsen 函数、Sear 函数等。20 世纪 70 年代,基于阶跃响应的辨识技术首先被提出,用于快速辨识跨声速气动力。然而,那个时代的辨识技术或者气动力响应函数的构造方法,都是采用线性气动力模型,直至 1997 年美国博士 Silva 的博士论文发表,基于 Volterra 模型的非线性气动力辨识才引起了国内外气动弹性界专家学者们的注意。时至今日,基于 CFD 的气动力辨识技术已成为了主流的系统辨识方向,追求精确而高效的辨识策略成为当今系统辨识领域前沿性的科学问题。

气动力辨识技术和方法的研究源于 1978 年 Ballhause 和 Goorjian 提出的指数响应法。接着,Leishman 和 Grouse 利用该方法建立了非定常气动力系统的状态空间模型。1999 年,Silva 首次给出了离散形式的脉冲输入函数,它与连续型脉冲函数是等价的,而非过去常见的构造与理想脉冲函数相近的波形函数。接着,Silva 成功地将离散型的脉冲函数引入到 CFD 求解器中,并获得了脉冲响应函数的数值解。事实证明,利用离散型脉冲输入信号引入 CFD 中获得的脉冲响应函数数值解与历史上基于实验观测构造出的 Wagner 等函数曲线极其匹配。2001 年,Ravah 提出基于 CFD 技术的气动力辨识技术,若系统是弱非线性的,则推荐阶跃响应辨识方法。他给出的理由是:阶跃信号(结构运动位移或速度的改变量)对流场的扰动较脉冲信号要小很多,使得 CFD 计算的稳定性也相对好很多。

尽管 Silva 提出了针对非线性系统的 Volterra 级数辨识方法,但是,他使用的气动力模型是二阶的,因此,对强非线性系统而言,辨识精度存在不足。低阶 Volterra 核函数辨识存在两个问题:① 二阶 Volterra 核函数通常难以精确辨识或者误差较大不足以提升辨识精度,主要原因可归结为辨识过程对于外激励的幅值非常敏感。② 二阶核函数的辨识,需要更多(组)的外激励信号配合 CFD 程序共同提供辨识所需的数据对,这就意味着 CFD 计算总次数的增加以及累计时间耗费巨大。

本章,我们将提出气动力系统的三阶 Volterra 模型,通过脉冲激励法获取系统的一阶核函数。针对二阶核函数辨识问题,提出一种参数化辨识策略,即借助切比雪夫正交基函数簇,将二阶核函数参数化,然后基于 CFD 计算所提供的部分结果,采用最小二乘法完成核参数的辨识。该方法能有效地减少 CFD 运行的总次数,与非参数辨识方法相比,缩短了 CFD 计算时间(至少 1 个数量级)。

本章所提出的模型和辨识策略,具有如下的优越性:

① 采用三阶 Volterra 模型作为气动力辨识模型,有效地解决了历史文献中采用二阶 Volterra 模型所引起的"辨识精度对外激励幅值敏感"的问题。

② 算例表明,高阶 Volterra 模型与低阶模型相比,辨识结果的精度得到了有效提升,具有明显的工程实践意义。

8.2　脉冲响应辨识法的特点

首先,回忆一下脉冲响应方法辨识非线性电路系统的算例。

Riccati 方程描述的非线性电路系统的一般形式为

$$\frac{\mathrm{d}i(t)}{\mathrm{d}t} + i(t) + \varepsilon \cdot i(t)^2 = v(t) \tag{8.1}$$

当非线性参数 ε 很小时,系统可以满足因果的、时不变的、弱非线性的等条件。于是,该系统可以通过截断形式的二阶 Volterra 级数模型进行表征:

$$y(t) = h_0 + \sum_{n=1}^{2} \int \cdots \int h_n(\tau_1, \tau_2, \cdots, \tau_n) \prod_{i=1}^{k} u(t - \tau_i) \mathrm{d}\tau_i \tag{8.2}$$

基于双脉冲信号激励的辨识过程,根据前面章节的介绍,其一、二阶核函数的表达形式如下:

$$h_1(t) = \begin{cases} \dfrac{2 \cdot \mathrm{e}^{-t}}{1 + 0.01 \cdot \varepsilon - 0.01 \cdot \varepsilon \cdot \mathrm{e}^{-t}} - \dfrac{\mathrm{e}^{-t}}{1 + 0.02 \cdot \varepsilon - 0.02 \cdot \varepsilon \cdot \mathrm{e}^{-t}}, & \varepsilon \neq 0 \\ \mathrm{e}^{-t}, & \varepsilon = 0 \end{cases}$$

$$(8.3)$$

$$h_2(t, t-s) = 5\,000\{y_{11}(0, s, t) - y_{01}(0, t) - y_{01}(s, t)\}, \quad t > s > 0 \quad (8.4)$$

式中，外激励脉冲激励信号的幅值取 0.01。

其余函数的表达式如下：

$$y_{11}(0, s, t) = \frac{[0.01 + y_{01}(0, s)]\mathrm{e}^{s-t}}{1 + [0.01 + y_{01}(0, s)]\varepsilon - [0.01 + y_{01}(0, s)]\varepsilon \mathrm{e}^{s-t}} \quad (8.5)$$

$$y_{01}(0, t) = \frac{0.01\mathrm{e}^{-t}}{1 + 0.01\varepsilon - 0.01 \cdot \varepsilon \mathrm{e}^{-t}} \quad (8.6)$$

$$y_{01}(s, t) = \frac{0.01\mathrm{e}^{s-t}}{1 + 0.01\varepsilon - 0.01\varepsilon \mathrm{e}^{s-t}} \quad (8.7)$$

对于非线性系统辨识来说，基于脉冲输入信号的非参数辨识方法具有如下特点：① 首先需要构造出所有的二元输入信号，即任意两个时刻对系统进行脉冲信号的激励；② 对于每个二元输入信号，借助 CFD 程序求解系统的响应输出，这个过程有时特别的漫长，需要数小时才能完成；③ 非参数辨识法属于点到点的辨识，辨识过程中 CFD 程序需要对所有的二元输入信号进行气动力响应输出，这就导致了辨识过程巨大的时间消耗。

尽管依据系统的时不变特性以及具有衰减记忆的性质，实际计算时间耗费总量能够减少 50% 或更多，但是剩余的时间消耗依然很大。因此，积极寻求参数化辨识的新方法，减少对 CFD 计算的依赖程度，从数量级上降低高阶核函数的辨识工作量，具有明显的工程意义。

8.3　切比雪夫多项式及其性质

切比雪夫正交基函数簇辨识属于参数辨识方法，能够根据已有的输入/输出数据关系，利用最小二乘法等手段，拟合成非线性系统的二阶核函数。该方法不需要使用全部的输入/输出数据即可完成辨识任务，从而降低了对 CFD 计算的强依赖性（与非参数辨识方法相比）。辨识精度上依赖于选取的正交基函数的数目与输入/输出数据的数量，辨识效率上明显高于非参数辨识方法。

切比雪夫多项式是指如下形式的多项式：

$$T_n[x] = \frac{\sqrt{1-x^2}}{(-1)^n(2n-1)(2n-3)\cdots\cdots 1} \frac{\mathrm{d}^n}{\mathrm{d}x^n}(1-x^2)^{n-0.5} \quad (8.8)$$

式中,自然数 $n = 1, 2, 3, \cdots$。

切比雪夫多项式来源于求解切比雪夫微分方程 $(1-x^2)y''' - xy' + n^2 y = 0$。所有的切比雪夫多项式构成了区间 $-1 < x < 1$ 上的关于权函数 $\sqrt{1-x^2}$ 的完全正交集。其正交性质,可从如下表达式中看出:

$$\int_{-1}^{1} \frac{1}{\sqrt{1-x^2}} T_m[x] \cdot T_n[x] \mathrm{d}x = \begin{cases} 0, & m \neq n \\ \pi, & m = n = 0 \\ \pi/2, & m = n = 1, 2, 3, \cdots \end{cases} \quad (8.9)$$

记

$$Y_2[u] = \sum_{k_1=0}^{N} \sum_{k_2=0}^{N} h_2[k_1, k_2] \cdot u[n-k_1] \cdot u[n-k_2] \quad (8.10)$$

式(8.10)是一个二阶齐次泛函式,即满足性质:

$$Y_2[c \cdot u] = c^2 \cdot Y_2[u] \quad (8.11)$$

式中,h_2 称为离散形式的核函数。

对于一般的二元连续函数来说,可以通过有限阶的正交基函数簇来逼近。

采用切比雪夫正交基函数簇方法的逼近,形式如下:

$$h_2[t, s] = \sum_{i=0}^{N} \sum_{j=0}^{N} a[i, j] \cdot T_i[t] \cdot T_j[s], \quad t \in (-1, +1), s \in (-1, +1)$$

$$(8.12)$$

式中,h_2 是经过了一次坐标变换;$d[i, j]$ 是待定系数;$T_n[x]$ 是切比雪夫多项式。

如果二阶核函数是已知的,利用切比雪夫多项式的正交性质,那么确定式(8.12)中未知系数的工作是容易的;如果式(8.12)中所有系数能够通过辨识的方法确定下来,那么未知的二阶核函数也随之被确定。基于以上的认识,通过参数辨识的途径,即借助 CFD 计算所提供的输出响应数据,再基于最小二乘法以达到辨识所有未知系数的目的。

8.3.1　算例与分析(1)

本小节算例,仍然延续并使用带非线性参变量的 Riccati 微分方程(5.28)所表征的非线性电路系统。利用切比雪夫多项式的正交性,将式(8.12)中的未知系数辨识出来。然后,将未知系数代回式(8.12),得到二阶核函数的解析表达式。最后,将辨识得到的二阶核函数与原系统的核函数进行比对,确认参数辨识法的精度。

不妨设式(8.1)中的非线性参数变量 $\varepsilon = 0.1$,外激励的幅值为 0.01。

非线性电路系统的二阶核函数表达式将具有如下形式：

$$h_2(s,t) = \frac{A}{B} - \frac{50 \cdot e^{-t}}{1.001 - 0.001 \cdot e^{-t}} - \frac{50 \cdot e^{s-t}}{1.001 - 0.001 \cdot e^{s-t}}, \quad T \geq t \geq s \geq 0$$

$$(8.13)$$

式中，T 是一个足够大的常数（系统的衰减记忆常数），使得 $h_1(t)$，$h_2(t,s)$，$t \geq s$ 仅在区间 $[0, T]$ 取非零值；A，B 的表达式如下：

$$A = \left(50 + \frac{50 \cdot e^{-s}}{1.001 - 0.001 \cdot e^{-s}} \right) \cdot e^{s-t} \qquad (8.14)$$

$$B = 1.001 + \frac{0.001 \cdot e^{-s}}{1.001 - 0.001 \cdot e^{-s}} \left(0.001 + \frac{0.001 \cdot e^{-s}}{1.001 - 0.001 \cdot e^{-s}} \right) \cdot e^{s-t}$$

$$(8.15)$$

图 8.1 和图 8.2 分别给出了非线性电路系统的一、二阶核函数的图像，这里的 T 取值为 10 s。

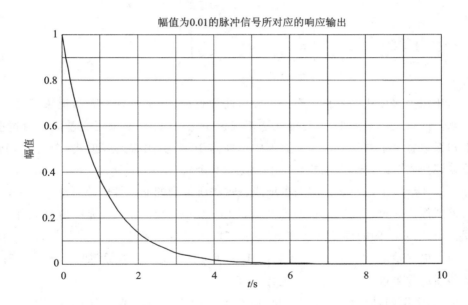

图 8.1　非线性系统一阶核函数的图像

根据切比雪夫多项式的正交性，核函数式（8.12）展开式中的所有未知系数，由下式确定：

$$a[i,j] = t_i \cdot s_j \cdot \int_{-1}^{1} \int_{-1}^{1} \frac{h_2(t,s)}{\sqrt{1-t^2}\,\sqrt{1-s^2}} \cdot T_i[t] T_j[s] \mathrm{d}t \cdot \mathrm{d}s \qquad (8.16)$$

式中，t_i，s_j 是常数，其定义如下：

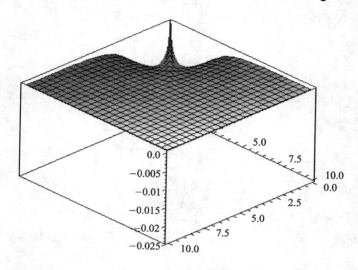

图 8.2　非线性系统二阶核函数的真实图像

$$t_i = \begin{cases} \dfrac{1}{\pi} & i = 0 \\ \dfrac{2}{\pi} & i \neq 0 \end{cases}, \quad s_j = \begin{cases} \dfrac{1}{\pi} & j = 0 \\ \dfrac{2}{\pi} & j \neq 0 \end{cases} \tag{8.17}$$

　　切比雪夫多项式的数目通常是难以提前知道的,这是所有参数辨识法都要遇到的问题。如果正交基太少,则可能无法正确辨识出原系统;如果正交基的数目过多,则未知系数将呈平方量级增长。算例中选择前 10 个切比雪夫多项式,产生 55 个待定系数(对称核的缘故,辨识的数目不会是 100 个)。

　　图 8.3 给出了基于切比雪夫多项式表示法所得到的非线性电路系统二阶核函数的三维图像。通过与真实的核函数图像(图 8.2)相对比,考虑二阶核函数本身的量级就很小,二者之间的误差在允许范围内,匹配效果令人满意。

　　为了更清楚地看到这一点,我们设其中的一个自变量为常数,如 $s = -1$,一种更直观的渐近效果可以通过图 8.4 进行观察。

　　至此,借助两种辨识方法,非线性电路系统的二阶核函数被分别辨识出来。一种是 Silva 所提出的脉冲响应法,另一种是我们采用的切比雪夫多项式拟合法。

　　依次使用这两组二阶核函数,预测非线性电路系统的两组输出响应,借以进行辨识效果的比较与分析。具体的做法如下:

　　第一步,向非线性电路系统施加幅值 0.5 的阶跃输入信号(电压),测试系统的输出信号(电流),作为实验对比值。

　　第二步,线性卷积分运算,预测系统响应(电流)。卷积分运算中仅出现一阶核函数项,因此,该方法被称为线性卷积分近似预测。

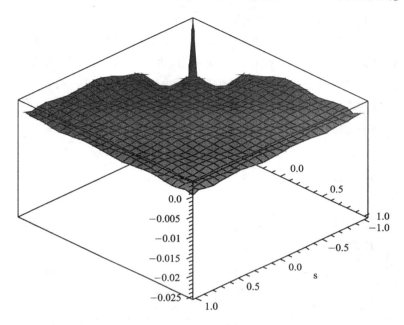

图 8.3　切比雪夫多项式法辨识二阶核函数的图像

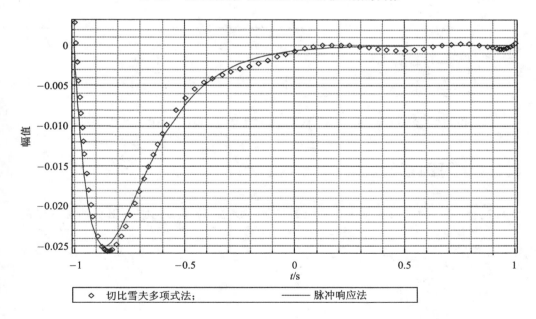

图 8.4　脉冲响应法与切比雪夫多项式法得到的二阶核函数的对比图

第三步,使用非线性卷积分方法,预测系统响应(电流)。两组卷积分运算中的一阶核函数取相同值,由脉冲响应法辨识提供;不同的部分仅在于二阶核函数。

通过图 8.5 可以看到非线性参数 $\varepsilon = 0.1$ 时,仅靠一阶核函数卷积分运算预测系统响应的方法误差过大,说明系统是非线性的。考虑二阶核函数的影响之后,两组非线性卷积分运算所预测的系统响应非常吻合(曲线重合)。也就是说,基于切比雪夫正交基函数簇的参数方法能够有效地辨识非线性系统的二阶核函数,并能准确地用于预测非线性系统的响应,精度上和脉冲响应法相当的一致。

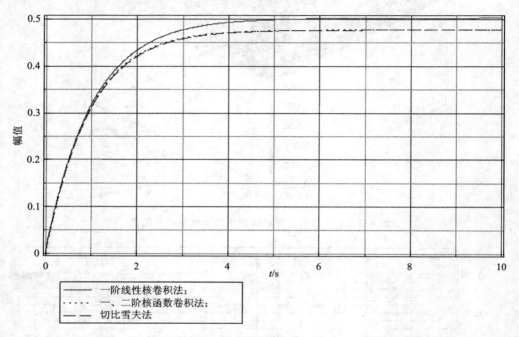

图 8.5　阶跃信号(幅值 0.5),核函数卷积法预测系统输出响应的效果对比图

8.3.2　算例与分析(2)

这一小节,预先假定非线性系统的二阶核函数,使用切比雪夫正交基函数簇的方法重新辨识该系统的二阶核函数。

基于假设的非线性系统核函数及 Volterra 模型,分别由下式给出:

$$y(t) = \iint h_2(\tau_1, \tau_2) \prod_{i=1}^{2} u(t - \tau_i) \mathrm{d}\tau_i \tag{8.18}$$

$$h_2(\tau_1, \tau_2) = \frac{1}{(1 + \tau_1) \cdot (1 + \tau_2)} \tag{8.19}$$

需要说明的是,这里给定的核函数对于整个辨识过程来说是未知的。当系统辨识结束后,式(8.19)的核函数将被用于实验比对。为了不至于混淆,辨识过程中的二阶核函数采用记号:$g_2(t,s)$,$t,s \in [0,T]$。

引入另外一个假设:对于任意的输入,相对应的系统输出总是可测量的。例如,气动力系统辨识过程中,给定机翼的结构变形位移(输入),总可以通过 CFD 程序计算出相对应的气动力响应(输出)。

具体辨识过程概括如下:

第一步,需要确定时间常量 T 的值。如图 8.6 所示,非线性系统受到脉冲激励信号之后,响应曲线表明 $T=10$ 是合适的。

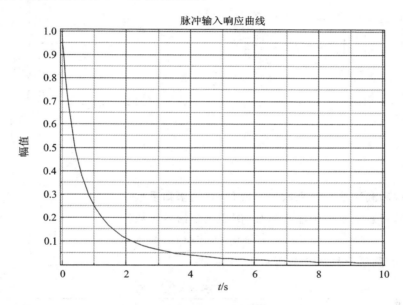

图 8.6　施加脉冲激励后的系统响应图

第二步,切比雪夫正交基函数簇的定义区间是 $[-1,1]$。因此,辨识之前,需要进行坐标变换,改变二阶核函数的定义域。坐标变换及其核函数的表达式如下:

$$m = \frac{2t}{T} - 1, \quad n = \frac{2s}{T} - 1 \tag{8.20}$$

$$g(t,s) = g\left(\frac{(m+1) \cdot T}{2}, \frac{(n+1) \cdot T}{2}\right) = f(m,n) \quad m,n \in (-1,1) \tag{8.21}$$

第三步,将新函数 $f(m,n)$ 通过切比雪夫正交基函数簇重新表达:

$$f[m,n] = \sum_{i=0}^{N} \sum_{j=0}^{N} a[i,j], T_i[m] T_j[n] \quad m,n \in (-1,+1) \tag{8.22}$$

式中,模型的阶次选择 $N=10$,即前十阶切比雪夫多项式。模型的阶次是基于反复实验测试与调整之后的选择,也是参数化辨识过程中必要的一步。

与式(8.22)相对应的矩阵的形式,如下:

$$f(m,n) = g(t,s) = (T_0[m]T_0[n] \quad T_0[m]T_1[n] +$$

$$T_1[m]T_0[n] \quad \cdots \quad T_9[m]T_9[n]) \begin{pmatrix} a[0,0] \\ a[0,1] \\ \vdots \\ a[9,9] \end{pmatrix}$$

$$(8.23)$$

第四步,将式(8.23)代入式(8.18),得到

$$y(t) = \left[\iint_0^t \int_0^t T_0[m] \cdot T_0[n] \cdot u(t-\tau_1) \cdot u(t-\tau_2) \mathrm{d}\tau_1 \mathrm{d}\tau_2 \quad \cdots \right.$$

$$\left. \int_0^t \int_0^t T_9[m] \cdot T_9[n] \cdot u(t-\tau_1) \cdot u(t-\tau_2) \mathrm{d}\tau_1 \mathrm{d}\tau_2 \right] \begin{pmatrix} a[0,0] \\ a[0,1] \\ \vdots \\ a[9,9] \end{pmatrix} \quad (8.24)$$

式中, $m = \dfrac{2\tau_1}{T} - 1$, $n = \dfrac{2\tau_2}{T} - 1$。

第五步,利用最小二乘法,拟合出所有的未知系数。

现在,任意给定一个输入信号,例如正弦信号函数

$$u(t) = 0.5 \cdot \sin(10 \cdot \pi \cdot t) \quad (8.25)$$

输出函数的测量值如图 8.7 所示。

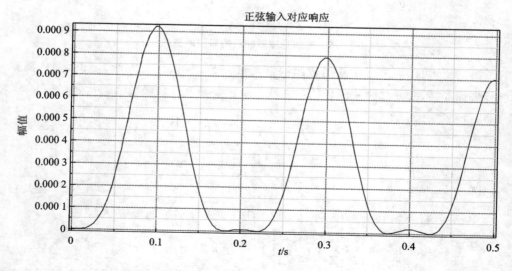

图 8.7　给定正弦运动 $0.5 \cdot \sin(10 \cdot \pi \cdot t)$ 的系统响应

先将系统的输出数据进行采样收集,采样间隔为 0.01 s。接着,根据输入与输出数据间的关系,利用最小二乘法针对式(8.24)中的未知系数进行辨识。图 8.8 给出辨识参数值与理论系数值的分布图,其中理论系数值是根据算例(8.3.1 小节)介绍的方法计算的。观察图 8.8 可以发现:辨识趋势与理论趋势相当一致,数值上的差异可能与 T 的选择、N 的选择,以及采样间隔等因素有关系。

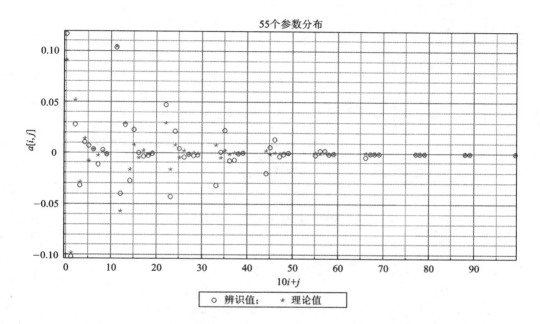

图 8.8　最小二乘法得到的系数值与理论系数值的分布对比图

固定二阶核函数的一个自变量值(令其为常量),辨识核函数 $g_2(t, \cdot)$ 与原系统核函数 $h_2(t, \cdot)$ 进行比对分析(见图 8.9~图 8.11)。通常二阶核函数会以更快的速度收敛到零,因此,辨识二阶核函数时,有效辨识区间可适当减小,例如以时间段$[0, T/3]$作为辨识区间,其余时间段内采用修正值或认定为已衰减到零。

绘制图 8.12~图 8.14,辨识出不同区间范围内的三维核函数图像。经过图像分析,辨识效果从开始到中期是非常好的,辨识误差主要集中在后半段时间。值得说明的是,对于具有快速衰减特性的核函数来说,后期的辨识误差并非特别的关键,通常可以进行修正或认为已衰减到零。事实上,图 8.13 的图像已非常接近真实的情况。

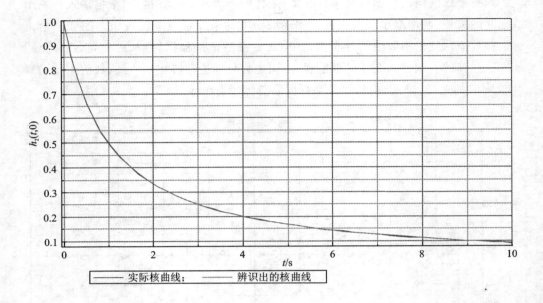

图 8.9　二阶核函数 $h_2(t,s),s=0$ 的辨识效果图

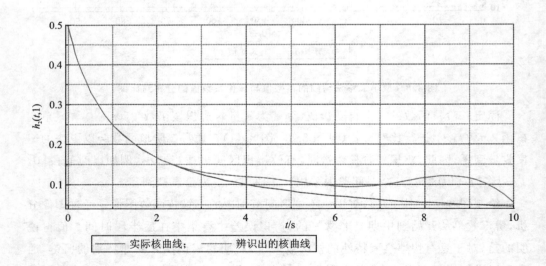

图 8.10　二阶核函数 $h_2(t,s),s=1$ 的辨识效果图

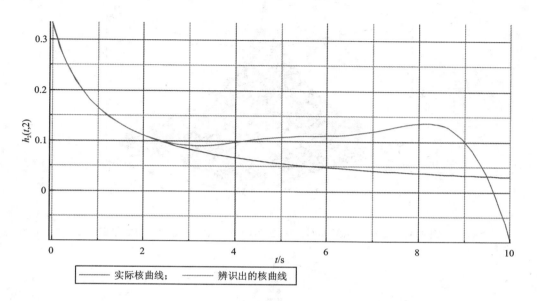

图 8.11　二阶核函数 $h_2(t,s), s=2$ 的辨识效果图

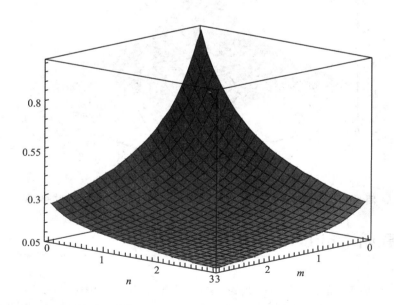

图 8.12　二阶核函数 $h_2(t,s)$ 在区间 $(0,3) \times (0,3)$ 上的辨识效果图

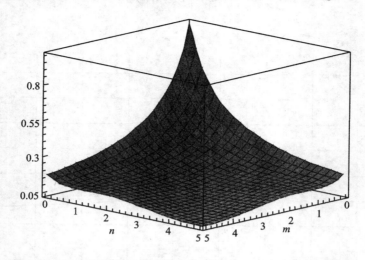

图 8.13　二阶核函数 $h_2(t,s)$ 在区间 $(0,5) \times (0,5)$ 上的辨识效果图

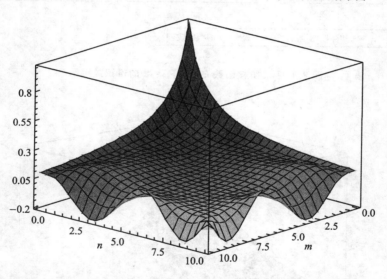

图 8.14　二阶核函数 $h_2(t,s)$ 在区间 $(0,10) \times (0,10)$ 上的辨识效果图

8.4　高阶 Volterra 级数模型

　　回顾 1997 年,基于 Volterra 理论,美国人 Silva 首次应用脉冲响应法(结合 CFD 技术)从事了气动力时域辨识工作。随后,气动力降阶模型及辨识技术引起了气动弹性领域的高度重视。2001 年,Raveh 指出相比脉冲函数,阶跃函数作为输入信号被引入 CFD 程序后,CFD 计算的稳定性表现得更好。2004 年,Sorin 使用准定常阶

跃响应法,构造出等效的一阶 Volterra 线性核函数,也就是说,将非线性 Volterra 系统等效成线性 Volterra 系统,等效后的线性系统核函数被称为原非线性系统的一阶降阶核函数。该方法的优点:等效系统的线性核函数中包含了原非线性系统的一阶核函数及部分二阶核函数分量的贡献,预测的气动力仍具有较好的精度,有利于气动弹性耦合系统状态空间方程的建立;缺点:低阶模型只能用于弱非线性系统的辨识。此外,构造降阶核函数的方法不具有唯一性,Sorin 论文中并未涉及最佳降阶核函数的构造以及如何进一步改进的探讨。

高阶降阶模型,即非定常气动力 Volterra 降阶模型(ROM)的阶次,从 2 - ROM 模型提升到 3 - ROM 模型。跨声速非定常、弱非线性气动力的辨识问题,长期以来多采用截断的二阶 Volterra 级数来建模。它的缺点:系统的非线性变强后,Volterra 二阶核函数难以被准确地辨识,原因归结为"截断形式的 Volterra 模型核函数对于输入信号幅值的敏感",即不同幅值的输入信号,辨识出的核函数虽然有微小的差异,然而经过卷积运算之后,气动力的预测值大大地偏离了实验值或 CFD 计算值。目前,高阶降阶模型及其辨识策略的研究与应用在空气动力学研究中,国内外文献尚不多见。高阶模型不仅能够更加精确地表征原非线性系统,而且能够有效抑制待辨识核函数对于输入信号幅值的敏感程度。概括地说,高阶气动力模型具有以下两条优点:① 降低了核函数辨识过程中对输入信号幅值的敏感性;② Volterra 核函数的辨识精度,相比低阶模型而言,确实得到了很大的提升。高阶 Volterra 模型辨识过程中暴露出的主要问题:基于 CFD 技术的气动力辨识工作量巨大。

8.4.1 基于脉冲响应辨识法的一阶核函数辨识

截断形式的二阶/三阶 Volterra 级数模型(2 - ROM,3 - ROM),分别具有如下的形式:

$$y(t) = h_0 + \int_0^t h_1(\tau)u(t-\tau)\mathrm{d}\tau + \int_0^t \int_0^t h_2(\tau_1,\tau_2)\prod_{i=1}^2 u(t-\tau_1)\mathrm{d}\tau_i \quad (8.26)$$

$$y(t) = h_0 + \int_0^t h_1(\tau)u(t-\tau)\mathrm{d}\tau + \int_0^t \int_0^t h_2(\tau_1,\tau_2)\prod_{i=1}^2 u(t-\tau_1)\mathrm{d}\tau_i +$$

$$\int_0^t \int_0^t \int_0^t h_3(\tau_1,\tau_2,\tau_3)\prod_{i=1}^3 u(t-\tau_i)\mathrm{d}\tau_i \quad (8.27)$$

式中,h_1,h_2,h_3 分别是系统的一、二、三阶核函数;h_0 是一个常数,代表系统的稳态数值解。

2 - ROM 模型核函数的辨识,可以采用 Silva 提出的脉冲响应辨识法,即通过零时刻给系统施加幅值为 ξ_0 或 $2\xi_0$ 的脉冲信号,代入式(8.26),分别得到

$$y_{01}[n] = h_0 + \xi_0 \cdot h_1[n] + \xi_0^2 \cdot h_2[n,n] \tag{8.28}$$

$$y_{02}[n] = h_0 + 2\xi_0 \cdot h_1[n] + 4\xi_0^2 \cdot h_2[n,n] \tag{8.29}$$

由式（8.28）和式（8.29），解出 2 - ROM 模型一阶核函数的表达式：

$$h_1[n] = \frac{2y_{01}[n] - 0.5y_{02}[n] - 1.5h_0}{\xi_0} \tag{8.30}$$

为了辨识二阶核函数，需要在 $t = \tau_1, t = \tau_2, (\tau_2 > \tau_1)$ 时刻给系统施加两次脉冲信号，幅值皆为 ξ_0，并将双脉冲输入信号代入式（8.26），得到系统的输入/输出关系式：

$$\begin{aligned}
y_2[n] = &h_0 + h_1[t - \tau_1] \cdot \|u\| + h_1[t - \tau_2] \cdot \|u\| + \\
&h_2[t - \tau_1, t - \tau_1] \cdot \|u\|^2 + h_2[t - \tau_2, t - \tau_2] \cdot \|u\|^2 + \\
&2 \cdot h_2[t - \tau_1, t - \tau_2] \cdot \|u\|^2
\end{aligned} \tag{8.31}$$

式中，$y(t)$ 是系统的输出，代表非定常气动力响应；$\|u(t)\| = \xi_0$ 是系统的输入，代表离散脉冲信号的幅值。

根据时不变的假设，将式（8.28）进行时间平移变换，然后代入式（8.31），得到二阶核函数表达式如下：

$$h_2[t - \tau_1, t - \tau_2] = \frac{y_2[n] - y_{01}[t - \tau_1] - y_{01}[t - \tau_2] - h_0}{2 \cdot \xi_0^2} \tag{8.32}$$

3 - ROM 模型核函数的辨识过程，完全类似于上述过程。

首先，零时刻给系统施加脉冲信号，幅值可以是 $\xi_0, 2\xi_0, 4\xi_0$，得到如下关系式：

$$\begin{cases}
y_1[n] = h_0 + h_1[n] \cdot \|u_1\| + h_2[n,n] \cdot \|u_1\|^2 + h_3[n,n,n] \cdot \|u_1\|^3 \\
y_2[n] = h_0 + h_1[n] \cdot \|u_2\| + h_2[n,n] \cdot \|u_2\|^2 + h_3[n,n,n] \cdot \|u_2\|^3 \\
y_3[n] = h_0 + h_1[n] \cdot \|u_3\| + h_2[n,n] \cdot \|u_3\|^2 + h_3[n,n,n] \cdot \|u_3\|^3
\end{cases} \tag{8.33}$$

式中，$\|u_i\| = 2^{(i-1)} \cdot \xi_0, i = 1,2,3$ 分别表示零时刻、离散脉冲信号的幅值。

由式（8.33）得到 3 - ROM 模型的一阶 Volterra 核函数的表达式：

$$\begin{cases}
y_1[n] = h_0 + h_1[n] \cdot \|u_1\| + h_2[n,n] \cdot \|u_1\|^2 + h_3[n,n,n] \cdot \|u_1\|^3 \\
y_2[n] = h_0 + h_1[n] \cdot \|u_2\| + h_2[n,n] \cdot \|u_2\|^2 + h_3[n,n,n] \cdot \|u_2\|^3 \\
y_3[n] = h_0 + h_1[n] \cdot \|u_3\| + h_2[n,n] \cdot \|u_3\|^2 + h_3[n,n,n] \cdot \|u_3\|^3
\end{cases} \tag{8.34}$$

8.4.2 基于切比雪夫参数化方法的二阶核函数辨识

使用非参数辨识方法（例如脉冲/阶跃响应法），辨识二阶核函数相比辨识一阶核函数，需要借助规模更加庞大的输入/输出数据量。由于每组输入/输出数据的获得皆由 CFD 计算所提供,庞大的数据量乘以不菲的单次 CFD 运行时间,使得整个辨识过程所需消耗的时间总量非常巨大,降低了辨识效率。

为了解决这个问题,针对 3 - ROM 模型的二阶核函数,可以采用切比雪夫正交基函数簇进行参数化辨识。参数化之后的形式如下:

$$h_2(k_1,k_2) = \sum_{m_1=0}^{\infty} \sum_{m_2=0}^{\infty} a(m_1,m_2) \cdot T^{m_1}(k_1) \cdot T^{m_2}(k_2) \tag{8.35}$$

式中,$a(m_1,m_2)$ 是待辨识的参数,满足互易性条件 $a(m_1,m_2)=a(m_2,m_1)$。

针对 NACA0012 翼型,讨论跨声速流场环境中非定常气动力核函数的辨识问题。算例中的飞行马赫数预先给定,$Ma=0.8$。其他相关数据见表 8.1。

表 8.1　NACA0012 翼型实验数据与流场环境变量

m/kg	b/m	l/m	ra	$k_a/(\text{N} \cdot \text{m})$	$k_h/(\text{N} \cdot \text{m}^{-1})$	$I_a/(\text{kg} \cdot \text{m}^{-2})$
88.73	0.203 2	0.812 8	1.018	4 067	39 199	3.796
p/Pa		$a/(\text{m} \cdot \text{s}^{-1})$	$\rho/(\text{kg} \cdot \text{m}^{-3})$		T/K	
15 742		338.1	0.192 8		284.5	

表中,m 是质量;b 是半弦长;l 是展长;ra 是无量纲回转半径;k_a,k_h 分别是俯仰、沉浮刚度;I_a 是绕弹性轴的转动惯量;k 是缩减频率;a 是当地声速;ρ 是密度;T 是温度;p 是压力。

2 - ROM 一阶核函数辨识结果(见图 8.15),依据的是脉冲响应辨识法,以下简称"Silva 方法"。3 - ROM 一阶核函数图像,不妨简称为"新方法"。通过与 2 - ROM 一阶核函数图像进行局部的对比(见图 8.16),可以看出,它们的一阶核函数图像间局部存在着明显的差异。利用这两组核函数,分别进行卷积分运算,获得非定常气动力的预测值,然后与 CFD 计算的结果比较,如图 8.17 所示。

算例表明,使用 2 - ROM 模型与 3 - ROM 模型辨识出的核函数之间局部存在明显的差异,造成差异性的原因在于降阶模型核函数对输入信号幅值的敏感性。正如理论分析所预期的,高阶降阶模型中的核函数能更精确地表征原物理系统。数值分析表明,将高阶模型核函数应用于气动力卷积分公式,预测得到的气动力计算结果,与低阶模型预测气动力的数值结果相比较,其精度上升了近 2%(见图 8.17)

值得说明的是,跨声速段激波的强与弱,以及可能的位置运动,可能会导致非常复杂的非线性效应。在跨声速气动力计算过程中,首先应预设合理的时间步长,以保证 CFD 计算的收敛。其次,应注意足够小的时间步长对于提升 CFD 计算的精度是必要的,然而,时间步长太小,将导致动网格瞬间移动速度过大,可能会出现 CFD 计算崩溃的情况。最后需要说明的是,时间步长越小,CFD 计算时间越长,因此,特

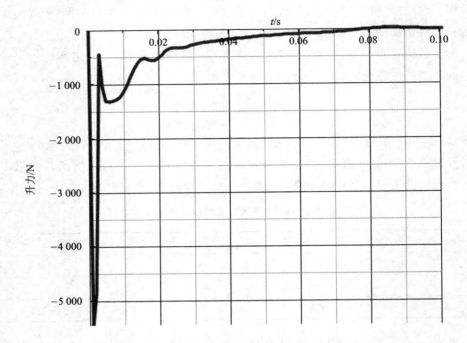

图 8.15　一阶核函数图像(2 – ROM 模型)

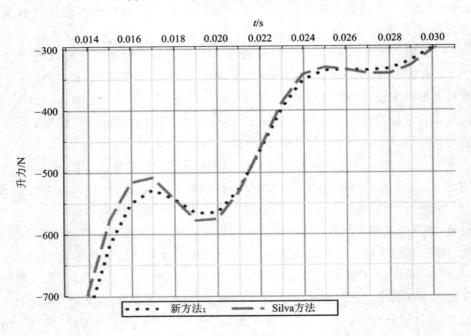

图 8.16　一阶核函数图像局部对比效果(两种模型)

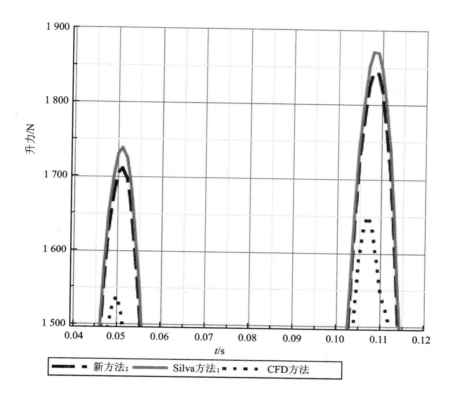

图 8.17　两种模型一阶核函数卷积效果

别不利于基于 CFD 技术的非参数辨识方法的使用,而且离散后的数据量呈平方量级增长,考虑不菲的单次 CFD 计算时间,使得辨识系统二阶核函数的时间耗费成本无比巨大。

从图 8.18 中观察到,CFD 计算过程中采用不同的时间步长,确实会对非定常气动力计算精度构成影响。算例中,CFD 的时间步长分别取 0.001 s 和 0.000 1 s,NACA0012 翼型做正弦运动的频率取 108.36 Hz,最大幅值 0.1。然而,从验证辨识方法的角度来看,采用哪一种 CFD 结果作为辨识依据不是最重要的。

算例的目的是验证切比雪夫正交基函数簇辨识方法的高效性,同时,为了方便与脉冲响应辨识方法进行对比分析,输入/输出数据的时间步长不宜太小,因此,选取 0.001 s。

值得说明的是,当时间步长选取 0.000 1 s 时,应用脉冲响应辨识法对于 CFD 程序的依赖程度增加 100 倍,因此,需要付出额外的巨大时间成本,从而导致辨识效率的下降。总之,非参数辨识方法,例如脉冲响应辨识方法、阶跃响应辨识方法,属于点到点的辨识方法,因此,时间耗费无法避免。对于切比雪夫正交基函数簇辨识方

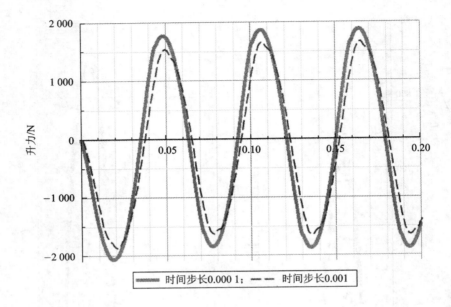

图 8.18　两种不同时间步长下的 CFD 计算结果(时间步 0.001 和 0.000 1)

法来说,这是一种参数辨识方法,根据部分 CFD 计算结果所提供的输入/输出数据,足以完成辨识任务。参数辨识方法,例如基于正交基函数的各类辨识法,属于整体辨识方法,CFD 程序提供的数据样本越多,辨识的精度越高。通常,在合理的精度范畴内,参数辨识法相比较非参数辨识法,至少可以节省一个量级的时间消耗。

在基于采用切比雪夫正交基函数簇辨识方法的算例中,选取了 CFD 程序产生的30 组实验数据。2 - ROM 模型一阶核函数辨识,根据式(8.30)计算;二阶核函数辨识,根据式(8.32)计算。3 - ROM 模型一阶核函数辨识,根据式(8.34)计算;二阶核函数辨识,根据式(8.35)进行参数化。参数辨识方法的精度与模型的阶次有着密切关系。算例中,经过反复测试,选取了 12 组正交基多项式,通过最小二乘法辨识出待定参数,代回式(8.35)完成辨识。一旦完成了一、二阶核函数辨识,基于任意结构变形的输入信号,借助核函数与输入信号二者之间的卷积分运算,非定常气动力的预测能够快速完成,节约了 CFD 直接计算的时间成本,同时,定常气动力预测结果能够用于相关学科领域的研究与应用,例如气动弹性系统分析。

基于 Silva 的脉冲响应辨识方法,图 8.19 提供了预测气动力(卷积分运算)与CFD 直接计算结果的比较。从图 8.19 中看出,运动的前半个周期预测结果是精确的;后半个周期的预测误差稍大,估计与时间步长的选择有关系,而与脉冲辨识方法本身无关。借助三种不同的方法,图 8.20 提供了三种预测气动力结果的比较。三种方法分别是脉冲响应辨识方法(Silva 方法)、切比雪夫正交基函数簇参数化辨识方法,以及 CFD 直接计算方法。从图 8.20 中看出,切比雪夫方法的辨识精度与 Silva 方法的辨识精度高度匹配。

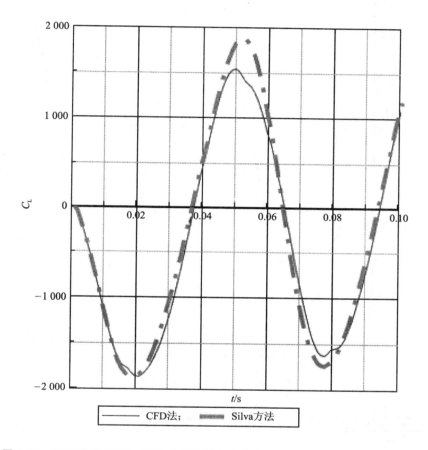

图 8.19　CFD 方法与 Silva 脉冲响应辨识方法对比,运动方程 $u=0.1\sin(108.36t)$

在算例中,若时间步长取得更小,Silva 脉冲辨识方法对 CFD 计算的需求量倍数级增长,巨大的时间耗费将不可避免。由于切比雪夫方法并不需要全部的 CFD 计算数据作为辨识依据,换句话说,利用仅有的部分输入/输出数据而言,切比雪夫辨识方法仍然可以使用,这是参数化辨识方法优于非参数辨识方法的理论依据。

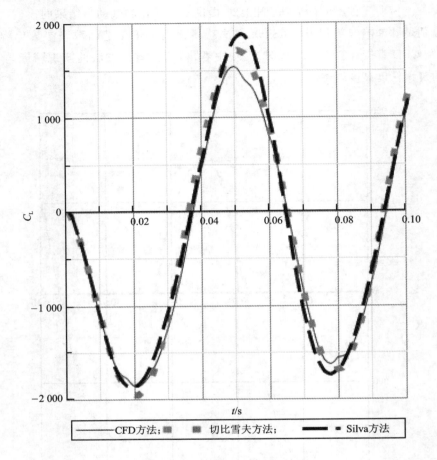

图 8.20　三种方法的升力曲线

8.5　三维机翼气动力模型、计算及辨识

8.5.1　概　述

众所周知,大多数气动弹性现象是有害的,特别是跨声速流场环境中存在着激波效应(激波间断、强弱激波干扰叠加、激波附面层干扰流动等),在特定马赫数的狭窄区间内,飞机的机翼颤振临界速度会出现突然的下降,诱发严重的气动弹性问题,可能导致空难的发生。目前,在主流的气弹系统分析中,常基于 CFD/CSD 耦合计算的方式进行,需要划分复杂的气动网格,需要在结构和气动力之间来回迭代计算,时

间耗费大、不利于早期的气动(伺服)弹性设计和综合。引入跨声速非定常、非线性气动力辨识技术,这里主要介绍 Volterra 级数模型,辨识出系统的核函数,也就获得了任意结构运动条件下的气动力表达式。接下来通过建立气动力状态空间模型,配合结构子系统的状态空间模型,可以将原先基于 CFD/CSD 耦合计算方式的气动弹性颤振计算的效率大大提升。

　　本节算例采用经典的 AGARD445.6 机翼模型,用以描述整个气动弹性状态空间模型的建立过程。接着,基于 CFD/CSD 技术,给出气动弹性颤振分析的数值结果。然后,介绍气动力降阶核函数方面的一些研究成果,利用降阶气动力模型替代 CFD 技术,并通过 ERA 技术将降阶气动力转化为降阶气动力状态空间方程。本节的特色之处,在于利用高阶 Volterra 模型获得的降阶核函数,取代了低阶 Volterra 模型生成的降阶核函数,从而提升降阶气动力的预测精度,最终期望获得更佳的颤振分析结果。

8.5.2 AGARD445.6 机翼模型

　　AGARD445.6 机翼是美国 NASA 研究中心基于风洞实验的、跨声速标准颤振计算模型。翼型为 NACA65A004,具有明显的跨声速气动特征(变厚度、薄型机翼),半展长 762 mm,1/4 弦处后掠角 45°,展弦比(展长与平均弦长)是 1.652 5,根梢比 0.66,二维模型如图 8.21 所示。

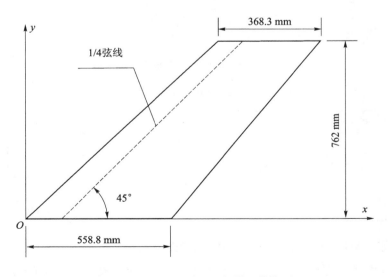

图 8.21 AGARD445.6 机翼二维外形

8.5.3 结构状态空间模型

结构状态空间方程的建立,基于以下步骤:

(1) 建立 AGARD445.6 机翼有限元结构微分方程

$$m_e\ddot{x}_e + c_e\dot{x}_e + k_e x_e = q \cdot f(t) \tag{8.36}$$

式中,m_e,c_e,k_e,$f(t)$ 分别是有限元单元的质量、阻尼、刚度和气动力;q 是来流动压;x_e,$\dot{x}_e$,$\ddot{x}_e$ 分别表示有限元结点运动的位移、速度和加速度。

AGARD445.6 有限元结构网格如图 8.22 所示,模态振型图如图 8.23 所示,模态数据如表 8.2 所列。

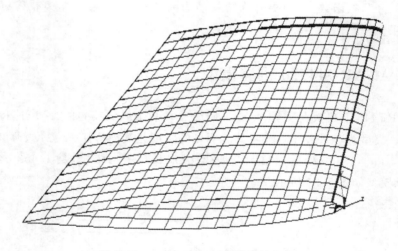

图 8.22 AGARD445.6 有限元结构网格

表 8.2 AGARD445.6 前四阶模态数据

风洞实验	模态/Hz	模态/Hz	模态/Hz	模态/Hz
88.73	9.60	38.17	48.35	91.54
算例结果	9.711	37.632	56.662	96.119
误差范围	1.12%	−1.4%	17.19%	5.00%
模态名称	一阶弯曲	一阶扭转	二阶弯曲	二阶扭转

(2) 建立 AGARD445.6 机翼模态的结构微分方程

基于跨声速小扰动假设,在精度允许的范围内,使用模态叠加法(通过坐标变换矩阵 Φ 的作用),结构有限元方程(8.36)变为模态结构方程

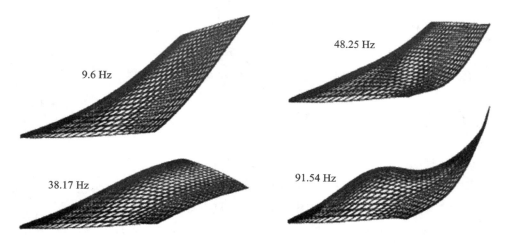

48.25 Hz

9.6 Hz

38.17 Hz

91.54 Hz

图 8.23　AGARD445.6 前四阶模态（实验值）

$$M\ddot{x} + C\dot{x} + Kx = q \cdot F_a(t) \tag{8.37}$$

式中，M，C，K，$F_a(t)$ 分别是机翼广义质量、结构阻尼、刚度以及气动力参数矩阵；x，$\dot{x}$，$\ddot{x}$ 分表代表物体模态运动的位移、速度和加速度；q 是来流动压。

将式（8.36）与式（8.37）比较，变量之间满足如下关系：

$$\begin{cases} x_e = \Phi \cdot x \\ M = \Phi^T \cdot m_e \cdot \Phi \\ C = \Phi^T \cdot c_e \cdot \Phi \\ K = \Phi^T \cdot k_e \cdot \Phi \\ F_a = \Phi^T \cdot f \end{cases} \tag{8.38}$$

（3）建立 AGARD445.6 状态空间模型

通过变量代换 $x_s(t) = (x(t) \quad \dot{x}(t))^T$，AGARD445.6 模态结构微分方程（8.37）可以写成状态空间方程如下：

$$\begin{cases} \dot{x}_s(t) = A_s \cdot x_s(t) + q \cdot B_s \cdot F_a(t) \\ y_s(t) = C_s \cdot x_s(t) \end{cases} \tag{8.39}$$

式中，系数矩阵分别是

$$A_s = \begin{bmatrix} 0 & 1 \\ -M^{-1} \cdot K & -M^{-1} \cdot C \end{bmatrix}, \quad B_s = \begin{bmatrix} 0 \\ M^{-1} \end{bmatrix} \tag{8.40}$$

连续型状态空间方程（8.39），经过方程求解、时间离散化处理（这里采用零阶采样保持器，即每个离散时间段内函数值看作常数），得到离散型状态空间方程，形式如下：

$$\begin{cases} x_s[k+1] = e^{A_s \cdot T} \cdot x_s[k] + q \cdot \int_0^T e^{A_s \cdot \tau} d\tau \cdot B_s \cdot F_a[k] \\ y_s[k] = C_s \cdot x_s[k] \end{cases} \tag{8.41}$$

式中，$F_a[k]$ 是系统的输入（模态气动力）；$y_s[k]$ 是系统的输出（模态结构变形）。

8.5.4　气动力状态空间模型

非定常气动力状态空间方程的形式，定义为

$$\begin{cases} x_a[k+1] = A_a \cdot x_a[k] + B_a \cdot \xi[k] \\ y_a[k] = C_a \cdot x_a[k] + D_a \cdot \xi[k] \end{cases} \tag{8.42}$$

式中，$\xi[k]$ 是系统的输入，代表机翼结构的模态位移；$y_a(k)$ 是系统的输出，代表广义气动力系数矩阵；$x_a(k)$ 是非定常气动力状态变量；A_a, B_a, C_a, D_a 是待辨识的参数矩阵。

辨识之前，有必要弄清楚输入/输出数据的获得方式：① 给定结构模态位移 $\xi(k)$，将其引入基于欧拉方程的非定常流场求解器；② 模态位移在 CFD 程序内部被转换成翼面结构网格结点上的物理位移 $z(x,y,t) = \sum_{i=1}^{4} \phi_i(x,y)\xi(t)$，$z(x,y,t)$ 代表翼面法向微小变形，即模态叠加形式；③ CFD 程序计算出压力分布；④ 将压力分布投影到结构网格点上；⑤ 由式（8.38）转换成模态气动力。

考察系统式（8.42）的输出（零初始条件假设），总结出如下规律：

$$\begin{cases} y_a[0] = D_a \cdot \xi[0] \\ y_a[k] = D_a \cdot \xi[k] + C_a \cdot B_a \cdot \xi[k-1] + \cdots + C_a \cdot A_a^{k-1} \cdot B_a \cdot \xi[0] \end{cases} \tag{8.43}$$

特别地，当系统输入是单位离散脉冲函数时，气动力脉冲响应（又称为 Markov 参数）与参数矩阵 A_a, B_a, C_a, D_a 之间的满足如下关系式

$$\begin{cases} y_a[0] = D_a \\ y_a[k] = C_a \cdot A_a^{k-1} \cdot B_a \quad k = 1,2,3,\cdots \end{cases} \tag{8.44}$$

建立降阶气动力状态空间模型（即辨识参数矩阵 A_a, B_a, C_a, D_a），需要完成如下步骤：

① 编制 CFD 程序完成模态气动力的求解；

② 借助 CFD 提供的数据，完成非定常气动力一、二阶核函数的辨识；

③ 构造新型的降阶核函数；

④ 使用 ERA（特征实现算法），辨识 A_a, B_a, C_a, D_a 常参数矩阵；

⑤ 完成非定常气动力状态空间模型的建立。

8.5.5　基于欧拉方程的 CFD 程序

跨声速流场非常复杂,概括起来有如下特点:① 机翼表面流场中既存在亚声速气流,又存在超声速气流;② 飞行器到达临界速度时,其表面激波范围随着马赫数增加而急速发展,翼面附面层内出现气流分离现象;③ 激波与附面层相互作用,出现复杂流动现象;④ 基于雷诺平均 Navier‑Stokes 方程求解气动力时,CFD 计算精度对方程中的粘性项特别敏感,发生收敛特别慢、可靠性变差、激波位置难以准确模拟等问题。因此,跨声速非定常气动力计算问题不宜再使用传统的线性化理论计算模型,除了风洞实验之外,主流的方法是基于 Navier‑Stokes 方程(组)作为控制方程。

早期的气动弹性设计与分析多针对亚声速或超声速流场中的理论气动力模型,如基于势流、线化方程等非定常升力面方法。现代飞行器不仅拥有复杂的气动外形,通常还会处于跨声速飞行状态之下,遭遇流场激波效应(激波位置和强度变化)引起的气动非线性问题,兼之结构非线性等各种情况,数值仿真计算就变得非常重要。本小节,将欧拉方程作为流场控制方程,采用课题组自有的 CFD 程序用以模拟数值计算,也就是三维机翼 AGARD445.6 模型在跨声速非定常流场中的气动力数值模拟,其计算流程如图 8.24 所示。

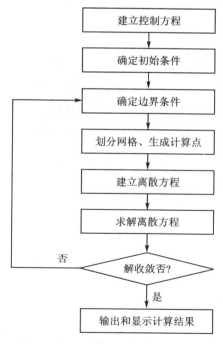

图 8.24　CFD 程序数值计算示意图

1. 控制方程

无粘流欧拉方程是忽略了耗散、粘性输运、质量扩散以及热传导的流动。

非定常三维可压缩无粘流动的控制方程如下：

$$\frac{\partial U}{\partial t} + \frac{\partial F}{\partial x} + \frac{\partial G}{\partial y} + \frac{\partial H}{\partial z} = J \tag{8.45}$$

式中，U, F, G, H 称为通量项；J 代表源项（当体积力和体积热流可忽略时等于零）。

2. 数值计算方法——有限体积法

将控制方程中的导数（或积分）换算成离散数值的方法，称为 CFD 离散化。离散化的方式大致有三种：有限差分法、有限体积法、有限元法。有限体积法的基本原理是：将求解区域离散化（分成若干微小控制体），将原问题转化成求解若干局部黎曼问题。所谓黎曼问题，就是求解欧拉方程间断初始条件下的解。有限体积法的优点：① 自然保证守恒；② 对于激波等弱解数学适定；③ 可应用于非结构网格；④ 能适应复杂的求解区域，适应间断解。

基于有限体积法的空间离散化，例如三维六面体（控制体），式(8.45)变成：

$$\frac{\partial}{\partial t}(U\Omega) + \sum_{i=1}^{6} F_{c,i} \cdot n_i S_i = J\Omega \tag{8.46}$$

式中，n_i 是控制体第 i 个面上的单位法向量；S_i 是第 i 个面的面积；Ω 是控制体的体积。

3. 空间离散格式

考虑跨声速流场的复杂性，空间离散格式的选择很关键。传统的基于中心差分的 Jameson 格式虽然在跨声速流动及机翼设计中广泛被应用，然而基于泰勒级数展开式（要求连续且可导）的离散格式无法处理激波间断问题。

这里使用基于 Riemann 近似解的 Roe 格式，其基本原理是将 Riemann 问题

$$\frac{\partial U}{\partial t} + \frac{\partial F(U)}{\partial x} = 0 \tag{8.47a}$$

$$U(x,0) = \begin{cases} U_1, x < 0 \\ U_r, x > 0 \end{cases} \tag{8.47b}$$

的非线性函数 $F(U)$ 的雅可比矩阵 $A(U)$ 处理成线性问题进行求解，即

$$\frac{\partial U}{\partial t} + A^{\text{Roe}}(U_1, U_r) \frac{\partial U}{\partial x} = 0 \tag{8.48}$$

式中，$A^{\text{Roe}}(U_1, U_r)$ 是常数矩阵。

4. 时间离散格式

空间离散化之后，再将(6.46)式写成半离散形式

$$\frac{\partial}{\partial t}(\Omega_i U_i^{n+1}) = -R_i^{n+1} \tag{8.49}$$

式中,上标指时间步编号;下标指控制体编号;$R_i = \sum\limits_{j=1}^{6} F_{c,j} \cdot n_j S_j - J\Omega_i$ 指单元的残值。

计算式(8.49),可以采用二阶时间精度的多步 Runge - Kutta 方法,称为显式多步方法。该方法具有计算量和存储量小、易于并行计算的优点;缺点:时间步长受到稳定性计算的限制,使得 CFL 数很小,影响计算效率。除此之外,还可采用隐式双时间步方法,采用差分的方式替换式(8.49)的微分,再使用 Newton - Raphson 方法进行求解。

5. 边界条件

为保证二阶空间离散精度,处理边界条件时本文采用两层虚拟控制体,这也是 CFD 计算中常见的边界处理方式。对于欧拉方程来说,需要设置无粘边界条件,即法向无穿透、自由滑移,速度沿着法向壁面分量是零,即

$$V \cdot n = 0 \tag{8.50}$$

此外,还需设计远场边界条件、对称边界条件、网络块对接边界等,不再赘述。

6. 多场耦合计算的动网格方法

在多场耦合动界面的非定常气动力计算中,需要使用动网格技术。主流动网格方法有:① TFI(多变量插值)方法。其特点是:气动力网格产生小变形时,物面处网格保持正交性,所需计算量小,仅适用于结构网格。② 弹簧网格法。基本思想是:网格单元的边作为弹簧处理,整个求解区域所有边构成一个弹簧网络。其特点是:气动力网格大变形时,容易出现负体积,适用于非结构、结构网格(后者需稍加改造)等。③ 其他方法。这里采用基于弹簧-TFI 的混合动网格方法,AGARD445.6 机翼流场网格如图 8.25 所示。

7. 耦合计算中的时域方法

基于欧拉方程的 CFD 程序,根据给定的结构位移(或模态位移)计算对应时刻的气动力(或广义气动力);接着,借助 CSD 程序(结构求解器)再求解当前时刻气动力(或广义气动力)所对应的位移响应(或模态位移),如此反复。这种交互式计算方式,称为时域耦合计算,如图 8.26 所示。

耦合计算所使用的状态空间模型,形式如下:

$$\dot{X} = A \cdot X + F \tag{8.51a}$$

$$A = \begin{bmatrix} 0 & I \\ -M^{-1} \cdot K & -M^{-1} \cdot C \end{bmatrix}, \quad F = \begin{bmatrix} 0 \\ M^{-1} \cdot f_a \end{bmatrix} \tag{8.51b}$$

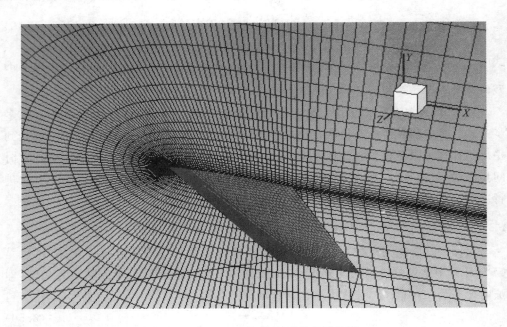

图 8.25　AGARD445.6 机翼流场网格图

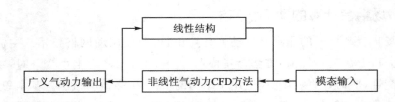

图 8.26　气动弹性系统耦合计算示意图

式中，f_a 代表 CFD 计算的气动力（矩）输出。

耦合计算时，式（8.51a）经过时间离散化之后，有以下两种迭代方式：

$$\dot{X}^{n+1} = A \cdot X + F^{n+1}（隐式）\tag{8.52}$$

$$\dot{X}^{n+1} = A \cdot X + F（显隐式）\tag{8.53}$$

式中，上标代表时间步编号。

若采用式（8.52），需要在每个时间步上进行反复迭代，计算量将成倍增加，对于 CFD 计算来说，时间耗费巨大。若采用式（8.53），时间上不同步，虽然节省了反复迭代所需的时间成本，然而，较长时间的推进计算之后，累计误差造成结果不准确。因此，流固耦合计算的一个热点问题就是寻找一种能提高时间步长、减少迭代次数又能保证求解精度的方法，如多步 Runge - Kutta 方法。

8.5.6　基于 **CFD** 技术的 **AGARD445.6** 颤振计算

为了验证 CFD 程序及方法的正确性和有效性,颤振计算之前先预设跨声速流场马赫数为 0.901,目标是找出对应马赫数的临界颤振动压。CFD 颤振计算模型基于前四阶振动模态,气动模型采用结构网格,时间步长选取 5×10^{-4} s。其他颤振实验数据由表 8.3 提供,其中 Ma_∞ 代表马赫数,V_f 是颤振速度,q_f 是颤振动压,ρ 是空气密度。给予一阶模态初速度 0.1 的外激励,通过试算,观察广义气动力随时间的历程,如衰减、等幅或发散振荡(见图 8.27 或图 8.28)。在动压 4 320 Pa 时,近似等幅振荡,略低于实验值,误差在 2% 以内,如图 8.27 所示。

表 8.3　AGARD445.6 CFD 颤振实验数据

Ma_∞	q_f/Pa	V_f/(m · s^{-1})	ρ/(kg · m^{-3})
0.901	4 377	296.69	0.099 45

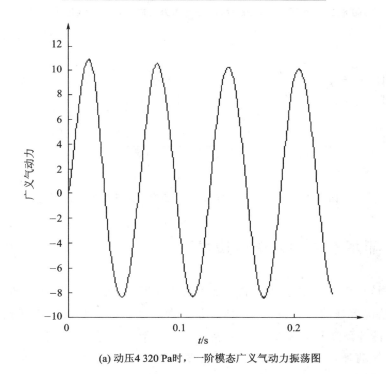

(a) 动压4 320 Pa时,一阶模态广义气动力振荡图

图 8.27　动压 4 320 Pa 时,模态气动力及广义位移振荡形态

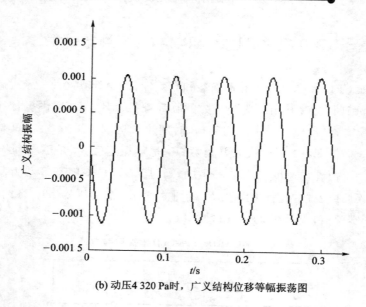

(b) 动压4 320 Pa时，广义结构位移等幅振荡图

图 8.27 动压 **4 320 Pa** 时，模态气动力及广义位移振荡形态(续)

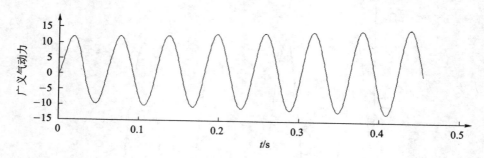

图 8.28 动压 **4 500 Pa** 时，一阶模态广义气动力发散图

8.5.7 非定常气动力辨识技术

众所周知，基于 CFD 技术的非定常气动力计算过程需要耗费巨大的时间成本，且当机翼结构运动的形式发生变化时，非定常气动力的计算需要不断地重复。因此，快速便捷地预测非定常气动力，在精度允许的情况下近似地替代 CFD 数值仿真结果，提高气动弹性分析的效率，具有重要的工程应用价值。本书主要讨论基于 Volterra 理论的辨识气动力技术，也就是辨识 Volterra 级数各阶核函数。

基于跨声速小扰动假设，非定常气动力在低马赫数跨声速流场中呈现弱非线性，此时采用截断的二阶 Volterra 级数模型似乎是合理的。然而，从辨识的角度看，截断后的降阶 Volterra 模型对于输入信号的振幅是敏感的,直接导致一、二阶核函数辨识不够精确。因此,我们提出并推荐采用三阶 Volterra 模型表征非定常、非线性气动力,将该模型的一、二阶核函数分别辨识出来,三阶核函数相比前二阶核函数属于小量,辨识结束时就可以略去。另外,对于二阶 Volterra 模型的辨识,阶跃信号相比脉冲信号来说,也许更有利于 CFD 程序计算的稳定性,然而,对于高阶 Volterra 模型来说,阶跃响应法的应用变得复杂,甚至难以使用。

8.5.8　降阶核函数的构造

气动弹行系统的颤振分析过程,必须在基于 CFD/CSD 耦合计算的精确性和计算效率间进行折中考虑,由此产生了基于辨识技术获得降阶气动力的提法。若跨声速流场环境下的气动力呈现弱非线性特征,可以考虑一种非线性气动力等效成线性气动力的方式,即构造等效的线性核函数(称为降阶核函数技术)。

1. 直接舍弃高阶核函数的构造方法

基于 Volterra 理论,非线性气动力的 Volterra 连续/离散模型具有如下形式:

$$y(t) = h_0 + \int_0^\infty h_1(t-\tau)u(\tau)\mathrm{d}\tau + \int_0^\infty\int_0^\infty h_2(t-\tau_1,t-\tau_2)u(\tau_1)u(\tau_2)\mathrm{d}\tau_1\mathrm{d}\tau_2 + \cdots$$

$$(8.54)$$

$$y[k] = h_0 + \sum_{i=1}^k h_1[k-i+1]u[i] + \sum_{j=1}^k\sum_{i=1}^k h_2[k-i+1,k-j+1]u[i]u[j] + \cdots$$

$$(8.55)$$

定义离散系统的降阶核函数 $h(t)$ 由下式决定:

$$h[k] = h_1[k] \qquad (8.56)$$

且满足:

$$y[k] = h_0 + \sum_{i=1}^k h_1[k-i+1]u[i] + \sum_{j=1}^k\sum_{i=1}^k h_2[k-i+1,k-j+1]u[i]u[j] + \cdots \approx$$

$$h_0 + \sum_{i=1}^k h[k-i+1]u[i] \qquad (8.57)$$

① 基于脉冲响应辨识方法,利用 CFD 计算提供的输出数据获得截断的二阶 (Silva 模型)或三阶 Volterra 模型(本书模型)降阶核函数,计算公式如下:

$$h[k] = h_1[k] = 2y_{01}[k] - (1/2)y_{02}[k] \quad (2-\mathrm{ROM}) \qquad (8.58)$$

$$h[k] = h_1[k] = \frac{y_{03}[k] - 12\cdot y_{02}[k] + 32\cdot y_{01}[k] - 21\cdot h_0}{3\cdot\|u_3\|} \quad (3-\mathrm{ROM})$$

$$(8.59)$$

式中，u_i 是系统的输入信号；y_{01}，y_{02}，y_{03} 表示零时刻输入单倍、两倍或四倍幅值的脉冲信号所对应的系统响应输出；$\| u_i \| = 2^{(i-1)} \cdot \xi_0$，$i = 1, 2, 3$ 是零时刻时离散脉冲输入信号的幅值。

② 基于阶跃响应法构造降阶核函数的过程如下：

取 $u[k] = \xi_0$ 或 $u[k] = 2 \cdot \xi_0$，代入式(8.55)，得到

$$y_{(\xi_0)}[k] = h_0 + \sum_{i=1}^{k} (h_1[i] \cdot \xi_0) + \sum_{j=1}^{k} \sum_{i=1}^{k} (h_2[i,j] \cdot \xi_0^2) + \cdots \approx$$

$$h_0 + \sum_{i=1}^{k} (h_1[i] \cdot \xi_0) + \sum_{j=1}^{k} \sum_{i=1}^{k} (h_2[i,j] \cdot \xi_0^2) \quad (2\text{-}ROM) \quad (8.60)$$

$$y_{(2\xi_0)}[k] = h_0 + 2\sum_{i=1}^{k} (h_1[i] \cdot \xi_0) + 4\sum_{j=1}^{k} \sum_{i=1}^{k} (h_2[i,j] \cdot \xi_0^2) + \cdots \approx$$

$$h_0 + 2\sum_{i=1}^{k} (h_1[i] \cdot \xi_0) + 4\sum_{j=1}^{k} \sum_{i=1}^{k} (h_2[i,j] \cdot \xi_0^2) \quad (2\text{-}ROM)$$

$$(8.61)$$

由式(8.60)和式(8.61)，不难推导出一阶核函数公式如下：

$$h_1[k] = \frac{2\left(y_{(\xi_0)}[k] - y_{(\xi_0)}[k-1]\right) - 0.5\left(y_{(2\xi_0)}[k] - y_{(2\xi_0)}[k-1]\right)}{\xi_0} \quad (2\text{-}ROM)$$

$$(8.62)$$

于是，舍弃二阶核函数之后，降阶核函数的形式如下：

$$h[k] = h_1[k] =$$

$$\frac{2\left(y_{(\xi_0)}[k] - y_{(\xi_0)}[k-1]\right) - 0.5\left(y_{(2\xi_0)}[k] - y_{(2\xi_0)}[k-1]\right)}{\xi_0} \quad (2\text{-}ROM)$$

$$(8.63)$$

以上三种降阶核函数的构造，即式(8.58)、式(8.59)、式(8.63)，从方法上讲，都属于非参数辨识(前两种使用脉冲响应法，后一种使用阶跃响应法)；从模型阶次来看，第一、三种属于低阶 2-ROM 模型，第二种属于高阶 3-ROM 模型。理论上，式(8.58)、式(8.63)的结果应完全相同，但是，从基于 CFD 计算的稳定性的考量，阶跃响应法更好一些，虽然阶跃稳态解的收敛需要相对更长的时间。然而，对于三阶模型来说，阶跃响应方法并不适合，各阶核函数的形式难以通过简明的公式形式清晰表达。

根据跨声速线性小扰动假设，弱非线性气动力 Volterra 模型中的高阶核函数对于气动力输出的贡献远低于一阶核函数的贡献，可以采取直接舍弃法。然而，高阶非线性项全部被舍弃，对于包含相同一阶核函数的非线性系统而言，不能相互区分，

因此,这一方法从理论上看,略显"粗糙"。

2. 保留部分二阶核函数信息的构造方法

为了保留部分二阶核函数的信息,基于脉冲响应辨识法,当输入函数是单位脉冲信号时,由式(8.57)得到降阶核函数

$$h[k] = h_1[k] + h_2[k,k] \tag{8.64}$$

更一般地,若输入信号幅值为 ξ_0 的脉冲信号时,降阶核函数形式如下:

$$h[k] = \xi_0 \cdot h_1[k] + \xi_0^2 \cdot h_2[k,k] \tag{8.65}$$

通常,核函数的辨识对振幅是敏感的,所以,不同的 ξ_0 值对于降阶核函数来说,存在一个相对最优值。目前,振幅的选择一般靠经验选取,以接近结构变形的真实值为好。与直接舍弃高阶核函数的辨识方法相比,准阶跃响应辨识方法是一种能够"保留原系统更多二阶核函数信息"的降阶核函数构造法。

考虑式(8.63),假设 $y_{(2\xi_0)}[k] \approx 2 \cdot y_{(\xi_0)}[k]$,即认为双倍振幅的阶跃响应可以近似地被看作两倍振幅的阶跃响应(习惯上,单位阶跃响应使用记号 $s[k]$),于是得到

$$h[k] = \frac{s_{(\xi_0)}[k] - s_{(\xi_0)}[k-1]}{\xi_0} = \frac{\Delta s_{(\xi_0)}[k]}{\xi_0} \tag{8.66}$$

将 $s[k]$ 根据式(8.60)展开,代入(8.66)式,得到

$$h[k] = h_1[k] + 2\xi_0 \sum_{m=1}^{k-1} h_2[k,m] + \xi_0 h_2[k,k] \tag{8.67}$$

比较式(8.67)和式(8.64),准阶跃响应方法获得的降阶核函数更好地表征了原系统,不仅包含了更多的高阶核函数信息,而且辨识过程仅需一次阶跃激励。该方法的缺点:核函数的优良与 ξ_0 的取值密切相关。另外,我们认为式(8.66)与式(8.63)近似等价的前提是 $s_{(2\xi_0)}[k] \approx 2 \cdot s_{(\xi_0)}[k]$。算例表明,在系统的一阶模态上使用不同幅值的阶跃信号激励,根据准阶跃响应方法的计算公式(8.66),得到的核函数响应在峰值处存在明显的差异(见图 8.29)。分析原因,认为:① 外激励幅值过小,无法有效激励出系统的非线性;② 条件 $s_{(2\xi_0)}[k] \approx 2 \cdot s_{(\xi_0)}[k]$ 不再成立(见图 8.30)。

基于准阶跃响应法,将核函数卷积运算获得的预测气动力与 CFD 计算结果进行对比,如图 8.31 所示。基于脉冲响应法/阶跃响应法,将外激励施加到一阶模态上,通过辨识技术获得的广义气动力结果,如图 8.32 和图 8.33 所示。

3. 基于高阶 Volterra 模型一阶核函数的构造方法

基于高阶 Volterra 模型的核函数辨识,能够更精确地表达原系统的非线性特征,因此,可采用三阶 Volterra 模型中的一阶核函数,将它选作气动力的降阶核函数。

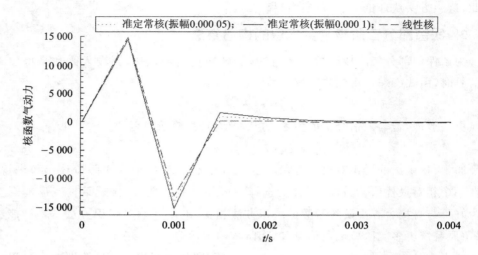

图 8.29　一阶模态激励(准阶跃响应法)获得的一阶模态脉冲响应

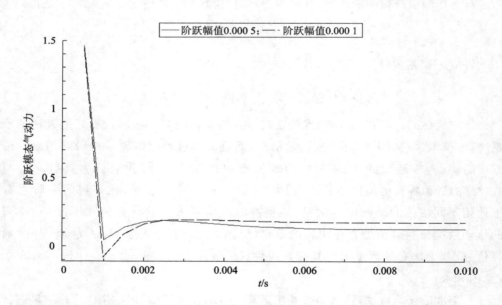

图 8.30　一阶模态激励(准阶跃响应法)获得的一阶模态阶跃响应

4. 基于二阶核函数的直接构造方法

前三种方法,都绕开了二阶核函数的辨识,例如准定常降阶核函数的形式式(8.66)。如果二阶核函数能够被准确地辨识,那么可以直接根据式(8.67)构造出降阶核函数。更进一步,可以将 ξ_0 当作变参数,寻求出最佳的降阶核函数。

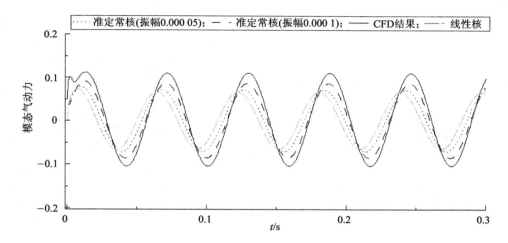

图 8.31　基于准阶跃响应法的核卷积与 CFD 计算的对比图

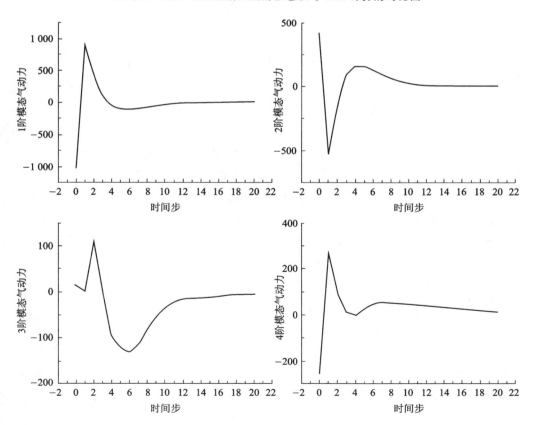

图 8.32　一阶模态脉冲激励所对应的各阶广义气动力

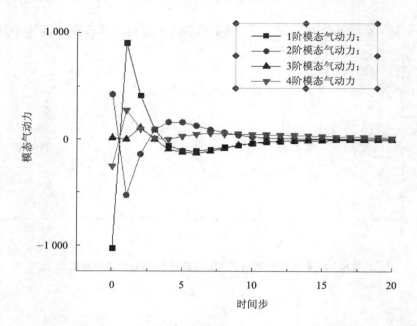

图 8.33　模态脉冲激励所对应的各阶广义气动力(整体图)

8.5.9　特征实现算法(ERA)

时域内借助于状态空间方程为线性动态系统进行建模的算法研究,最早起源于 1963 年 Gilbert 和 Kalman 的工作。最小状态空间方程的实现算法,来自于 1985 年 Juang 和 Pappa 的杰出工作。1963 年,Ho 和 Kalman 揭示了最小实现算法的本质,即 Markov 参数代表的就是线性动态系统的脉冲响应。依据系统是否存在不确定噪声等因素,有两种备选方案,即特征实现算法(ERA)和广义特征实现算法(GRA)。这里,我们只关注特征实现算法(ERA)。

离散的、线性动态系统状态空间方程的一般形式为

$$\begin{cases} x[k+1] = A \cdot x[k] + B \cdot u[k] \\ y[k] = C \cdot x[k] + D \cdot u[k] \end{cases}, \quad k = 0,1,2,3 \tag{8.68}$$

式中,$x[k] \in R^{n \times 1} (n=2P)$,$P$ 是原多变量系统的自由度,代表 n 维状态变量;$A \in R^{n \times n}$ 代表状态矩阵;$B \in R^{n \times r}$ 代表输入矩阵;$C \in R^{m \times n}$ 代表输出矩阵;$D \in R^{m \times r}$ 代表反馈矩阵;$u[k] \in R^{r \times 1}$,$y[k] \in R^{m \times 1}$ 分别代表 r 维外激励,m 维输出。

递推求解式(8.68),容易得到输入/输出之间的关系式:

$$\begin{cases} y[k] = D \cdot u[k] + \sum_{i=1}^{\infty} g[i] \cdot u[k-i] \\ g[i] = CA^{i-1}B \end{cases} \tag{8.69}$$

式中，$g[i]$ 被称为 Markov 参数；k 是离散时间变量，它与连续系统时间变量之间的关系是：$t = k \cdot \Delta T, k = 0, 1, 2, \cdots, 2N, \Delta T$ 是系统采样时间。

该算法欲达到两个目的：① 预测离散系统状态向量 $x[k]$ 行元素的最佳数目 n，即系统最小实现的阶次；② 给出常数矩阵 A, B, C, D 的计算公式。

若系统接收到一个脉冲信号，则系统的输出 $y[k]$ 将对应于确切的 $g[k]$，即 Markov 参数。

以下为了叙述上的便利，不妨假设 $g[k]$ 具有向量的形式，即系统是单输入、多输出的。

首先，构造两个 $(m \times N) \times N$ 的 Hankel 矩阵，定义如下：

$$H = \begin{bmatrix} g[1] & g[2] & \cdots & g[N] \\ g[2] & g[3] & \cdots & g[N+1] \\ \vdots & & & \vdots \\ g[N] & g[N+1] & \cdots & g[2N-1] \end{bmatrix}_{(m \times N) \times N} \tag{8.70}$$

$$\overline{H} = \begin{bmatrix} g[2] & g[3] & \cdots & g[N+1] \\ g[3] & g[4] & \cdots & g[N+2] \\ \vdots & & & \vdots \\ g[N+1] & g[N+2] & \cdots & g[2N] \end{bmatrix}_{(m \times N) \times N} \tag{8.71}$$

若系统输出是无噪声污染的，则

$$g[k] = \begin{cases} D, & k = 0 \\ CA^{k-1}B, & k = 1, 2, 3 \cdots \end{cases} \tag{8.72}$$

同时，式(8.70)还能表示成

$$H = \begin{bmatrix} g[1] & g[2] & \cdots & g[N] \\ g[2] & g[3] & \cdots & g[N+1] \\ \vdots & & & \vdots \\ g[N] & g[N+1] & \cdots & g[2N-1] \end{bmatrix}_{(m \times N) \times N} = H_1 \cdot H_2 \tag{8.73}$$

$$H = U \cdot \Sigma \cdot V^{T} = \begin{bmatrix} U_n & U_s \end{bmatrix} \begin{bmatrix} \Sigma_n & \\ & \Sigma_s \end{bmatrix} \begin{bmatrix} V_n^{T} \\ U_s^{T} \end{bmatrix} \tag{8.74}$$

这里，$H_1 = \begin{bmatrix} C \\ CA \\ \vdots \\ CA^{N-1} \end{bmatrix}_{(m \times N) \times n}$ 称为可观矩阵；$H_2 = \begin{bmatrix} B & AB & \cdots & A^{N-1}B \end{bmatrix}_{n \times N}$ 称

为可控矩阵;U,V 是正交矩阵,Σ 是对角矩阵,主对角线上的非负数按照从大到小的顺序排列。

式(8.74)被称为奇异值分解(SVD),Σ 矩阵被分成两部分,Σ_s 中的元素相对于 Σ_n 矩阵中的最小元素小很多,通常被认为近似等于零。

如果离散系统状态空间的最小实现阶次是 n,那么根据 Cayley – Hamilton 定理,H_1,H_2 分别是列满秩 n,行满秩 n,因此,H 的秩也是 n。

接下去,容易证明存在着如下所示的一系列关系式

$$\overline{H} = H_1 \cdot A \cdot H_2 \tag{8.75}$$

$$H_1^{\dagger} \cdot H_1 = I_{n \times n}, \quad H_2 \cdot H_2^{\dagger} = I_{n \times n} \tag{8.76}$$

$$H_1^{\dagger} \cdot \overline{H} \cdot H_2^{\dagger} = A \tag{8.77}$$

式中,$H_1^{\dagger}$,$H_2^{\dagger}$ 分别是 H_1 的左逆矩阵和 H_2 的右逆矩阵,定义如下:

$$H_1^{\dagger} = [H_1^T \cdot H_1] \cdot H_1^T \tag{8.78}$$

$$H_2^{\dagger} = H_2^T \cdot [H_2 \cdot H_2^T]^{-1} \tag{8.79}$$

最后,可以构造出如下结果:

$$H_1 = U_n \cdot \Sigma_n^{0.5} \tag{8.80}$$

$$H_2 = \Sigma_n^{0.5} \cdot V_n^T \tag{8.81}$$

$$H_n = H_1 \cdot H_2 = U_n \cdot \Sigma_n^{0.5} \cdot V_n^T \tag{8.82}$$

$$H_1^{\dagger} = \Sigma_n^{0.5} \cdot U_n^T \tag{8.83}$$

$$H_2^{\dagger} = V_n \cdot \Sigma_n^{-0.5} \tag{8.84}$$

式中,H_1,H_2 是式(8.73)的估计值。

至此,完成了所有矩阵参数的辨识,具体结果如下:

$$\begin{aligned} D &= g[0] \\ C &= H_1(m, *) \\ B &= H_2(*, r) \\ A &= H_1^{\dagger} \cdot \overline{H_n} \cdot H_2^{\dagger} \end{aligned} \tag{8.85}$$

式中,$H_1(m, *)$,$H_2(*, r)$ 分别表示取矩阵的前 m 行和前 r 列元素构成的子矩阵。

8.5.10　气动弹性系统状态空间模型

联合结构状态空间方程

$$\begin{cases} x_s[k+1] = e^{A_s \cdot T} \cdot x_s[k] + q \cdot \int_0^T e^{A_s \cdot t} dt \cdot B_s \cdot F_a[k] \\ y_s[k] = C_s \cdot x_s[k] \end{cases} \tag{8.86}$$

和气动力状态空间方程

$$\begin{cases} x_a[k+1] = A_a \cdot x_a[k] + B_a \cdot \xi[k] \\ y_a[k] = C_a \cdot x_a[k] + D_a \cdot \xi[k] \end{cases} \tag{8.87}$$

将式(6.87)的第 2 个方程式代入式(6.86)的第 1 个方程中,并注意

$$F_a[k] = y_a[k], \quad \xi[k] = y_s[k]$$

于是,得到

$$x_s[k+1] = e^{A_s \cdot T} \cdot x_s[k] + q \cdot \int_0^T e^{A_s \cdot t} \mathrm{d}t \cdot B_s \cdot \{C_a \cdot x_a[k] + D_a \cdot C_s \cdot x_s[k]\}$$

$$= \left[e^{A_s \cdot T} + q \cdot \int_0^T e^{A_s \cdot t} \mathrm{d}t \cdot B_s \cdot D_a \cdot C_s \quad q \cdot \int_0^T e^{A_s \cdot t} \mathrm{d}t \cdot B_s \cdot C_a \right] \begin{bmatrix} x_s[k] \\ x_a[k] \end{bmatrix}$$

$$\tag{8.88}$$

将式(8.86)的第 2 个方程式,代入式(8.87)的第 1 个方程中,并注意到

$$\xi[k] = y_s[k]$$

于是,得到

$$x_a[k+1] = A_a \cdot x_a[k] + B_a \cdot C_s \cdot x_s[k]$$

$$= [B_a \cdot C_s \quad A_a] \begin{bmatrix} x_s[k] \\ x_a[k] \end{bmatrix} \tag{8.89}$$

至此,式(8.88)和式(8.89)共同构成了气弹系统的状态空间模型(见图 8.34)。

图 8.34　气动弹性系统状态空间模型示意图

小　结

本章提出了三阶 Volterra 级数模型及核函数的辨识问题,有效地解决了已有文献中采用二阶 Volterra 模型对不同幅值外激励的敏感问题,并通过算例表明,来自高阶模型中的相应核函数的辨识精度相对于文献中已有的结果得到了有效提升。经典的非参数辨识方法,辨识过程中需要 CFD 程序提供全部的数据结果,使辨识过程时间耗费巨大,难以进行高阶辨识。本章提出了一种参数化辨识方法,采用切比雪夫正交基函数簇将高阶核函数参数化,辨识数据来源于 CFD 计算结果,通过最小

二乘法完成待定参数的识别工作。整个辨识过程有效地减少了 CFD 运行总次数,缩短了基于脉冲响应辨识方法所需辨识时间(至少 1 个数量级)。此外,还详细介绍了三维机翼气动弹性系统的建模、气动力降阶技术,以及气动弹性系统的状态空间方程的建立等问题,将气动力辨识技术和具体的工程实践问题相结合,通过 ERA 特征实现算法作为"桥梁",给出了一条清晰的、可应用于工程实践的技术路线。若采用本文所提出的高阶气动力降阶模型,并从中辨识出一、二阶核函数,通过 ERA 技术建立气动弹性系统的状态空间方程,联合机翼结构的状态空间方程,将有利于改善气弹系统颤振分析的准确性。

参考文献

[1] 陈予恕. 非线性振动、分叉和混沌理论及其应用[J]. 振动工程学报,1992,5(3): 235-250.

[2] 邢景堂,周盛,崔尔杰. 流固耦合力学概述[J]. 力学进展,1997,27(1):19-38.

[3] 王文正,蔡金狮. 飞行器动参数的集员辨识[J]. 宇航学报,1998,19(2):31-36.

[4] Hodges D H. Geometrically Exact Intrinsic Theory for Dynamics of Curved and Twisted Anisotropic Beams [J]. AIAA Journal,2003,41(6):1131-1137.

[5] 赵永辉. 具有操纵面间隙非线性二维翼段的气动弹性分析[J]. 航空学报,2003, 24(6):521-525.

[6] Dowell E H, Edwards J, Strganac T. Nonlinear aero elasticity[J]. Journal of Aircraft,2003,40(5):857-874.

[7] 任爱娣,张琪昌. 具有不对称间隙的二元机翼颤振研究[J]. 工程力学,2006,23 (9):25-29.

[8] 张伟伟,夏巍,叶正寅. 一种高超音速气动弹性数值计算研究方法[J]. 工程力学,2006,23(2):41-45.

[9] 徐小平,王峰,胡钢. 系统辨识研究的现状[J]. 现代电子技术,2007,15: 112-116.

[10] Henshaw M J C, Badcock K J, Vio G A, et al. Nonlinear aeroelastic prediction for aircraft application[J]. Progress in Aerospace Sciences,2007,43:65-137.

[11] Kang P, Wei Z. Three positive solutions of singular nonlocal boundary value problems for systems of nonlinear second-order ordinary differential equations [J]. Nonlinear Anal,2009,70:444-451

[12] Harmin Y, Cooper J E. Efficient prediction of aeroelastic behavior including geometric nonlinearities[C]. Reston,VA:AIAA,2010.

[13] 夏盛来,何景武,海尔瀚. 大展弦比机翼屈曲及后屈曲分析[J]. 机械强度,

2011,33(6):907-912.

[14] 杨超,张波成,万志强. 基于高阶面元法与模态法的静气动弹性分析方法[J]. 中国科学,2011,41(6):710-716.

[15] 陈衍茂,刘济科,孟光. 二元机翼非线性颤振特性系统的若干分析方法[J]. 振动与冲击,2011,30(3):129-134.

[16] Su W, Carlos E S. Cesnik Strain-Based Analysis for Geometrically Nonlinear Beam: A Modal Approach[C]. Reston, VA:AIAA, 2012.

[17] 杨超,黄超,吴志刚,等. 气动伺服弹性研究的进展与挑战[J]. 航空学报,2015,36(4):1011-1033.

[18] 毕莹,杨超,吴志刚. 考虑气动力非线性的柔性飞机阵风响应分析[J]. 北京航空航天大学学报,2015,41(7):1208-1214.

[19] Kailath, Thomas. Linear Systems [M]. New York:Prentice-Hall, 1979.

[20] Wilson J. Rugh. Nonlinear System theory:The Volterra/Wiener Approach [M]. Maryland:Johns Hopkins University Press,1981.

[21] Guo D, Lakshmikantham V. Nonlinear Problems in Abstract Cones [M]. Orlando:Academic Press, 1988.

[22] 陈予恕,唐云,等. 非线性动力学中的现代分析方法[M]. 北京:科学出版社,1992.

[23] 刘秉正. 非线性动力学与混沌基础[M]. 吉林:东北师范大学出版社,1995.

[24] 胡海岩. 应用非线性动力学[M]. 北京:航空工业出版社,2000.

[25] 龚尧南. 结构力学[M]. 北京:北京航空航天大学出版社,2001.

[26] 周正贵. 计算流体力学[M]. 南京:东南大学出版社,2008.

[27] 赖特 J R,库珀 J E. 飞机气动弹性力学及载荷导论[M]. 上海:上海交通大学,2010.

[28] 杨超,吴志刚,万志强,等. 飞行器气动弹性原理[M]. 北京:北京航空航天大学出版社,2011.

[29] 赵永辉,黄锐. 高等气动弹性力学与控制[M]. 北京:科学出版社,2016.

[30] 牟让科. 机翼非线性颤振和抖振特性研究[D]. 陕西:西北工业大学,2003.

[31] 曹俊. 遗传算法及其在复合材料层合板设计中应用的研究[D]. 南京:南京航空航天大学,2003.

[32] 张伟伟. 基于 CFD 技术的高效气动弹性分析方法[D]. 陕西:西北工业大学,2006.

[33] 李道春. 飞行器结构非线性气动弹性分析与控制[D]. 北京:北京航空航天大

学,2008.

[34] 郑国勇. 结构非线性超音速颤振系统的复杂响应研究[D]. 四川:西南交通大学,2008.

[35] 谢长川. 飞行器气动弹性稳定性静/动耦合理论与实验研究[D]. 北京:北京航空航天大学,2009.

[36] Justin W, Jaworski. Nonlinear Aeroelastic Analysis of Flexible High Aspect Ratio Wings Including Correlation with Experiment [D]. America：Duke University Dissertation，2009.

[37] 王晓庆. 不同气流偏角下的壁板热颤振分析及多目标优化设计[D]. 南京:南京航空航天大学,2011.

[38] 张兵. 高超声速多场耦合及其 GPU 计算加速技术研究[D]. 南京:南京航空航天大学,2011.

[39] 李昱霖. 气动热结构多学科分析及高效优化策略研究[D]. 北京:北京理工大学,2014.

[40] 王振. 金属及复合材料薄壁结构非线性数值计算技术研究[D]. 陕西:西北工业大学,2014.

[41] 杨宁. 间隙非线性结构的气动弹性建模与分析方法研究[D]. 北京:北京航空航天大学,2014.

[42] Steger J L, Warming R F. Flux vector splitting of the inviscid gasdynamic equations with application to finite difference methods[J]. Journal of Computational Physics, 1981, 40:263-293.

[43] Liou M S. A sequel to AUSM：AUSM+[J]. Journal of Computational Physics，1996，129:364-382.

[44] Liou M S. A sequel to AUSM, PartII：AUSM+ -up for all speeds[J]. Journal of Computational Physics, 2006, 214:137-170.

[45] Roe P L. Approximate Riemann solvers, parameter vectors, and difference schemes[J]. Journal of Computational Physics, 1981, 43:357-372.

[46] Harten A. High resolution schemes for hyperbolic conservation law[J]. Journal of Computational Physics, 1983, 49:357-393.

[47] 阎超. 计算流体力学方法及应用[M]. 北京,北京航空航天大学出版社,2006.

[48] Kim S S, Kim C, Rho O H, et al. Cures for the shock instability：Development of a shock-stable Roe scheme[J]. Journal of Computational Physics, 2003, 185:342-374.

［49］张涵信. 差分计算中激波上、下游出现波动的探讨［J］. 空气动力学学报，1984，2：12-19.

［50］Menter F R，Kuntz M，Langtry R. Ten years of industrial experience with the SST turbulence model［J］. Turbulence，2003：625 - 632.

［51］Engquist B，Osher S. One-side difference approximations for nonlinear conve-rvationlaws［J］. Mathematics of Computation，1891，36：321-352.

［52］Van Leer B. Towards the ultimate conservation difference scheme V：a second-order sequal to Godunov's method［J］. Journal of Computational Physics，1979，32：101-136.

［53］Peter J，Drullion F. Large stencil viscous flux linearization for the simulationof 3D compressible turbulent flows with backward-Euler schemes［J］. Computers & Fluids，2007，36：1005-1027.

［54］Gordon W N，Hall C A. Construction of curvilinear coordinate systems and application to mesh generation［J］. International Journal for Numerical Meth-ods in Engineering，1973，7(4)：461-477.

［55］Thompson J F，Thames F C，Mastin C W. Automatic numerical generation of body-fitted curvilinear coordinate system for field containing any number of arbitrary two-dimensional Bodies［J］. Journal of Computational Physics，1974，15(3)：299-319.

［56］Farhat C，Degand C，Koobus B，et al. Torsional springs for two dimensional dynamic unstructured fluid meshes［J］. Computer Methods in Applied Mechanics & Engineering，1998，1(63)：231-245.

［57］Chew L P. Constrained Delaunay triangulations［J］. Algorithmica，1989，4(1)：97-108.

［58］Farhat C，Degand C，Koobus B，et al. Torsional springs for two dimensional dynamic unstructured fluid meshes［J］. Computer Methods in Applied Mechanics & Engineering，1998，1(63)：231-245.

［59］Blom F J. Considerations on the spring analogy［J］. International Journal for Numerical Methods in Fluids，2000，32(6)：647-668.